中等职业教育课程创新精品系列教材

传感器技术及应用

主　编　李维平　郭　磊　刘淑平

副主编　李　鹏　吴灵芝　孙　越
　　　　张海永　霍崇基

参　编　荆荣霞　曹兴军

主　审　胡　燕

北京理工大学出版社
BEIJING INSTITUTE OF TECHNOLOGY PRESS

内 容 简 介

2012年山东省开始实施"职教高考"制度，招生办法为采取"文化素质+职业技能"考试，职业技能考试成绩在录取中所占权重原则上不低于50%。职教高考制度已经实行十多年，本教材贴合"山东职教高考"理念，为电子信息类相关专业学生的高考备考而编写，教材中内容参考2023年山东省《电子技术类专业知识考试标准》中"传感器应用技术"知识模块及技能考试标准而设置。

本教材涉及的传感器类型比较全面，如电阻式、电容式、电感式、电磁式、光电式等，以及霍尔式、电涡流式、热释电传感器等，因此本教材也适用于职业院校有关专业教学，尤其适用于理实一体化的教学。

本教材既可作为职教高考的"传感器应用技术"课程教材，也更适合作为中等职业学校电子信息、物联网技术、机电数控、智能家居等专业的实训教材。

版权专有　侵权必究

图书在版编目（CIP）数据

传感器技术及应用／李维平，郭磊，刘淑平主编
. -- 北京：北京理工大学出版社，2024.4（2024.11重印）.
　ISBN 978-7-5763-3825-6

Ⅰ. ①传…　Ⅱ. ①李…②郭…③刘…　Ⅲ. ①传感器
-高等职业教育-教材　Ⅳ. ①TP212

　中国国家版本馆 CIP 数据核字（2024）第 079197 号

责任编辑：陈莉华　　文案编辑：陈莉华
责任校对：刘亚男　　责任印制：施胜娟

出版发行／北京理工大学出版社有限责任公司
社　　址／北京市丰台区四合庄路 6 号
邮　　编／100070
电　　话／（010）68914026（教材售后服务热线）
　　　　　　（010）63726648（课件资源服务热线）
网　　址／http://www.bitpress.com.cn

版 印 次／2024 年 11 月第 1 版第 2 次印刷
印　　刷／定州市新华印刷有限公司
开　　本／889 mm×1194 mm　1/16
印　　张／13.5
字　　数／277 千字
定　　价／39.90 元

图书出现印装质量问题，请拨打售后服务热线，负责调换

前言

世界百年未有之大变局加速演进，新一轮科技革命和产业变革深入发展，国际力量对比深刻调整，我国发展面临新的战略机遇。新时代十年来，我国基础研究和原始创新不断加强，一些关键核心技术实现突破，战略性新兴产业发展壮大，并进入创新型国家行列。科学成就离不开精神支撑，一座座科技创新丰碑与科学家精神密切相关。党的二十大报告在"实施科教兴国战略，强化现代化建设人才支撑"部分提出"培育创新文化，弘扬科学家精神，涵养优良学风，营造创新氛围"。当前，科学技术从来没有像今天这样深刻影响着国家前途命运和人民幸福安康。

实践表明，关键核心技术要不来、买不来、讨不来。我们要继承和弘扬科学家精神，心系国家事，肩扛国家责，在实现高水平科技自立自强的火热实践中贡献青春力量。

传感器技术是现代科技的重要组成部分，是现代信息技术领域的发展方向之一，它涉及多个学科领域，如物理、化学、材料科学等。其在国民经济社会发展中起着重要作用，如机械制造、化工、电力、国防科研、卫星、家电、机器人、医疗等行业设备中大量用到传感器。智能化是传感器技术的发展趋势，传感器技术越来越深地与自动控制、神经网络、模糊理论、人工智能等多门学科交融。在现代社会中传感器技术对人们的生产和生活产生了深远的影响，本教材介绍传感器的基本原理、分类和应用，以及如何选择和使用传感器，通过本教材的学习，读者将了解传感器的原理和应用，掌握传感器的使用方法，为今后的学习和工作打下坚实的基础。

2012年山东省开始实施"职教高考"制度，招生办法为采取"文化素质+职业技能"考试，职业技能考试成绩在录取中所占权重原则上不低于50%。职教高考制度已经实行十多年，本教材贴合"山东职教高考"理念，为电子信息类相关专业学生的高考备考而编写，书中内容参考2023年山东省《电子技术类专业知识考试标准》中"传感器应用技术"知识模块及技能考试标准而设置。本教材涉及的传感器类型比较多，如电阻式、电容式、电感式、电磁式、光电式等，以及霍尔式、电涡流式、热释电传感器等，内容较为全面，因此本教材也适用于职业院校与传感器有关的专业教学。

学习这门技术需要一定的电子信息专业基础，学习过程中要理论联系实际，重视实训过程，多观察身边的各种传感器应用案例等。同时也要树立为社会服务的意识，注重创新意识和创新能力的培养，在实践操作中积极开展团队合作，注重安全意识和环保理念，学习工匠精神，追求卓越、精益求精，并思考在学习过程中如何传承和弘扬中华优秀传统文化。

掌握这门技术并配合单片机、PLC 等，有利于提高应用传感器解决实际问题的能力，提高读者设计开发智能电子产品的水平。

在教材编写过程中，注重培养学生的实际应用能力，贯彻立德树人、以就业为导向的职业教育思想，采用任务驱动模式，阐述传感器系统设计的实施方法及步骤。模块一内容按照应用分类介绍了传感器的结构、原理、特性及选用等，书中的任务情境来自生活生产实际，经过精心选择和组织，内容架构基本由"任务描述""学习目标""任务分析""任务实施""实训练习""任务评价与反馈""任务知识讲解""知识拓展"及"习题"等环节组成。特色是体现"做中学，学中做"职教思想，突出实训环节，注重操作及技能实训。据此，学生举一反三地创设学习情境可以提高综合应用能力，因为一种传感器如电容传感器可以测量位移、液位、压力、转速等，读者可根据实际应用深入研究学习。模块一任务七借鉴了编者实际工程成果，既提供硬件电路设计，也对软件架构及程序设计要点做了部分解析，该个例或许会对一些学生有所帮助。模块二介绍了常用的传感器信号检测及处理电路，能帮助学生拓展传感器的电路设计思路。模块三为传感器应用电路的组装与调试，从中能学到电子产品的焊接组装技术及工艺流程，也能接触到新颖实用的传感器应用案例，职教高考的实操能力测试对此有一定要求。

本书由济南电子机械工程学校李维平、郭磊，山东邦华热能工程有限公司刘淑平担任主编，李维平负责全书的统稿工作。其中绪论和模块一的任务一、任务四、任务五、任务七、任务九由李维平编写，模块一任务二由鄄城县职业中等专业学校霍崇基编写，模块一任务三、任务八由济南市莱芜职业中等专业学校吴灵芝编写，模块一任务十由刘淑平编写，模块一任务六及模块二任务一由枣庄市台儿庄区职业中等专业学校孙越编写，模块二任务二由烟台职业学院李鹏编写，模块二任务三由济南电子机械工程学校荆荣霞、曹兴军编写，模块三任务一~任务三由济南电子机械工程学校郭磊编写，模块三任务四、任务五由枣庄市台儿庄区职业中等专业学校张海永编写。书稿统筹过程中，济南电子机械工程学校郑文霞结合职教高考给出了部分习题，张峰老师协助做了实训练习的摄影，本书由枣庄科技学院胡燕教授审稿。在此一并对参与本书编写、付出辛苦劳动的各位同仁表示衷心的感谢！

需要说明的是，因国际或国家标准的不同，书中部分电路元器件的图形符号存在差异，如集成运放器件即是如此，而且不同电路设计和仿真软件也会产生这种差异，请读者理解。此外，读者学习环境不同，可能会对实训环节的实训装置感觉陌生，读者应重在理解测量的目的、装置结构及电路原理，掌握操作方法，并由此提高对传感器的应用能力。由于编者水平有限，书中难免存在疏漏和不妥之处，敬请读者批评指正，编者邮箱为 1657864418@qq.com，期待与读者切磋交流！

本书内容简明扼要、深入浅出，主要针对职教高考"传感器应用技术"课程而编写，也适合用作中等职业学校电子信息、物联网技术等专业的实训教材。

目录

一、传感器

传感器是把非电学物理量按照一定的规律转换成易于测量、传输、处理和控制的电学量或电路通断的一种元器件。其中涉及的非电学物理量有位移、速度、压力、温度、湿度、流量、光照度等，自然界中像这样需要测量的物理量有很多。

（一）应用

传感器种类繁多，一般可分为两大类：一类是按被测参数分类，如温度式、压力式、位移式、速度式、荷重式等传感器；另一类是按传感器的工作原理分类，如电阻式、电容式、电感式、压电式、磁电式、光电式等传感器。

传感器按照输出信号的形式可分为模拟量和开关数字量两大类传感器。模拟量有电阻、电压、电流等；开关数字量是指传感器能够控制电路通断，或者具有数字通信功能。

传感器应用广泛。例如，酒驾是违法行为，如何检测是否酒驾呢？图0.0.1所示为酒精气体传感器电路模块，它能够检测人的酒气浓度。其原理依据的是酒精气体传感器的电阻值会随酒精气体浓度而变化。若读者有兴趣，可以使用万用表检测氧化锡半导体酒精气体传感器的电阻特性，当棉球蘸取酒精靠近它时，其电阻值会降低。

图0.0.1 酒精气体传感器电路模块

图0.0.2所示为酒精气体传感器检测报警电路，当酒精浓度大于设定数值时，发光二极管亮且发出报警声。电路工作原理是，当浓度变大时，酒精气体传感器的阻值减小，则三极管基极电压升高导通，继电器线圈得电而触点闭合，从而发出声光报警。

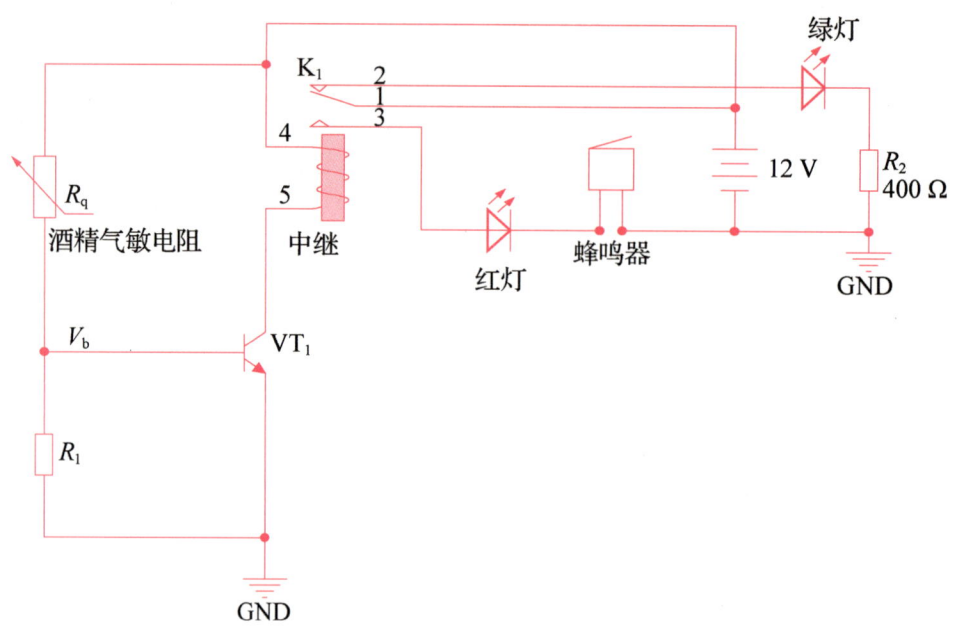

图 0.0.2　酒精气体传感器检测报警电路

采用 Multisim 软件可以仿真电路工作情况，图 0.0.3 所示为酒精气体浓度较高时的电路工作状态。为提高电流驱动能力，该电路采用两级放大电路，以提高对继电器线圈的驱动能力。

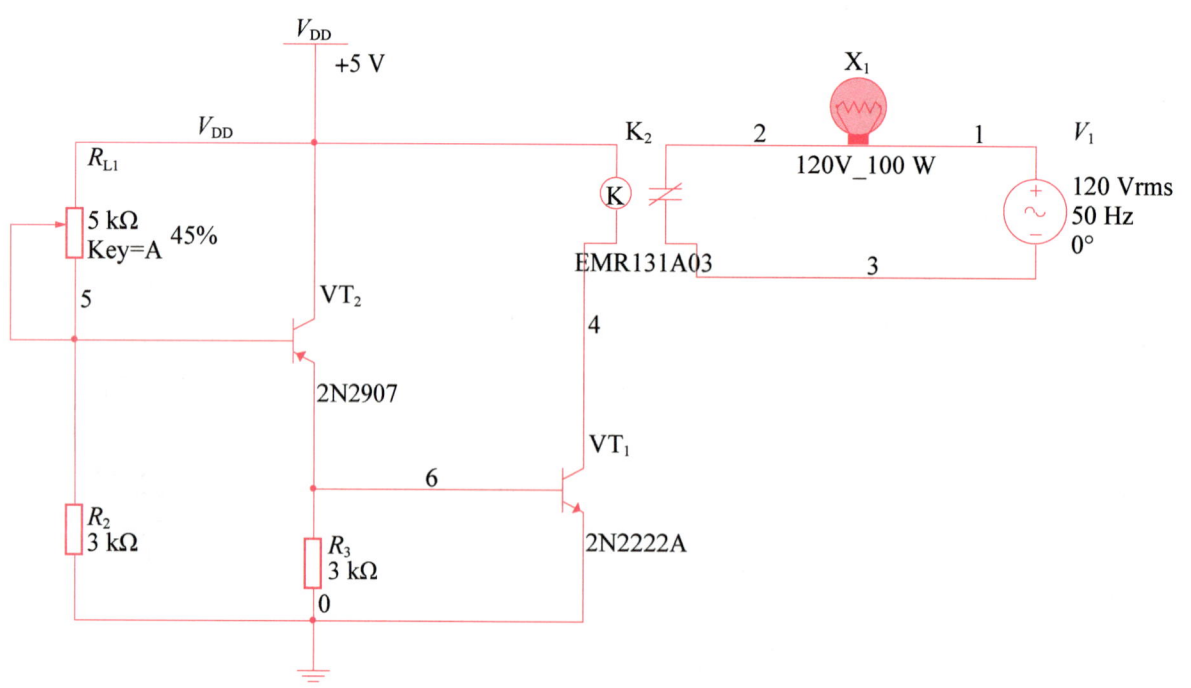

图 0.0.3　酒精气体浓度较高时的电路工作状态

（二）结构组成

通常传感器由敏感元件、转换元件和信号调理转换电路三部分组成，有时还需外加辅助电源。敏感元件是指传感器中能直接感受或响应被测量的部分；转换元件是指能将敏感元件感受或响应的被测量转换成适合传输或测量的电信号部分；由于传感器输出信号一般都很微弱，需对此信号进行调理与转换、放大、调制、运算后才能进行显示和控制。

随着半导体器件与集成技术在传感器中的应用，传感器的信号调理与转换电路可以安装在传感器的壳体里，或者与敏感元件一起集成在同一芯片上。此外，信号调理转换电路以及某些传感器工作时必须有辅助电源。

(三) 静态特性与动态特性

传感器因工作环境和所处状态不同，表现出不同的静态特性和动态特性。

1. 传感器的静态特性

传感器的静态特性是指被测量的值处于稳定状态时的输入与输出关系。只考虑传感器的静态特性时，输入量与输出量之间的关系式中一般不含有时间变量。衡量静态特性的重要指标是灵敏度、分辨力、线性度、重复性、迟滞性和稳定性等。

1) 灵敏度

$$K = \frac{\mathrm{d}y}{\mathrm{d}x} \approx \frac{\Delta y}{\Delta x} \tag{0.0.1}$$

对线性传感器而言，灵敏度为一常数；对非线性传感器而言，灵敏度随输入量的变化而变化。

从输出曲线看灵敏度高低，曲线越陡，灵敏度越高。可以通过作该曲线切线的方法，即用作图法来求曲线上任一点的灵敏度。图 0.0.4 所示为用作图法求取传感器的灵敏度。由切线的斜率可以看出，点 x_2 的灵敏度比点 x_1 高。

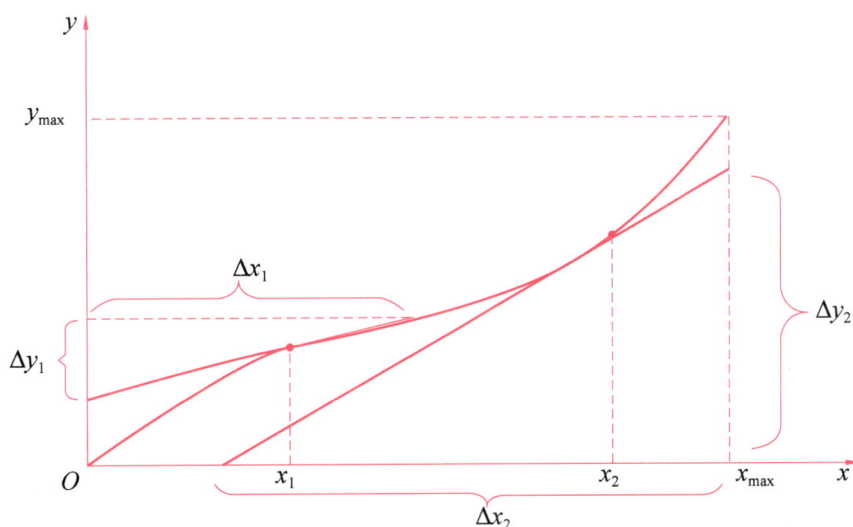

图 0.0.4 用作图法求取传感器的灵敏度

2) 分辨力

分辨力是指传感器能检出被测信号的最小变化量，是有量纲数。当被测量的变化小于分辨力时，传感器对输入量的变化无任何反应。

对数字仪表而言，如果没有其他附加说明，一般可以认为该表的最后一位所表示的数值就是它的分辨力。一般情况下，不能把仪表的分辨力当作仪表的最大绝对误差。

仪表或传感器中还经常用到"分辨率"的概念。将分辨力除以仪表的满量程就是仪表的分辨率，分辨率常以百分比表示，是量纲为1的数值。

3）线性度

传感器的线性关系是指其输入量与输出量成正比。人们总是希望传感器线性度良好，这样在使用电磁力驱动的指针式仪表时，显示仪表的刻度均匀，且在整个测量范围内具有相同的灵敏度。对于数字化显示仪表来讲，微控制器进行数字化处理也比较简单，不必采用线性化措施或者获取复杂的拟合曲线函数，大大降低了运算过程。但多数传感器具有非线性。

线性度又称为非线性误差，是指传感器实际特性曲线与拟合直线（有时也称理论直线）之间的最大偏差与传感器满量程范围内输出量的百分比，多取其正值。参考图 0.0.4，线性度可用下式计算，即

$$\gamma_L = \pm \frac{\Delta_{Lmax}}{y_{FS}} \times 100\% \qquad (0.0.2)$$

式中：Δ_{Lmax} 为最大偏差；y_{FS} 为满量程时的输出值。

4）重复性

传感器在同一工作条件下，输入按同方向做连续多次测量时测得的多个特性曲线的不重合程度。重复性误差为输出量最大不重复误差 Δ_{Rmax} 与 y_{FS} 之比，即

$$\gamma_L = \pm \frac{\Delta_{Rmax}}{y_{FS}} \times 100\% \qquad (0.0.3)$$

5）迟滞性

迟滞特性表征传感器在正向（输入量增大）和反向（输入量减小）过程中，输入输出特性曲线不一致的程度。通常用两条曲线之间的最大差值 Δ_{ymax} 与满量程输出的百分比表示。迟滞性可能是传感器内部元件存在能量吸收造成的。

参考图 0.0.5，迟滞性可用下式表示，即

$$\gamma_H = \frac{\Delta_{ymax}}{y_{max}} \times 100\% \qquad (0.0.4)$$

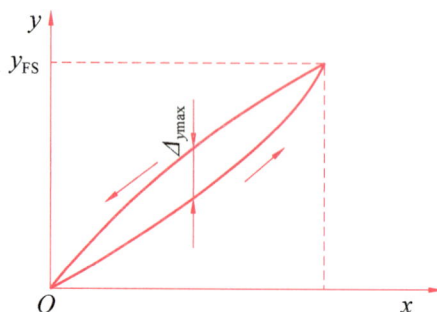

图 0.0.5　传感器迟滞性

传感器的迟滞性有时指传感器在接收到外部刺激后，产生响应的时间延迟。这种迟滞性也是由其物理特性、机械部件的缺陷、电学特性和电子过程等共同决定的。

传感器的物理特性包括质量、惯性、灵敏度等。这些特性决定了传感器对外部刺激的响应速度。例如，质量较大的传感器惯性较大，响应速度较慢，而质量较小的传感器则具有更快的响应速度。传感器的灵敏度也会影响其迟滞性。灵敏度越高，传感器对外部刺激的响应越快。

传感器会呈现电阻、电容、电感等特性，这会影响传感器的响应时间。例如，电容传感器的响应时间和电感传感器的响应时间不一样，因而迟滞性不同。迟滞误差大小可用响应时间对测量时间的百分比来表示。

6）稳定性

稳定性是指仪表在所有条件都恒定不变的情况下，在规定的时间内能维持其示值不变的能力或传感器系统在相当长时间内保持其性能的能力。稳定性一般以仪表的示值变化量和时间的长短之比来表示。

稳定性涉及的原因一般是传感器的时效性、温度、外力影响等。常把时间零漂、零点温漂和灵敏度温漂作为主要指标。时间零漂是指传感器的输出零点随时间漂移的情况；零点温漂是指传感器的输出零点随温度变化漂移的情况；灵敏度温漂是指传感器的灵敏度随温度变化漂移的情况。若达不到一定的稳定程度，传感器不能使用。

2. 传感器的动态特性

传感器的动态特性是指传感器对动态激励（输入）的响应（输出）特性，即其输出对随时间变化的输入量的响应特性。

动态特性好的传感器，其输出量随时间变化的关系与输入量随时间变化的关系应一致，即具有相同的时间函数。但实际情况并非如此，必然会出现动态误差。例如，把一支金属热电阻温度计从温度为 T_1 的水槽中取出迅速插入温度为 T_2 的恒温水槽，温度计反映出来的温度从 T_1 变化到 T_2 需要经历一段过渡过程，这时温度计反映出来的温度与介质温度不同，因此存在动态误差。

造成金属热电阻温度计输出失真而产生动态误差，其原因是温度传感器有热惯性，即传感器存在比热容、质量和传热热阻，使得在动态测温时传感器输出总是滞后于被测介质的温度变化。

动态误差包括两部分：一是输出量达到稳定状态以后与理想输出量之间的差别；二是当输入量发生阶跃变化时，输出量由一个稳定状态到另一个稳定状态之间的过渡状态中的误差。传感器的动态特性可用基于时域的瞬态响应法和基于频域的频率响应法来分析。时域分析通常用阶跃函数、脉冲函数和斜坡函数作为激励信号来分析传感器的动态特性；频域分析可用正弦函数作为激励信号来分析传感器的动态特性。

传感器的动态特性包括响应速度、频率响应、动态范围、线性度、稳定性等方面。

1）响应速度

响应速度是指传感器从接收到输入信号再到其产生输出信号的时间。响应速度的快慢直接影响传感器的实时性和精度。传感器的响应速度是衡量传感器性能的重要指标之一，有些情况会要求传感器具有较快的响应，如红外温度传感器的响应速度要比金属热电阻的响应速度快。传感器响应速度的提高，可以通过改进传感器的结构和信号处理算法来实现。传感器的结构要合理设计，应减小传感器的惯性和质量，以提高传感器的敏感度和响应速度，减小信号的延迟和失真，提高传感器的输出响应速度。

2）频率响应

频率响应是指传感器对输入信号频率变化的响应能力。传感器的频率响应范围决定了传感器能够测量信号的频率高低，这受传感器结构和材料特性的影响。传感器结构的惯性和质量会限制传感器的频率响应范围，而传感器材料的特性会影响传感器对不同频率信号的感知能力。选择传感器要考虑传感器的频率响应特性。

3）动态范围

动态范围是指传感器能够测量的最小信号和最大信号幅度之间的范围。其大小决定了传感器的灵敏度和测量范围，因灵敏度取决于能够测量的最小信号值。在应用中，需要根据测量信号的范围选择合适的传感器，并合理设计信号处理电路，以保证准确测量。

二、传感器自动检测系统

（一）传感器检测对象

传感器检测是指采用相应的传感器，利用物理或化学效应，选择合适的方法与装置，将生产生活中的某种信息通过检查与测量的方法赋予定性或定量结果的过程，而自动检测是指不需要人工干预，利用传感器技术自动进行并完成的检验与测量。自动检测在生产过程中能提高自动化水平和生产效率，并减少人为差错。

传感器检测的物理量非常多，常见的传感器检测对象如表 0.0.1 所示。

表 0.0.1　传感器检测对象

类型	被测量
热工量	温度、热量、比热容、热流、热分布、压力（压强）、压差、真空度、流量、流速、物位、液位、界面
机械量	直线位移、角位移、速度、加速度、转速、应力、应变、力矩、振动、噪声、质量（重量）

续表

类型	被测量
几何量	长度、厚度、角度、直径、间距、形状、平行度、同轴度、粗糙度、硬度、材料缺陷
性质成分量	气体、液体、固体的化学成分、浓度、黏度、湿度、密度、酸碱度、浊度、透明度、颜色
状态量	工作机械的运动状态如启、停等，生产设备的异常状态如超温、过载、泄漏、变形、磨损、堵塞、断裂等
电工量	电压、电流、功率、电阻、阻抗、频率、脉宽、相位、波形、频谱、磁场强度、电场强度、材料的磁性能

(二) 自动检测系统

在实际工程中，传感器与测量仪表有机地组合起来才能完成信号的检测。随着电子信息技术的不断发展，在现代化的生产中，过程参数的检测都是自动进行的，即测量任务是由检测系统自动完成的。

将自动检测系统中的主要功能或电路的名称标在方框内，按信号的流程将几个方框用箭头联系起来，有时还可以在箭头上方标出信号的类型或名称，从而构成自动检测系统原理框图。原理框图应能说明系统构成原理。图 0.0.6 所示为通用的自动检测系统原理框图。

图 0.0.6　通用的自动检测系统原理框图

(1) 被测对象。物体的被测参数，如温度、压力、转速、流量等。

(2) 传感器。能将被测的非电量转换成电量的器件。

(3) 信号处理电路。信号处理电路包括放大(或衰减)电路、滤波电路、隔离电路、调制整形电路等。其中放大电路的作用是把传感器输出的电量变成具有一定驱动和传输能力的电压、电流或频率信号等，以推动后级的显示器、数据处理单元及执行机构。

(4) 数据处理单元。数据处理单元用来对测量所得的数据进行运算、逻辑判断、转换、分析等处理，常采用计算机、微控制器(单片机)、数字信号处理器完成这些工作。

(5) 显示器。目前常用的显示器有 3 类，即模拟显示器、数字显示器、图像显示器等。模拟显示器是利用指针相对位置表示读数，常见的有毫伏表、微安表、模拟光柱等。数字显示器目前多采用半导体数码管和液晶显示器。图像显示器是以图像形式显示被测参数的变化曲线、图表等。

（6）执行机构。通常是指各种继电器、电磁铁、电磁阀门、电磁调节阀、伺服电动机等，它们在电路中是起通断、控制、调节、保护等作用的电气设备。许多检测系统能输出与被测量有关的电流或电压，以此驱动执行机构动作。

三、测量及误差

（一）测量

测量是指借助专门仪器设备，按照某种规律或方法获取被测对象数值大小的过程，该数值有具体的物理单位，以此量化的数据来描述观测对象。测量有许多不同的分类方法。

（1）根据获得测量值的方法，可分为直接测量、间接测量和组合测量。直接测量是指传感器仪表进行测量时，直接显示测量所需要的结果，而不对读数进行任何运算。间接测量一般应用于无法或不方便进行直接测量的场合，这时传感器可以对与被测物理量有确定函数关系的几个量进行测量，将测量值代入函数关系式再经过计算后最终显示所需结果，如下面介绍的孔板流量计就是这种类型。组合测量则是指被测物理量必须经过求解联立方程组，才能得到最后结果。

图 0.0.7 所示为差压式孔板流量计，它测量流速的方式为间接测量。其测量流速原理如图 0.0.8 所示，根据物理学中的伯努利定律，管道中流速与孔板前后的压差存在一定的函数关系，所以只要测出 p_1 与 p_2 值就能计算出流量大小。

图 0.0.7　孔板流量计

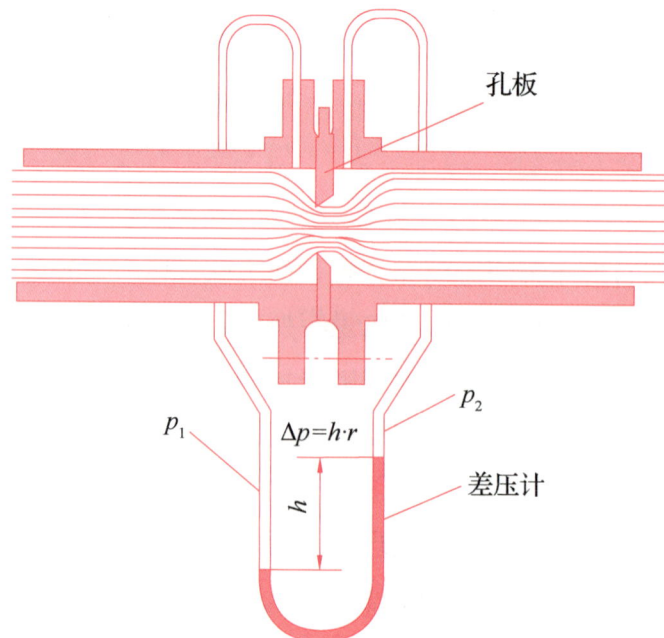

图 0.0.8　孔板流量计测量流速原理

（2）根据测量精度，可分为等精度测量和非等精度测量。两者的差别在于测量过程中的条件是否稳定。等精度测量是指在相同的条件下，由同一个人或仪器进行的多次重复测量，其误差大小始终不变，因此可以认为是相对稳定的测量结果。而非等精度测量则是在不同的条件下，使用不同精度的仪器和不同的测量方法、测量次数甚至不同测量者进行的测量，其误差大小可能会发生变化。

（3）根据测量敏感元件是否与被测介质接触，可分为接触测量与非接触测量。前者是指仪器与被测物表面直接接触，并有机械测量力存在。后者是指测量头与被测物表面不接触，也就避免了测量头的磨损或划伤工件表面。

（4）根据测量方式，可分为偏差式测量、零位式测量与微差式测量。偏差式测量是指在测量过程中被测量作用于仪表内部装置，使装置产生偏移量，且以该偏移量表示被测量的测量方式；零位式测量是指被测量与仪表内部的标准量相比较，当测量系统达到平衡时，用已知标准量的值决定被测量的值；微差式测量则是综合偏差式和零位式测量法的优点而采取的测量方式，预先使被测量与测量装置内部的标准量取得平衡。

（5）根据测量系统是否向被测对象施加能量，可分为主动式测量与被动式测量。前者需要从外部向被测量对象施加能量，如在测量阻抗元件的阻抗值时必须向阻抗元件施加电压，以供给电能。后者不需要向被测对象施加能量，如电压、电流以及军事上空对空导弹的红外（热源）探测跟踪就属于被动式测量。

（6）根据被测量变化快慢，可分为静态测量与动态测量。

（二）绝对误差与相对误差

某人购买了 20 kg 面粉和 2 kg 水果，发现均少了 0.5 kg，哪种情况会明显地让人不满意呢？这涉及测量误差的分析问题。

测量的目的是通过测量求取被测量的真实数值，即真值。真值是指在一定条件下被测量客观存在的实际值。一般来说，测量值与真值之间总会存在误差。测量误差可以分为绝对误差和相对误差。

1. 绝对误差

绝对误差 Δ 是指测量值 A_x 与真值 A_0 之间的差值，即

$$\Delta = A_x - A_0 \tag{0.0.5}$$

2. 相对误差

有时绝对误差不足以反映测量值偏离实际真值程度的大小，所以引入了相对误差。相对误差用百分比的形式来表示，一般多取正值。相对误差可分为实际相对误差、示值（标称）相对误差和满度（引用）相对误差等。

1）实际相对误差 γ_A

实际相对误差 γ_A 是用绝对误差 Δ 与被测量的真值 A_0 的百分比来表示的，即

$$\gamma_A = \frac{\Delta}{A_0} \times 100\% \tag{0.0.6}$$

2）示值（标称）相对误差 γ_x

示值相对误差 γ_x 是用绝对误差 Δ 与被测量 A_x 的百分比来表示的，即

$$\gamma_x = \frac{\Delta}{A_x} \times 100\% \tag{0.0.7}$$

3）满度（引用）相对误差 γ_m

测量下限为零的仪表满度误差 γ_m 是用绝对误差 Δ 与仪器满度值 A_m 的百分比来表示的，即

$$\gamma_m = \frac{\Delta}{A_m} \times 100\% \tag{0.0.8}$$

在式（0.0.8）中，当 Δ 取仪表的最大绝对误差值 Δ_m 时，引用误差常被用来确定仪表的准确度等级 S，即

$$S = \left| \frac{\Delta_m}{A_m} \right| \times 100\% \tag{0.0.9}$$

我国的模拟仪表有 7 种准确度等级，等级的数值越小，仪表的精度就越高、价格也就越贵。表 0.0.2 所列为仪表的准确度等级和满度相对误差。

表 0.0.2　仪表的准确度等级和满度相对误差

准确度等级	0.1	0.2	0.5	1.0	1.5	2.5	5.0
满度相对误差	±0.1%	±0.2%	±0.5%	±1.0%	±1.5%	±2.5%	±5.0%

【例 0.1】在正常情况下，用 0.5 级、量程为 300 ℃ 的温度计来测量温度时，可能产生的最大绝对误差为多少？

解：$\Delta_m = (\pm 0.5\%) \times A_m = \pm(0.5\% \times 300) = \pm 1.5(\text{℃})$

【例 0.2】某压力表准确度为 1.5 级，量程为 0~2 MPa，求：①可能出现的最大满度相对误差 γ_m；②可能出现的最大绝对误差 Δ_m；③测量结果显示为 0.90 MPa 时可能出现的最大示值相对误差 γ_x。

解：①可能出现的最大满度相对误差可以从准确度等级直接得到，即 $\gamma_m = \pm 1.5\%$。

②$\Delta_m = \gamma_m \times A_m = \pm 1.5\% \times 2 = \pm 0.03(\text{MPa}) = \pm 30(\text{kPa})$

③$\gamma_x = \frac{\Delta_m}{A_x} \times 100\% = \frac{\pm 0.03}{0.90} \times 100\% = \pm 3.33\%$

【例 0.3】用准确度为 0.5 级、测温范围为 0~300 ℃ 的温度计，和准确度为 1.0 级、测温范围为 0~100 ℃ 的温度计，分别测量 75 ℃ 的温度，问采用哪个精度等级的温度计测量效果好？

解：对 0.5 级的温度计：

$$\Delta_{m1} = \gamma_{m1} A_{m1} = \pm 0.5 \times 300 = \pm 1.5(\text{℃})$$

$$\gamma_{x1} = \frac{\Delta_{m1}}{A_x} \times 100\% = \frac{\pm 1.5}{75} \times 100\% = \pm 2\%$$

对 1.0 级的温度计：

$$\Delta_{m2} = \gamma_{m2}A_{m2} = \pm 1 \times 100 = \pm 1 (℃)$$

$$\gamma_{x2} = \frac{\Delta_{m2}}{A_x} \times 100\% = \frac{\pm 1}{75} \times 100\% = \pm 1.33\%$$

结果表明，用两温度计测量时，可能出现的最大示值相对误差分别为 ±2% 和 ±1.33%，并且用 1.0 级比用 0.5 级测得的示值相对误差反而小，所以此时选用精度等级低的仪表反而测量得更准确。

由上可知，在选用仪表时应兼顾准确度等级和量程，通常示值落在仪表满度值的 2/3 以上为宜。

（三）系统误差、随机误差和粗大误差

根据误差产生的原因及性质，可分为系统误差、随机误差、粗大误差。

1. 系统误差

在相同条件下多次测量同一个被测量时，凡误差的数值固定或按一定规律变化的，均属于系统误差。它具体又分为恒值误差和变值误差两类。恒值误差的特点是在测量过程中，其数值和符号保持不变，如各种刻度尺的热胀冷缩会产生的误差。大部分误差属于变值误差，如由于测量者的反应速度、分辨能力或固有习惯等差异在测量中造成的误差。

一般来说，系统误差是有规律性的。

2. 随机误差

在同一条件下，多次测量同一被测量，有时会发现测量值时大时小，且大小以不可预见的方式变化，这称为随机误差。引起随机误差的因素称为随机效应。随机误差是测量过程中许多独立的、微小的、偶然的因素引起的综合结果。

随机误差的测量结果中，单个测量值误差的出现是随机的，但多数随机误差都服从正态分布规律，具有一定的统计规律。因此，最好增加测量次数，利用概率论和统计学方法进行测量结果的数据统计处理。

3. 粗大误差

测量误差较大、明显偏离真值的误差称为粗大误差。当发现粗大误差时，应予以剔除。这种误差一般是操作人员的粗心大意引起的。

（四）静态误差和动态误差

根据误差的表现形式，可分为静态误差和动态误差。前者不需要考虑时间因素对误差的影响。

1. 动态误差

当系统从一个稳态过渡到新的稳态，或系统受扰动作用又重新平衡后，系统可能会出现偏差，这种偏差称为稳态误差。与稳态误差不同，动态误差是以时间为变量的函数，能提供

稳态时测量误差随时间变化的规律。

2. 静态误差

静态误差是指测量值(或输入值)不随时间变化时，测量结果(或输出值)会有缓慢的漂移，这种误差为静态输入误差，或称静态误差。其幅值和方向是恒定的，或者按一定规律缓变，不需要考虑时间因素对误差的影响。

静态测量系统的每个环节都会产生误差，如何计算总的测量误差呢？由 n 个环节串联组成的开环系统如图 0.0.9 所示，其输入量为 x，输出量 $y_o = f(x)$。

图 0.0.9 由 n 个环节串联组成的开环系统

设第 i 个环节的满度相对误差为 γ_i，则输出端的满度相对误差 γ_m 与 γ_i 之间的关系可用以下计算公式来确定。

(1)绝对值合成法，有

$$\gamma_m = \sum_{i=1}^{n} \gamma_i = \pm (|\gamma_1| + |\gamma_2| + \cdots + |\gamma_n|) \tag{0.0.10}$$

(2)方均根合成法，有

$$\gamma_m = \pm \sqrt{\gamma_1^2 + \gamma_2^2 + \cdots + \gamma_n^2} \tag{0.0.11}$$

常见传感器应用及工作原理

本模块以任务驱动方式，通过具体传感器应用任务的设计及实施过程，来讲述各类常见传感器，如热敏电阻、温度传感器、热释电红外传感器、湿度传感器、应变式压力传感器、光敏电阻传感器、光电耦合器、霍尔传感器、超声波传感器、电涡流传感器、电容传感器、热电偶传感器等的结构原理和特点、测量转换电路的设计及应用选型等。在知识拓展环节里增加了常用新型传感器，如驻极体话筒等传感器的介绍。

任务一　足浴盆的温度测量与控制——热敏电阻的应用

任务描述

如今人们对健康越来越重视，晚上睡觉前用适宜温度的热水泡一下脚，对促进身体的血液循环、消除一天的工作疲劳是很有好处的。

本任务是为足浴盆设计一款水温检测与控制器，要求其具有以下主要功能。

(1)测量并显示盆内水的温度，水温范围为35~55 ℃。

(2)水温预置，可在35~55 ℃范围内设置电加热的温度值。

(3)水温低于设定值时，启动电加热，且红色指示灯亮。

(4)当电加热至预置水温时，停止加热并且绿色指示灯亮。

(5)测控仪具有记忆功能，用户只要一次设定，所有设定功能便被记下来，停电后不必重新设定。

学习目标

【素质目标】

(1)培养学生崇德向善的职业道德和遵规守纪的职业态度。

(2)树立学生规范、安全的劳动意识和勤奋的学习态度。

【知识目标】

(1)了解热敏电阻的类型及结构特点。

(2)掌握热敏电阻的工作原理。

(3)理解常用温度测量电路的类型及工作原理。

【能力目标】

(1)能根据测量温度电路原理图进行实操接线,并能进行温度的测量与数据分析。

(2)能够掌握温控仪、万用表等的使用方法。

任务分析

本任务是设计一个足浴盆的温度测量与控制装置,该设计同样对饮水机或热水壶等诸多加热类器具的温度测量与控制器的设计具有借鉴意义。目前市面上的工业用温控仪功能较全,而且不少带有通信等功能,如图1.1.1所示,虽然能够满足基本设计要求,但是个性化要求可能是不具备的。

常见的温度传感器有金属热电阻、半导体热敏电阻、PN结温度传感器、热电偶等。热电偶适用于0~+1 600 ℃内的高温检测,而且它具有线性度好、热容量小、热滞后小、测量精度高、使用寿命长等特点,广泛适用于各种测温场合;但缺点是其造价比热电阻高。热电阻适用于较低温度检测,如铜热电阻检测温度的范围是−50~+150 ℃;热电阻的造价相对较低。半导体热敏电阻具有响应快、灵敏度高、价格低,在足浴水温区间有足够的精度,且在家电中广泛使用的优点,本任务采用它作为测量温度的传感器。图1.1.2所示为PTC、NTC热敏电阻实物。

图1.1.1 温控仪   图1.1.2 PTC、NTC热敏电阻

完成本任务需学习相关的温度传感器基础知识，会选用合适的温度传感器，并设计测量温度的电路，画出检测与控制系统原理框图。

任务实施

一、确定温度测控系统原理框图

为完成本设计任务，先行设计出自动检测系统原理框图。

1. 确定温度传感器类型

首先要确定使用的 PTC 热敏电阻的型号。经查阅，某公司产品型号为 ZW68 的 PTC 热敏电阻满足设计要求，该热敏电阻稳定性好且呈线性变化，复现性可达百万次。其电阻值在 0 ℃时为 100 Ω，在 25 ℃时为 109.7 Ω，温度系数为 $3\,900 \times 10^{-6}$，功率为 1/6 W，在 180 ℃以下环境工作，可替代铂热电阻 Pt100 使用。其体积小，尺寸为 $\phi 1.3$ mm×2.7 mm，热容量小，因而热感应速度快，小于 0.1 s。其结构坚固，外形标准化，适宜印制电路板的自动化安装，也可进行金属套管或环氧树脂等的二次封装。其性价比较高，仅是 Pt100 价格的 1/10。其温度特性曲线如图 1.1.3 所示，从图中可以看出其线性度非常好。

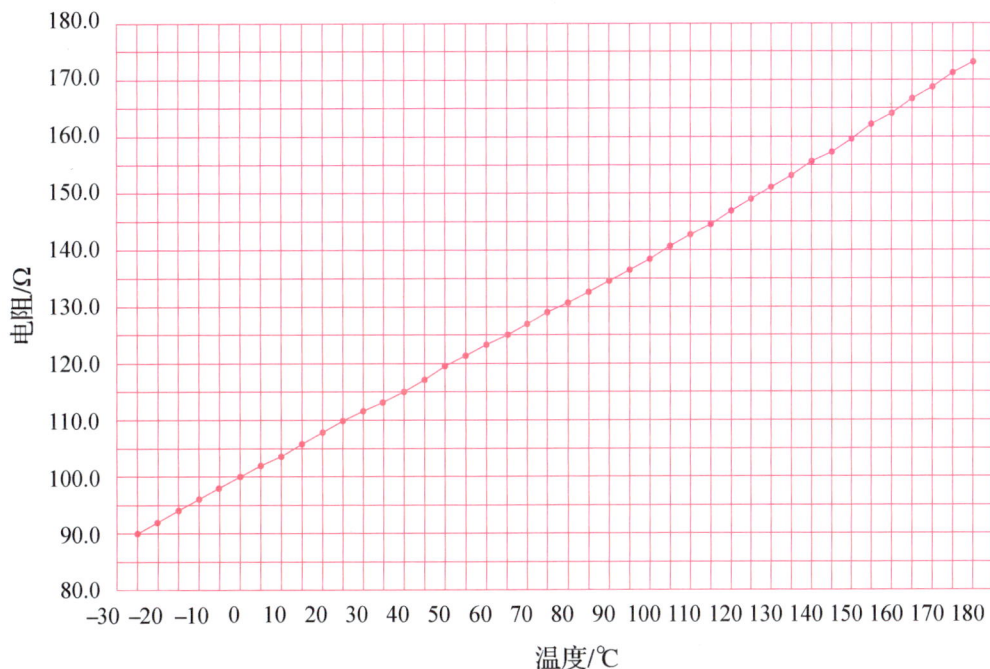

图 1.1.3 某公司 ZW68 PTC 热敏电阻温度特性曲线

2. 信号处理电路

热敏电阻本质上是一种电阻，PTC 热敏电阻首先将温度值转换为电阻值的变化，它与固定电阻串联分压即可获取其电压变化，一般可用桥式电路或恒流源电路将电阻值转化为电压值，如果该电压信号幅值较小，还需进一步放大。

3. 数据处理电路

该电压再经 A/D 转换电路转化为数字量，利用单片机进行数值运算，经数值校准后，根据数字量反推求得其温度值。对于本任务，单片机编程时需注意，如果买到的是非线性 PTC 热敏电阻，还需进行线性补偿，或者采用合适的编程思路，如用查表法获取电阻电压与温度之间的对应关系。

4. 执行机构及显示

本任务的执行机构是加热器和电动机，分别用以加热水温和驱动脚底按摩器。单片机根据要求发出控制信号，启停加热器和按摩器、发出声光提示等。其控制可以采用单片机驱动三极管，三极管驱动继电器，继电器控制加热器及电动机通断电。此外，单片机以数字形式将温度值送至显示器以显示温度值。因 LED 比 LCD 显示器亮度高且价格低，故采用前者。

据此进行系统设计，画出图 1.1.4 所示的温度测控系统原理框图。

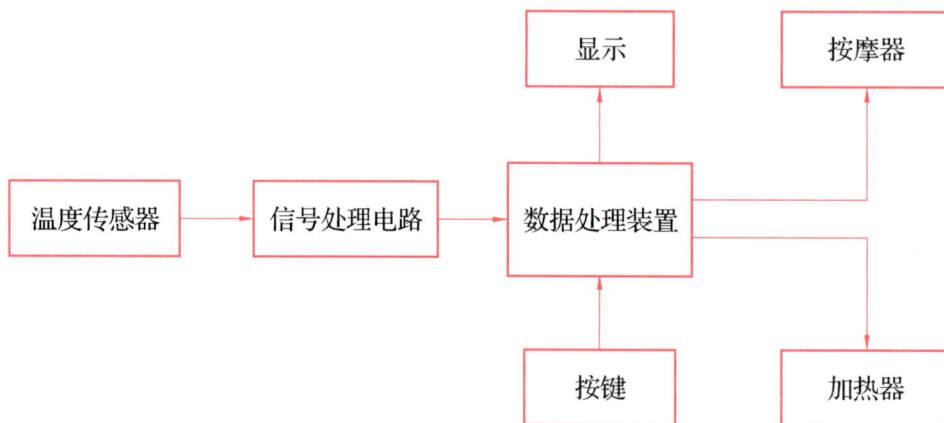

图 1.1.4 温度测控系统原理框图

二、电路设计

如何设计热敏电阻测量转换电路呢？最简单的电路是用一个高精度的普通电阻串联热敏电阻，然后接到电源上，测量热敏电阻的电压值，即可获取温度信息。其实，从普通电阻上进行电压采样，也能获取温度值。

常用的测量电路是将热敏电阻与 3 只高精度普通电阻组成电桥电路。

此外，还可以采用恒流测量电路，图 1.1.5 所示为恒流源供电的热敏电

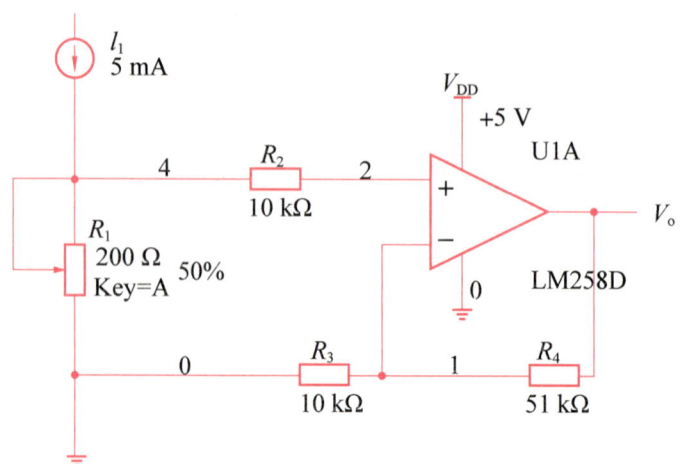

图 1.1.5 恒流源供电的热敏电阻测量温度电路

阻测量温度电路。

以上3种电路都比较简单，在此读者可以自行选择测量转换电路。

三、电路仿真

利用仿真软件Multisim画出电路图，如图1.1.5所示，设置相应的元器件参数，并进行仿真测试。

（1）选择合适的元件参数时，应考虑到因热敏电阻功率较低、工作电流不能太大，所以仿真时采用的恒流源器件须设置合适的电流大小，又因为所选热敏电阻在0~50 ℃变化时，电阻值的变化范围在20 Ω以内，故从该电阻上采样得到的电压数值较小，因此实际使用时需要将该电压进行图1.1.5所示的放大，也可采用典型的仪表放大电路。

（2）采用R_1电位器模拟PTC热敏电阻，阻值200 Ω即可满足仿真要求。

（3）按照图1.1.5所示设置参数，得到的输出电压为3.06 V左右，此电压可以用于A/D转换。

图1.1.6所示为一种足浴盆加热的检测与控制加热器的简单电路。

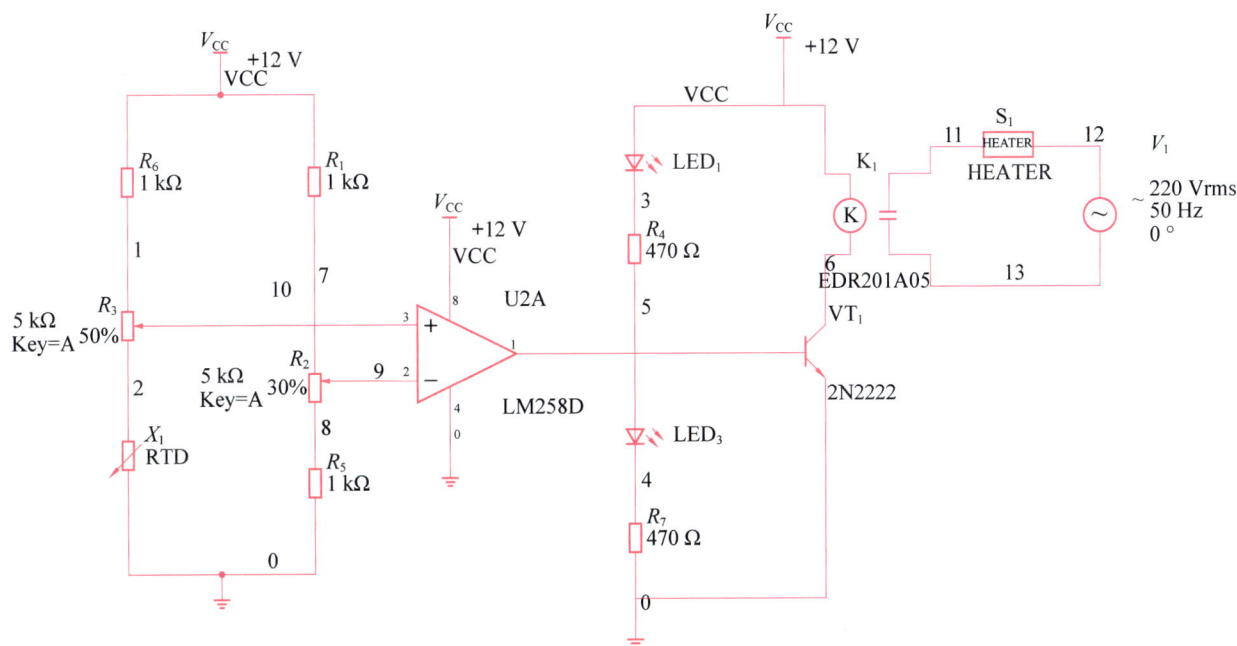

图1.1.6　足浴盆加热测控电路仿真

实训练习

本实训内容是利用加热源将PTC热敏电阻从30 ℃加热到150 ℃，每隔10 ℃记录PTC热敏电阻的阻值，并记录到表里，然后根据测量数据画出其特性曲线，这样做的目的是测试并认识线性PTC热敏电阻的温度特性。此外，也可将PTC热敏电阻接到放大电路上，测量其经放大电路之后输出的电压值，以评测传感器及放大电路的性能。

其操作步骤及方法如下。

（1）将加热源及一只 Pt100 热电阻与加热智能调节仪正确接线，目的是获得加热源内部的实时温度值并实时显示出来。

（2）将另一只 PTC 热敏电阻插入加热源的另一个孔内，并用万用表测量该 PTC 热敏电阻随温度改变的阻值，按图 1.1.7 所示进行接线。将万用表调至合适的电阻测量挡位，并打开电源开关。

图 1.1.7　测量 PTC 热电阻

Cu50 的温度
特性实验

Pt100 温度
特性实验

（3）检查接线，如无误则合上电源开关，加热源开始加热升温。

（4）记录智能温度仪显示的温度值及万用表测量的电阻值，并填入表 1.1.1 中。

表 1.1.1　PTC 热敏电阻测量

温度 $T/^\circ\text{C}$	30	40	50	60	70	80	90	100	110	120	130	140	150
电阻值 R_1/Ω													

（5）测量完毕，关掉电源，整理安放好测量仪器及设备。

（6）根据测量数据，画出 PTC 的电阻-温度特性曲线，并分析该曲线的线性度。

为了研究金属热电阻，读者可根据条件，选取 Pt100 或者 Cu50 热电阻并插入加热源，将引线端子连接到放大电路模块，测量其随温度升高或者下降时的输出电压变化，并进一步分析其温度特性，同时了解传感器及放大电路的性能。图 1.1.8 所示为 Cu50 温度传感器测量温度场景，测量系统由温度测量控制仪、温度源、温度测量电路模块、传感器、电源等构成。

图 1.1.8　Cu50 温度传感器测量温度

任务评价与反馈

完成任务设计及实训练习后，请将评价记录到表 1.1.2 中。

表 1.1.2　任务评价表

项目	配分	评分标准	自评	互评	师评	平均
选用热敏电阻	5	能选择合适的温度传感器				
绘制测控系统原理框图	5	能认真绘制完整的系统原理框图				
电路仿真	15	①电路完整、器件选择合适（10 分） ②电路仿真正确（5 分）				
PTC 热敏电阻值测量	20	①正确连接电路（5 分） ②正确操作并识读万用表测量的电阻值（5 分） ③完成测量并完整记录数据（5 分） ④数据分析图准确（5 分）				
Pt100 铂热电阻温度特性测量	25	①正确连接电路（5 分） ②正确识读电压表读数（5 分） ③正确识读万用表电阻值读数（5 分） ④完成测量并完整记录数据（5 分） ⑤数据分析图准确（5 分）				
学习态度	10	按时认真学习，遵守操作规范				
安全文明操作	10	安全文明使用仪器设备，爱护公物				
6S 管理规范	10	遵守操作规范				
合计						

任务知识讲解

温度传感器按工作原理划分，主要有膨胀式、电阻式、热电式、辐射式等传感器。工业上常用的有金属热电阻和半导体热敏电阻、热电偶等。

通常金属导体或半导体的电阻值都会随温度而变化，根据该特点，采用不同的材料可以制作成金属热电阻和半导体热敏电阻。大多数金属热电阻在温度升高 1 ℃时，其阻值将增加 0.4%~0.6%，而半导体热敏电阻的灵敏度比金属的高很多，如负温度系数热敏电阻，每增加 1 ℃，电阻值减少 2%~6%。

一、金属热电阻

金属热电阻传感器采用金属作为测量温度的敏感元件。其测量精度高，广泛用于中低温（-200~+650 ℃）的温度测量，能够实现远距离测量和多点测量。

制造工业热电阻的金属材料有铂、铜、镍等，其中铂热电阻与铜热电阻的主要技术性能如表 1.1.3 所示。

表 1.1.3　铂热电阻与铜热电阻的主要技术性能

材料	铂（WZP）	铜（WZC）
使用温度范围/℃	-200~+960	-50~+150
电阻率/（×10⁻⁶ Ω·m）	0.098~0.106	0.017
0~100 ℃间电阻温度系数 α（平均值）/℃	0.003 85	0.004 28
化学稳定性	在氧化性介质中较稳定，不能在还原性介质中使用，尤其在高温情况下	超过 100 ℃易氧化
特性	特性接近于线性、性能稳定、准确度高	线性较好、价格低廉、体积大
应用	适于较高温度的测量，可作标准测温装置	适于测量低温、无水分、无腐蚀性介质的温度

注：温度系数定义为温度变化导致的电阻的相对变化。温度系数越大，热电阻对温度变化的反应越灵敏，可据 $\alpha = (\lg R_2 - \lg R_1)/(T_2 - T_1)$ 进行计算，以 ppm/℃ 为单位。

工业用金属热电阻从结构形式上划分，有普通热电阻、薄膜热电阻、铠装热电阻以及隔爆型热电阻等封装形式。

普通热电阻的主要结构部件包括接线盒、接线端子、保护管、绝缘套管、感温元件（电阻体）等。

薄膜热电阻感温元件由真空蒸镀特殊处理的电阻丝材料绕制，紧贴在温度计端面，其外形如图 1.1.9 所示。它与一般轴向热电阻相比，能更正确和快速地反映被测端面的实际温度，适用于测量轴瓦和其他机件的端面温度。

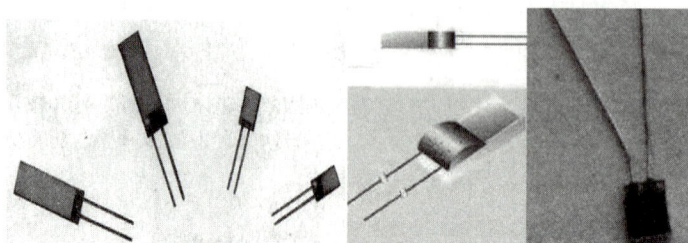

图 1.1.9　薄膜热电阻外形

铠装热电阻是由感温元件(电阻体)、引线、绝缘材料、不锈钢套管组合而成的坚实体，如图 1.1.10 所示，它的外径一般为 $\phi2\sim\phi8$ mm。与普通热电阻相比，铠装热电阻体积小，内部无空气隙，热惯性滞后较小，机械性方面耐振抗冲击且便于安装，使用寿命较长。

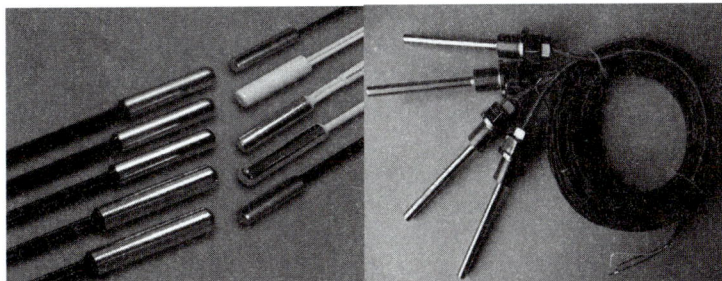

图 1.1.10　铠装热电阻外形

在化工厂和其他生产现场，常伴随有各种易燃、易爆等化学气体、蒸气等，隔爆热电阻通过特殊结构的接线盒，把其外壳内部爆炸性混合气体因受到火花或电弧等影响而发生的爆炸局限在接线盒内，生产现场不会引起爆炸。隔爆热电阻可用于具有爆炸危险场所的温度测量。隔爆热电阻如图 1.1.11 所示，与装配热电阻的主要区别是隔爆热电阻的接线盒(外壳)在设计上采用防爆特殊结构，用高强度铝合金压铸而成，并具有足够的内部空间、壁厚和机械强度，橡胶密封圈的热稳定性等均符合国家防爆标准。当接线盒内部的爆炸性混合气体发生爆炸时，其内压不会破坏接线盒，由此产生的热能也不能向外扩散(传爆)。防爆热电阻的防爆标志表示方法如图 1.1.12 所示。

图 1.1.11　隔爆热电阻

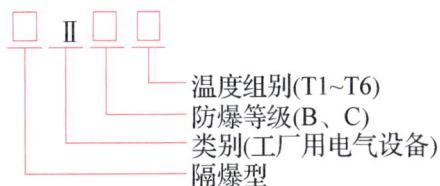

温度组别(T1~T6)
防爆等级(B、C)
类别(工厂用电气设备)
隔爆型

图 1.1.12　隔爆热电阻的防爆标志表示方法

防爆电气设备分为两类：Ⅰ类为煤矿井下用的电气设备；Ⅱ类为工厂用电气设备。隔爆热电阻的防爆等级按其适用于爆炸性气体混合物的最大安全间隙分为 A、B、C 三级。隔爆热电阻的温度组别按其外露部分最高表面温度分为 T1~T6 这 6 组，其允许的最高表面温度值分别对应 450 ℃、300 ℃、200 ℃、135 ℃、100 ℃、85 ℃。

我国按统一国家标准规定生产的标准化热电阻有铂热电阻、铜热电阻和镍热电阻。

铂热电阻(代号 WZP)的物理化学性能稳定，尤其是耐氧化，甚至能在很宽的温度范围内(1 200 ℃ 以下)保持上述特性，铂热电阻温度计是目前测温仪表中精确度最高的一种。

铂热电阻的温度特性随温度范围不同而有所变化，具体方程如下。

在 -200~0 ℃ 内，有

$$R_t = R_0 [1 + AC + Bt^2 + Ct^2(6 - 100)] \tag{1.1.1}$$

在 0~850 ℃内，有

$$R_t = R_0(1 + At + Bt^2) \tag{1.1.2}$$

式中：R_t 和 R_0 分别为 t 和 0 ℃时铂热电阻值；A、B、C 为常数，在 ITS-90 中，这些常数规定为

$$A = 3.908\ 3 \times 10^{-3}/℃$$

$$B = -5.775 \times 10^{-7}/℃$$

$$C = -4.183 \times 10^{-12}/℃$$

从上式可看出，热电阻在温度 t 时的电阻值与 R_0 有关。根据市场需求，我国目前生产多种分度号的铂热电阻，如 $R_0 = 1\ 000\ \Omega$ 即分度号为 Pt1000，$R_0 = 100\ \Omega$ 则分度号为 Pt100，其他分度号还有 Pt25 及 Pt500 等，其中以 Pt100 最为常用。铂热电阻不同分度号有其相应分度表，即 $R_t - t$ 的关系表，这样在实际测量中，只要测得热电阻的阻值 R_t，便可从分度表上查出对应的温度值，铂热电阻分度表见附录一。

铜热电阻（代号 WZC）容易提纯，工艺性好且价格便宜，其电阻率低，但电阻的温度系数比铂热电阻高。由于电阻率低，制成一定阻值的热电阻时体积较大，故热惯性增大。我国工业用铜热电阻有两种初始电阻值，$R_0 = 50\ \Omega$ 的分度号为 Cu50，$R_0 = 100\ \Omega$ 的分度号为 Cu100。

镍热电阻（代号 WZV）的电阻温度系数较大，电阻率也较高，镍热电阻随温度变化的非线性较严重，提纯也较难，纯镍丝做成的镍热电阻比铂热电阻的灵敏度高。我国已将其规定为标准化的热电阻。其使用范围为 -60~180 ℃，初始电阻值有 $R_0 = 100\ \Omega$、$300\ \Omega$、$500\ \Omega$ 三种。

二、半导体热敏电阻

半导体热敏电阻简称为热敏电阻。常把锰、镍、钴、铜、钛、镁等的氧化物按一定比例混合，成形后经高温烧结而制作成热敏电阻。热敏电阻常用于测量 -100~300 ℃的温度。

1. 热敏电阻的类型

热敏电阻按照温度系数不同可分为正温度系数热敏电阻（PTC）、负温度系数热敏电阻（NTC）和临界温度系数热敏电阻（CTR），其特性曲线如图 1.1.13 所示。PTC 型热敏电阻的变化趋势与温度的变化趋势相同；当温度上升时，NTC 型热敏电阻阻值反而下降，它常用于测量温度；PTC 型和 CTR 型在一定温度范围内，阻值随温度而急剧变化，可用于检测特定温度；临界温度型又称突变型，当温度上升到某临界点时，其电阻值突然下降，可用于各种电子电路中抑制浪涌电流。

NTC 型热敏电阻阻值与温度之间的负指数关系特性如图 1.1.13 中的曲线 2 所示，其关系式为

$$R_T = R_0 \mathrm{e}^{-B\left(\frac{1}{T} - \frac{1}{T_0}\right)} \tag{1.1.3}$$

式中：R_T 为 NTC 型热敏电阻在热力学温度为 T 时的电阻值；R_0 为 NTC 型热敏电阻在热力学温度为 T_0 时的电阻值，设定在 298 K（25 ℃）；B 为 NTC 型热敏电阻的温度常数。

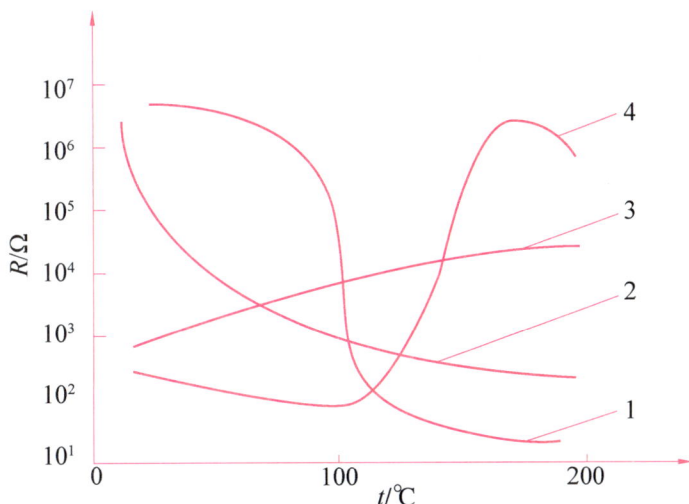

图 1.1.13 各种热敏电阻的特性曲线

1—突变型 NTC；2—负指数型 NTC；3—线性型 PTC；4—突变型 PTC

热敏电阻常做成片状、棒状、珠状等，其外形及符号如图 1.1.14 所示。棒状的保护管外径为 1.5~2 mm，长度为 5~7 mm；珠状的外径为 1~3 mm；圆片状的直径在 3~10 mm，厚度为 1~3 mm。

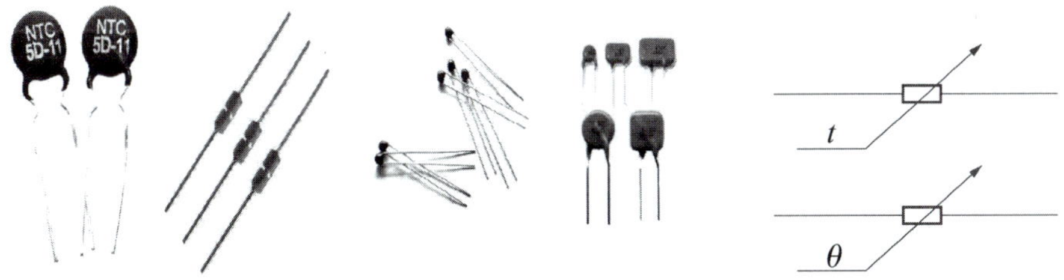

图 1.1.14 热敏电阻的外形及符号

热敏电阻一般用字母与数字组合来命名，如 MZ11，一般包括四部分。

第一部分：主称，用字母"M"表示敏感元件。

第二部分：类别，用字母"Z"表示正温度系数热敏电阻器，或者用字母"F"表示负温度系数热敏电阻器。

第三部分：用途或特征，用一位数字(0~9)表示。

第四部分：序号，也由数字表示，代表规格、性能。

2. 热敏电阻的性能指标及选用

各种热敏电阻器应在其出厂参数允许范围内的条件下工作。热敏电阻的主要参数有 10 余项，如标称电阻值、使用环境温度(最高工作温度)、测量功率、额定功率、标称电压、工作电流、温度系数、材料常数、时间常数等。其中，标称电阻值是在 25 ℃ 零功率时的电阻值，误差应在±10% 之内。普通热敏电阻的工作温度范围较大，可根据需要在−55～+315 ℃ 选择。值得注意的是，不同型号热敏电阻的最高工作温度差异很大。例如，MF11 片状负温度系数热敏电阻器为+125 ℃，而 MF53-1 仅为+70 ℃，使用时应注意。表 1.1.4 所示为常用热敏电阻的主要性能数据。选用金属热电阻时也有相同的问题，使用时应注意。

表 1.1.4　常用热敏电阻的主要性能数据

型号	用途	标准阻值 (25 ℃)/kΩ	材料常数/K	额定 功率/W	时间 常数/s	耗散系数 /(mW·℃⁻¹)
MF11	温度补偿	0.01～15	2 200～3 300	0.5	≤60	≥5
MF13	温度补偿	0.82～300	2 200～3 300	0.25	≤85	W!
MF16	温度补偿	10～1 000	3 900～5 600	0.5	≤115	7～7.6
RRC	测控温	6.8～1 000	3 900～5 600	0.4	≤20	7～7.6
RRC-B	测控温	3～100	3 900～4 500	0.03	≤0.5	7～7.6
RFD7～8	可变电阻器	30～60	3 900～4 500	0.25	≤0.4	0.25

3. 热敏电阻的用途

(1)测量温度。作为测量温度的热敏电阻，一般结构较简单，价格较低廉。没有外面保护层的热敏电阻只能应用在干燥的地方。密封的热敏电阻不怕湿气的侵蚀，可以使用在较恶劣的环境下。由于热敏电阻的阻值较大，故其连接导线的电阻和接触电阻可以忽略，因此，热敏电阻可以用于长达几千米的远距离温度测量。

(2)温度补偿。热敏电阻可在一定的温度范围内对某些元件进行温度补偿。例如，动圈式表头中的动圈由铜线绕制而成，温度升高，电阻增大，从而引起测量误差。可在动圈回路中串入由负温度系数热敏电阻组成的电阻网络，从而抵消由于温度变化所产生的误差。在三极管电路、对数放大器中也常采用热敏电阻补偿电路，补偿由于温度引起的漂移误差。

(3)温度控制。将突变型热敏电阻埋设在被测物中，并与继电器串联，给电路加上恒定电压。当周围介质温度上升到某一数值时，电路中的电流可以由零点几毫安突变为几十毫安，因此继电器动作，从而实现温度控制或过热保护。

热敏电阻在家用电器中的用途也十分广泛，如空调与干燥机、热水取暖器、电烘箱温度检测等都用到热敏电阻。

三、热电阻测量电路

热电阻测量电路多采用桥式电路。工业用电阻温度计常与动圈式仪表或自动平衡电桥配套使用，当热电阻温度计中配套使用动圈仪表时，其测量电桥都是不平衡电桥。原因是热电阻本体的引线电阻和连接导线的电阻都会给温度测量结果带来影响。有些应用场合为消除上述影响、提高测量精度，其测量电桥可将二线制改为三线制或四线制接法。

二线制单臂电桥测量电路如图 1.1.15 所示。该电路的缺点是引线的电阻将使原来已调零的电桥失去了平衡，需重新调零。在测量过程中，引线电缆受环境温度影响，铜质电缆线的电阻与热电阻一样，阻值也会升高，叠加在 R_t 的变化上，引起测量误差，且无法纠正。

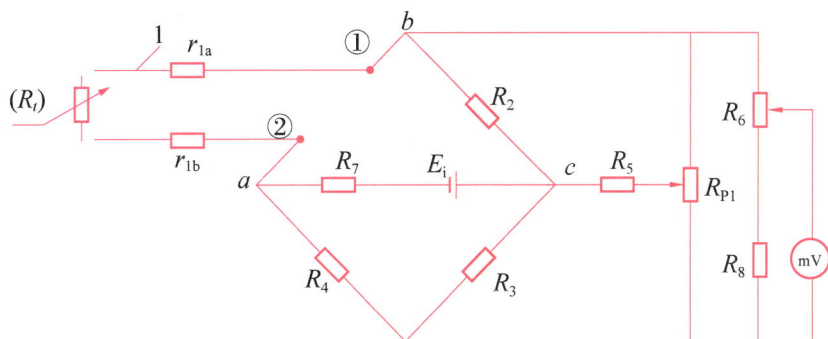

图 1.1.15　二线制单臂电桥测量电路

由于二线制接法简单，实际工作中仍有应用，为使误差不致过大，对铜热电阻而言，要求引出线的电阻值不应超过 R_0 的 0.2%；对铂热电阻而言，不应超过 R_0 的 0.1%。

三线制单臂电桥测量电路如图 1.1.16 所示。热电阻 R_1 用 3 根导线①、②、③引至测温电桥。其中两根引线的内阻 r_1 和 r_4 分别串入测量电桥相邻两臂的 R_1、R_4 上，引线的长度变化不影响电桥的平衡，可以避免因连接导线电阻受环境影响而引起的测量误差。r_i 与激励源 E_i 串联，不影响电桥的平衡，可通过调节 R_{P2} 来微调电桥的满量程输出电压。实际应用中，该电路输出电压一般比较低，可以将其连接到放大器继续放大该电压值。为了减小环境电磁场的干扰，最好采用多芯屏蔽线，并将屏蔽线的金属丝网接至大地。

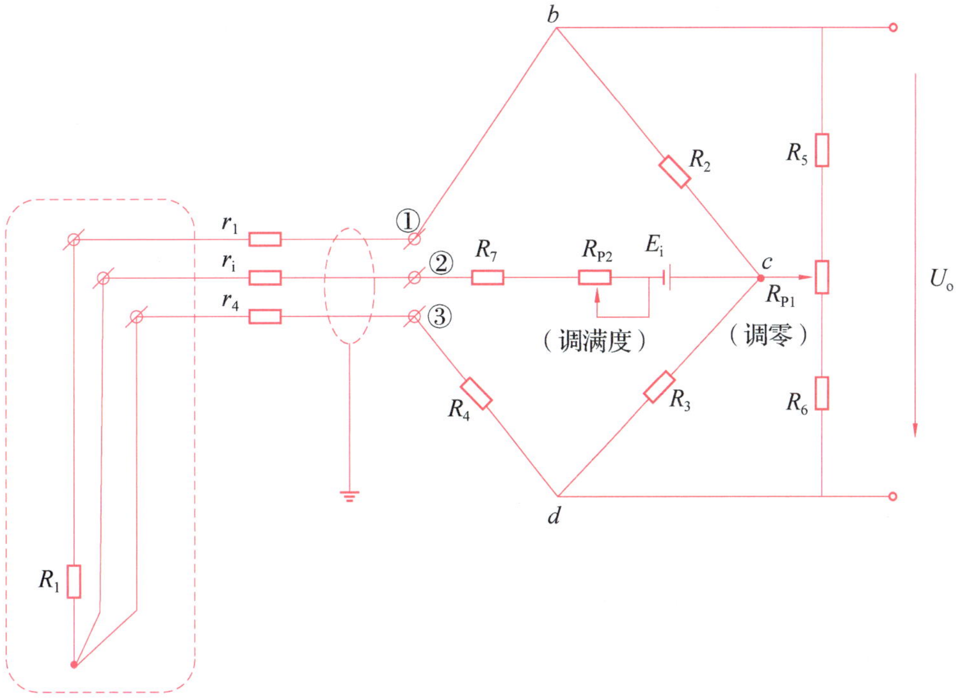

图 1.1.16　三线制单臂电桥测量电路

采用恒流源供电的四线制电路也是比较理想的，其采集信号后送至仪表放大电路进行信号放大，再经 A/D 转换后送入微处理器处理，这种电路输出特性比较理想。采用四线制电路可以克服引线电阻的影响，提高测量精度。

四、金属热电阻和半导体热敏电阻的选用

在选用热电阻时，是选择金属热电阻还是半导体热敏电阻呢？这应考虑两者之间的差异。

(1)材料不同。金属热电阻常用金属铂或者铜等材料构成，而热敏电阻是锰、镍、铜等金属的氧化物。

(2)线性度不同。前者线性度较好，后者其温度响应特性较为复杂，不同类型的半导体热敏电阻线性度不同，在某些区域非线性严重。

(3)测温范围不同。如金属铂热电阻测温范围为 −200~+960 ℃，热敏电阻测温范围在 −50~+300 ℃。

(4)精度不同。前者测量精度较高、标准化程度高、稳定性好、性能可靠，后者测量精度较低。

(5)使用场合不同。前者一般适用于 200~500 ℃ 的温度测量，在工程控制中的应用极其广泛。后者则广泛用于家电和汽车的温度检测和控制。两者之间互换性较差。

(6)响应速度不同。前者对温度变化的响应不够快速，而热敏电阻的响应速度较快。

(7)灵敏度不同。后者灵敏度更高，可达前者灵敏度的 10~100 倍。

习 题

知识拓展
晶体管温度传感器

一、填空题

(1)为提高测温灵敏度，应使用_____作为测温元件。

(2)Pt100 铂热电阻在_____℃ 时的阻值为_____Ω，Pt1000 铂热电阻在_____℃ 时的阻值为_____Ω。

(3)热敏电阻按其温度特性可分为_____、_____和_____3 种类型。

(4)工业用金属热电阻有普通热电阻、_____热电阻、_____热电阻以及隔爆热电阻等。

(5)PN 结温度传感器随温度的上升，其结电压_____。

二、简答题

(1)用打火机烧一只小型 Pt100 的端部(或一段电阻丝)，用数字欧姆表观察其阻值变化趋势，请回答是正温度特性还是负温度特性？

(2)通常情况下，超期使用的 220 V 家用电灯泡是在通电时还是断电时烧毁？为什么？

(3)如何选用热电阻？

任务二　防盗报警器——热释电红外传感器的应用

■ 任务描述

人们一直在追求更加舒适的生产与生活环境，因此安全的外部环境受到高度重视，人们要求能够即时获取各种安全隐患出现的信息，以做到及时补救。

现有一家单位需要简易防盗报警装置，要求十分简单，即某场所如果有人出现，就立即发出声光报警信号，请根据要求设计一款相应装置。

■ 学习目标

【素质目标】

(1)培养学生沟通和协调能力以及创新创意的专业素养。

(2)培养学生分析、解决问题的思维能力和科学严谨的治学态度。

【知识目标】

(1)了解热释电红外传感器的结构和特性。

(2)掌握热释电红外传感器的工作原理。

(3)理解热释电红外传感器检测与控制电路的构成及原理。

【能力目标】

(1)能表述热释电红外传感器检测与控制电路的工作原理。

(2)掌握热释电红外传感器检测与控制电路的接线及使用方法。

■ 任务分析

随着科技水平的提高，现在安保设施也越来越先进，如实时同步影像传送、发出声光报警信号及启动安保报警装置等。

要完成本任务，就应确定检测移动物的传感器类型，根据任务要求，不必采用视频监控装置，利用超声波报警器或者热释电红外传感器能够达到目的。但是超声波传感器的信号采集及处理电路较为复杂，因此选用热释电红外传感器。图 1.2.1 所示为常见的热释电红外传感器外形。

图 1.2.1　常见的热释电红外传感器外形

■任务实施

一、确定红外测控系统原理框图

热释电红外传感器是一种红外线传感器，它是利用红外线的物理性质来进行测量的传感器。红外线即红外光，红外线的波长在 0.75~1 000 μm 频谱范围内，是一种人眼看不见的光线。任何物体的温度高于绝对零度(−273.15 ℃)时，便会向周围空间辐射红外线。

利用物体的这一物理性质，一旦物体进入探测区域内，物体的红外辐射通过红外传感器的镜面聚焦，并被热释电红外传感器接收，其信号经处理即可实现报警。

根据分析，设计热释电红外报警器的原理框图如图 1.2.2 所示。

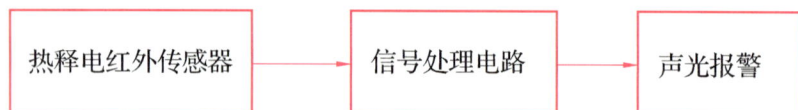

图 1.2.2　热释电红外报警器的原理框图

二、电路设计

由热释电红外传感器检测与控制系统的原理框图可知，不需要微控制器的数据处理过程，因此通过 3 步可以实现电路的设计过程。

1. 信号采集与转换

热释电红外传感器的特点是由于外界的辐射而引起传感器自身的温度变化时，就会产生一个相应电信号，当温度变化趋于稳定后就停止信号输出，即热释电信号与它本身的温度变化率成正比，或者说热释电红外传感器只对运动的物体敏感。大多在售的热释电红外传感器大都带有前置放大器。热释电红外传感器等效电路如图 1.2.3 所示。

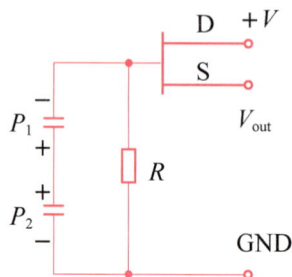

图 1.2.3　热释电红外传感器等效电路

2. 信号处理电路

热释电红外传感器的前置放大器的放大倍数有限，因此还需进一步放大。此时，可用普通三极管或者集成运算放大器实现放大功能。本任务中采用两个集成运算放大器，前者用来放大信号，后者实现电压比较输出，以控制发出报警信号。图 1.2.4 所示为热释电红外传感器信号处理电路。

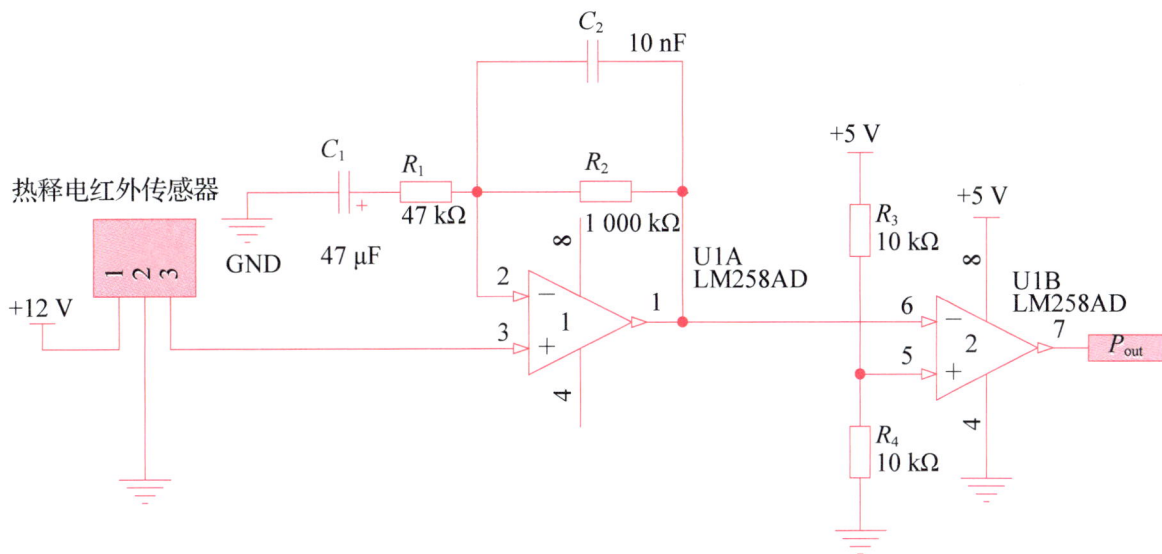

图 1.2.4　热释电红外传感器信号处理电路

3. 执行机构

如图 1.2.5 所示，用普通的无源蜂鸣器可以实现发出声音，控制发光二极管亮灭能发出灯光。三极管控制继电器线圈通电和断电，由继电器的开关信号控制蜂鸣器和发光二极管通断电并发出声光报警。

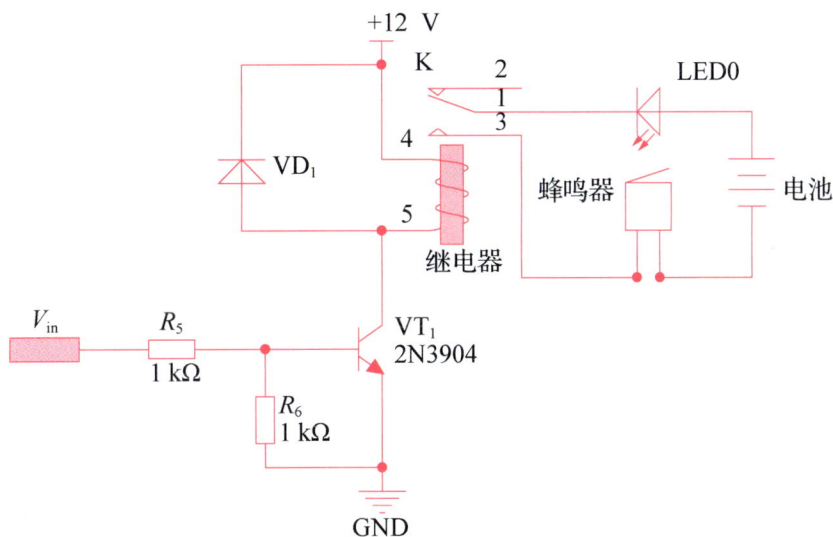

图 1.2.5　热释电红外传感器报警电路

三、电路仿真

利用 Multisim 软件画出热释电红外传感器报警电路，设置参数，进行仿真测试，可以观察声光报警效果。电路如图 1.2.6 所示，图中 s 为传感器，设定其某时刻输出直流电压 3 V。

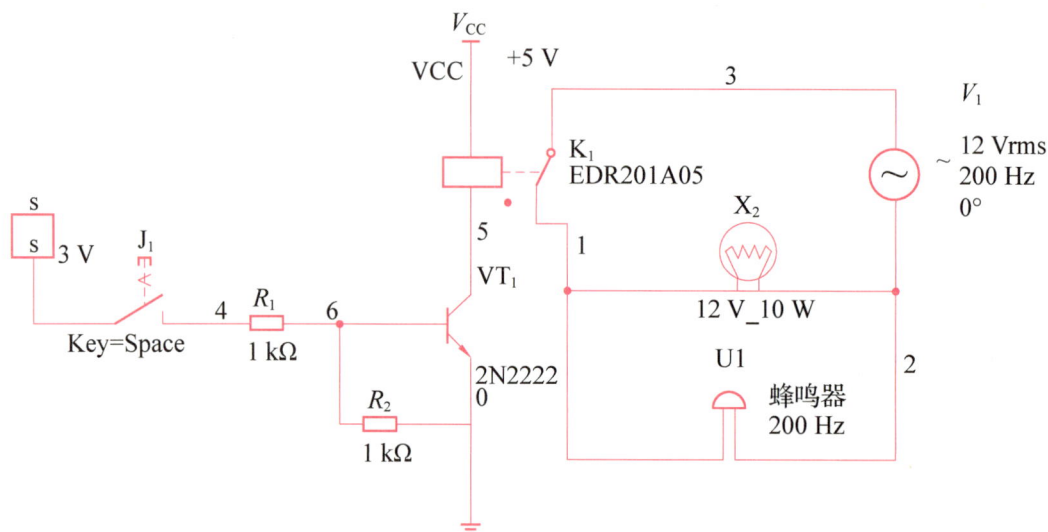

图 1.2.6　热释电红外传感器报警仿真电路

实训练习

实训任务使用图 1.2.7 所示的热释电红外传感器实训模块以及示波器等，目的是理解热释电红外传感器检测人体或其他物体移动时的检测及报警效果，并学会使用示波器观测实训模块电路的输出信号波形。

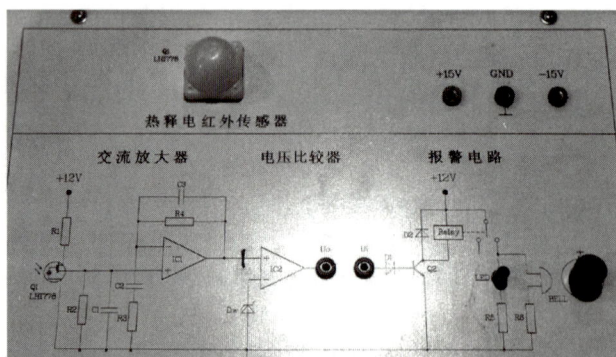

图 1.2.7　热释电红外传感器实训模块

其实训内容与步骤如下。

（1）选择实训台上的合适电源电压，并连接到热释电红外传感器模块的电源端子上，热释电红外传感器模块输出信号连接示波器。

（2）合上实训台上的电源开关，待热释电红外传感器稳定后，人从该传感器探头前走过，观察输出信号电压的变化。之后用手罩住热释电红外传感器探头静止不动，则会发现不再有输出信号变化，这说明热释电红外传感器的特点是，只有当外界的辐射引起该传感器本身的温度变化时才会输出电信号，即该传感器只对变化的温度信号敏感，这一特性就决定了它的应用范围。

（3）改变热释电红外传感器的探测距离，以检验热释电红外传感器的检测场域大小。

（4）将电压比较器的输出 U_o 接报警电路的输入 U_i，如检测区域有移动物，则热释电红外传感器模块电路会发出声光报警信号。

（5）实训完毕，将在示波器上显示的信号与人体移动及发出报警等信息用文字、图表加以描述。

■ 任务评价与反馈

完成任务设计及实训练习后，请将评价记录到表 1.2.1 中。

表 1.2.1　任务评价表

项目	配分	评分标准	自评	互评	师评	平均
选用报警传感器	10	能选择合适的报警传感器				
绘制测控系统原理框图	10	能认真绘制完整的系统原理框图				
电路仿真	20	①电路完整、器件选择合适（10分） ②电路仿真正确（10分）				
热释电红外传感器感测实训	30	①正确连接电路（10分） ②正确识读电压表读数（10分） ③正确使用示波器观察信号波形（10分）				
学习态度	10	按时认真学习，遵守操作规范				
安全文明操作	10	安全文明使用仪器设备，爱护公物				
6S 管理规范	10	遵守操作规范				
合计						

■ 任务知识讲解

一、红外传感器的结构原理

人的眼睛能看到的可见光按波长从长到短排列，依次为红、橙、黄、绿、青、蓝、紫。其中红光的波长为 $0.62 \sim 0.76~\mu m$；紫光的波长为 $0.38 \sim 0.46~\mu m$。比紫光波长更短的光叫紫外线，比红光波长更长的光叫红外线，红外线又称红外光。红外光是太阳光谱的一部分，其特点是具有光热效应，即辐射热量，它也是光谱中最大光热效应区。红外光是不可见光，与所有电磁波一样，具有反射、折射、散射、干涉、吸收等性质。红外光在真空中的传播速度为 $3×10^8$ m/s。红外光在介质中传播会产生衰减，在金属中传播衰减很大，但红外辐射能透过大部分半导体和一些塑料，大部分液体对红外辐射吸收非常大。不同的气体对其吸收程度各不相同，大气层对不同波长的红外光存在不同的吸收带。研究表明，波长为 1~5 μm、8~14 μm 区域的红外光具有比较大的"透明度"，即这些波长的红外光能较好地穿透大气层。

自然界中任何物体，只要其温度在绝对零度之上，都能产生红外光辐射。红外光的光热效应对不同的物体各不相同，热能强度也不一样，如黑体（能全部吸收投射到其表面的红外辐射的物体）、镜体（能全部反射红外辐射的物体）、透明体（能全部穿透红外辐射的物体）和灰体（能部分反射或吸收红外辐射的物体）将产生不同的光热效应。严格地讲，自然界不存在黑体、镜体和透明体，绝大部分物体都属于灰体。这些特性是把红外光辐射技术用于卫星遥感遥测、红外跟踪等军事和科学研究的重要理论依据。

利用红外线的物理性质来进行测量的传感器，称为红外线传感器，简称红外传感器。红外传感器测量时不与被测物体直接接触，因而不存在摩擦，并且有灵敏度高、响应快等优点。检测红外线比检测可见光效果更好、更方便，具体原因如下。

（1）红外线（中、远红外线）不受可见光的影响，可不分昼夜地进行检测。

（2）由于被测对象自身发射红外线，故红外传感器既可设置发射器发射红外线，也可不设光源。

（3）大气对某些特定波长的红外线吸收甚少，如 2~2.6 μm、3~5 μm 和 8~14 μm 这 3 个波段，它们被称为"大气窗口"，这些波长的红外线非常容易被检测到。

红外传感器包括光学系统、检测元件和转换电路。光学系统按结构不同，可分为透射式和反射式两类，如图 1.2.8 所示，常用作发射器的有发光二极管和发光三极管。检测元件按工作原理可分为热敏检测元件和光电检测元件。热敏检测元件应用最多的是热敏电阻。热敏电阻受到红外线辐射时温度升高，电阻发生变化，通过转换电路变成电信号输出。光电检测元件常用的是光敏元件（如光敏二极管和光敏三极管），通常由硫化铅、硒化铅、砷化铟、砷化锑、碲镉汞三元合金、锗及硅掺杂等材料制成。

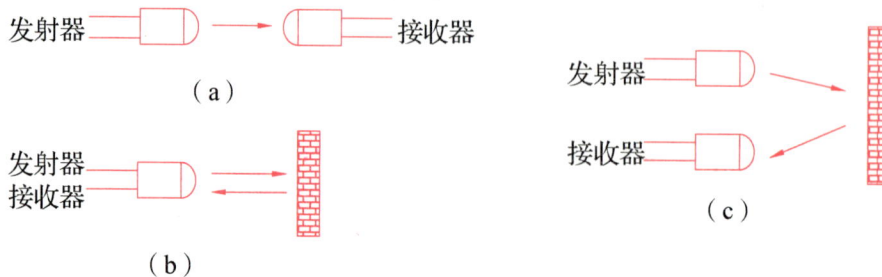

图 1.2.8　常见红外传感器基本应用

（a）透射式；（b）（c）反射式

红外传感器可测量与障碍物的距离，其工作原理与超声波传感器类似，由红外发射管和红外接收管组成。红外发射管发射红外线，当前面没有障碍物时，红外线就一直往前照射，一旦遇到障碍物后，红外线就会反射回来。红外线的反射光越强，则说明障碍物的距离越近。但当障碍物表面是黑色时，红外线容易被吸收，从而使反射光的强度减弱，这是其不足之处。对于其他颜色的障碍物，红外线都有很好的发射效果。

二、红外传感器的分类

1. 红外传感器按功能分类

红外传感系统是用红外线为介质的测量系统，红外传感技术已经在现代科技、国防和工农业等领域获得了广泛的应用。

(1)辐射计。用于辐射和光谱测量，如红外辐射式温度计、测量海洋表面温度的辐射计等。利用人造卫星上的红外传感器对地球云层进行监视，可实现大范围的天气预报；采用红外传感器可检测飞机上正在运行的发动机过热情况等。

(2)红外测距和通信系统。红外测距传感器具有一对红外信号发射和接收二极管。红外测距传感器利用红外信号在距障碍物的不同距离处反射回来的时间差不同来检测障碍物的距离。机器人上有很多种传感器，其中就有红外测距传感器。鼠标器中采用红外传感器可以测出鼠标器的移动方向和距离。

(3)热成像系统。可产生整个目标红外辐射的分布图像。红外热成像技术已应用在各大医院临床研究中，将头部、颈部、心血管、肺脏、乳腺、胃肠、肝、胆、前列腺、脊椎、四肢血管等进行热成像，以此用作诊断。现在已经可以实现全身热成像技术。

(4)搜索和跟踪系统。用于搜索和跟踪红外目标，如军事上使用的夜视仪可以确定追踪目标的空间位置，并对它的运动进行跟踪。红外线夜视功能照相机的原理是在夜视状态下，数码摄像机会发出人们肉眼看不到的红外光线去照亮被拍摄的物体，关掉红外滤光镜，不再阻挡红外线进入 CCD，红外线经物体反射后进入镜头进行成像，这时看到的是由红外线反射所成的影像，而不是可见光反射所成的影像，此时可拍摄到黑暗环境下肉眼看不到的影像。

(5)混合系统。它是指以上各类系统中的两个或者多个的组合。

此外，红外传感器还有很多其他方面的应用，如本任务中的热释电红外传感器，可用于电子防盗、人体探测等安保领域。红外线技术还能够实现车辆测速、探测等。

2. 红外传感器按探测机理分类

(1)量子型红外传感器。

量子型红外传感器是利用"光电效应"原理，即红外线的光量子能量激励载流子而制成。它又分为光导型(敏感元件的电阻随着红外光照射量改变)、光电动势型(由于红外光的折射产生电动势)和金属-绝缘体-半导体型(半导体表面形成过渡层，吸收光量子后，在过渡层中产生大量载流子并储存在过渡层中，导致过渡层电容变化)。

（2）热型红外传感器。

热型红外传感器又称为热释电红外传感器，或被动式红外传感器。它是利用被测物体热辐射引起敏感元件温度的变化进行测量的。这种传感器又可分为热敏电阻式（检测敏感元件电阻随着红外线吸收的变化）、热电偶式（检测热电动势）及热释电式（检测表面电荷）3 种。

图 1.2.9 所示为热释电红外传感器的内部结构示意图。热释电红外传感器由光学系统、敏感元件和转换电路组成。敏感元件是用热释电红外材料（通常是钛酸铝）制成的，先把热释电材料制成很小的薄片，再在薄片两面镀上电极，构成两个串联的有极性的小电容器。将极性相反的两个敏感元件做在同一晶片上，是为了抑制由于环境

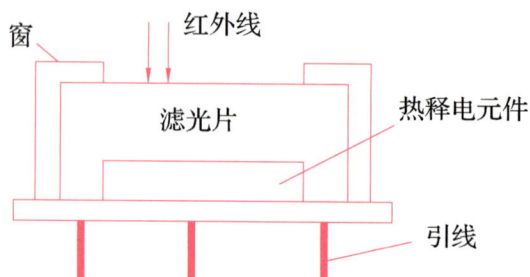

图 1.2.9　热释电红外传感器的内部结构

与自身温度变化而产生热释电信号的干扰，补偿型热释电红外传感器还带有温度补偿元件，为防止外部环境对传感器输出信号的干扰，上述元件常被真空封装在一个金属壳内。

在用于安保场合时，热释电元件必须对波长为 10 μm 左右的红外辐射非常敏感。为了对人体的红外辐射敏感，在它的辐射面通常覆盖有特殊的菲涅尔滤光片，使环境的干扰受到明显的抑制作用。菲涅尔滤光片根据性能要求不同，具有不同的焦距（感应距离），从而产生不同的监控视场。在结构上采用被动红外探头，其传感器包含两个互相串联或并联的热释电元件，使两个电极化方向正好相反，环境背景辐射对两个热释电元件几乎具有相同的作用，使其产生的热释电效应相互抵消，于是探测器无信号输出；否则会有信号产生。

红外线的物理本质是热辐射。物体的温度越高，辐射出来的红外线越多，红外线的能量就越强。波长在 0.1~1 000 μm 的红外辐射被物体吸收时，可以显著地转化成热能。

热释电红外传感器的工作原理基于热释电效应。热释电效应发生于非中心对称结构的极性晶体中。当温度发生变化时，热释电晶体出现正负电荷相对位移，从而在晶体两端表面产生数量相等、极性相反的电荷。热释电红外传感器就是一种具有极化现象的热晶体，晶体的极化强度（单位表面积上的电荷量）与温度有关。当红外线辐射到已经极化的热晶体薄片表面时，引起薄片温度升高，使其表面电荷减少，从而极化强度随之降低，这相当于释放一部分电荷，所以叫作热释电型传感器。

人体体温一般约为 37 ℃，会发出特定波长为 10 μm 左右的红外线。热释电红外传感器探头表面的滤光片使传感器对 10 μm 左右的红外光敏感，安装在传感器前的菲涅尔透镜是一种特殊的透镜组，每个透镜单元都有一个不大的视场，相邻两个透镜单元既不连续也不重叠，都相隔一个盲区，它的作用是将透镜前运动的发热体发出的红外光转变成一个又一个断续的红外信号。该红外线通过菲涅尔滤光片得以增强后聚集到红外感应源上。红外感应源为热释电元件，它接收到人体红外辐射温度变化时就会打破电荷平衡，向外释放电荷，检测并处理

该信号即可产生报警信号。

与量子型红外传感器相比，热释电红外传感器的灵敏度较低，响应速度较慢，但响应的红外线波长范围很宽、价格便宜，且可在常温下工作。同时其灵敏度与被测红外线波长无关，但响应速度较慢，一般为几毫秒。

习 题

检测地外目标的
红外传感器检测
系统组成

一、选择题

(1)红外传感器包括(　　)。

A. 光学系统　　　　　　B. 检测元件　　　　　C. 转换电路

(2)热电偶中产生热电动势的条件有(　　)。

A. 两热电极材料相同

B. 两热电板材料不同，温度不同

C. 两热电极的几何尺寸不同

D. 两热电极的两端点温度相同

知识拓展
热电偶

(3)热电偶工作时遵循的定律有(　　)。

A. 中间导体定律　　　　B. 中间温度定律　　　C. 参考电极定律

二、简答题

(1)什么是热释电效应？

(2)简述热释电红外传感器的特性及工作原理。

(3)简述热释电红外传感器有哪些应用。

(4)简述热电偶的结构及工作原理。

(5)镍铬-镍硅热电偶灵敏度为 0.04 mV/℃，把它放在温度为 1 050 ℃处，若以指示仪表作为冷端，此处温度为 50 ℃，则热电动势大小为多少？

任务三　粮仓湿度测量——湿度传感器的应用

任务描述

我国是粮食生产和消费大国，粮食储藏的安全问题一直是一个复杂而又重要的问题。粮仓粮食安全储藏的主要参数是温度和湿度。粮食在正常储藏过程中，一旦受潮会引起粮食"发烧"和霉变，从而造成不可挽回的损失。一般情况下，粮仓、稻谷通风湿度在 25%～60% 时比较合适。

本任务是对粮仓进行湿度测量，当湿度超过预定值时报警，并自动启动除湿器工作，降低湿度值。

学习目标

【素质目标】

(1)培养学生追求真理、勇攀科学高峰的奋斗精神。

(2)提升学生的团队合作精神和实践能力及责任感。

【知识目标】

(1)掌握湿度传感器的类型及结构特点。

(2)掌握湿度传感器的工作原理。

(3)理解常用湿度检测与控制电路的工作原理。

【能力目标】

(1)会分析湿度传感器测量湿度电路的工作原理。

(2)掌握常用湿度传感器模块的接线及使用方法。

任务分析

粮食能否安全地存储，取决于粮仓中的温度和湿度环境。想要减少粮食的损失，就必须保持粮仓内的温、湿度平衡。此时，可靠的温、湿度监控系统显得尤为重要。首先要做到的是实时检测仓库内的当前湿度，这样才能采取进一步的措施控制粮仓的湿度。

湿度测量方法有很多，常见的有动态法、静态法、露点法、干湿球法和电子传感器法。现代湿度测量主要采用干湿球法和电子传感器法。近年来，国内外在湿度传感器研发领域取得长足进步，湿度传感器正从简单的湿敏元件检测向集成化、智能化、多参数检测的方向迅速发展。因此，本任务采用电子式湿度传感器。

任务实施

一、确定湿度测控系统原理框图

在众多的环境参数中，湿度值受大气压强、温度等很多因素影响，是非常难以准确测量的一个参数，因此结合粮仓对温、湿度的要求，本任务选用 DHT11 温湿度传感器模块。图 1.3.1 所示为 DHT11 实物。

　　DHT11 是一种常见的温湿度传感器，它可以实现环境温湿度的实时监测。它由一个单片机芯片构成，可以实现温湿度的采样和数字化处理。DHT11 温湿度传感器由两部分组成，一个是感湿元件，另一个是 NTC 测温元件，它们都连接到一个单片机芯片上。感湿元件通过检测空中的水分来测量空气的湿度，而测温元件 NTC 是个热敏电阻，它可以测量空气的温度。图 1.3.2 所示为 DHT11 系统框图。

图 1.3.1　DHT11 实物

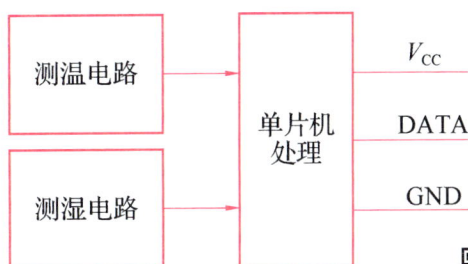

图 1.3.2　DHT11 系统框图

DHT11 的主要参数

　　该产品具有品质卓越、超快响应、抗干扰能力强、性价比极高等优点。每个 DHT11 传感器都在极为精确的湿度校验室中进行校准。校准系数以程序的形式存储在 OTP 内存中，传感器内部在检测信号的处理过程中要调用这些校准系数。单线制串行接口，使系统集成变得简易快捷。超小的体积、极低的功耗，使其成为该类应用中在苛刻应用场合的最佳选择。DHT11 的引脚名称与功能如表 1.3.1 所列。

表 1.3.1　DHT11 的引脚名称与功能

引脚	名称	注释
1	VCC	供电 3~5.5 V DC
2	DATA	串行数据，单总线
3	NC	空脚
4	GND	接地，电源负极

　　根据粮仓对温湿度的要求，将 DHT11 采集的数据送到 51 单片机进行处理。由于要同时显示温度和湿度以及报警值，可选用 LCD 显示屏。温湿度的报警值用按键设定。报警指示采用 LED 灯，正常时不亮，超出预警时红灯亮，同时除湿器开始工作。

　　根据以上分析，进行系统设计，画出系统的基本组成框图，如图 1.3.3 所示。

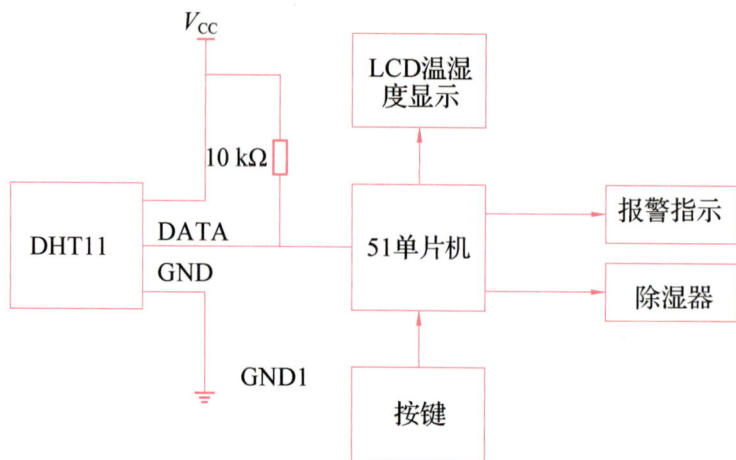

图 1.3.3 粮仓温湿度测量与控制系统

二、电路设计

经过分析，了解了系统的基本框架，下面就来介绍实现电路的设计过程。

1. 信号采集与处理

湿度采集转换过程在 DHT11 模块中由内部专用单片机完成。模块内单片机接收信号采集转换电路的信号，并调用 OTP 内存中的校准系数，进行计算处理，从 DATA 引脚输出温湿度数据。

2. 数据处理电路

电路设计中，利用 51 单片机 P1.1 脚接收从 DHT11 模块 DATA 脚送出的数据，实现温湿度数据的采集、处理和控制功能。图 1.3.4 所示为温湿度采集电路，图 1.3.5 所示为温湿度报警设置电路。

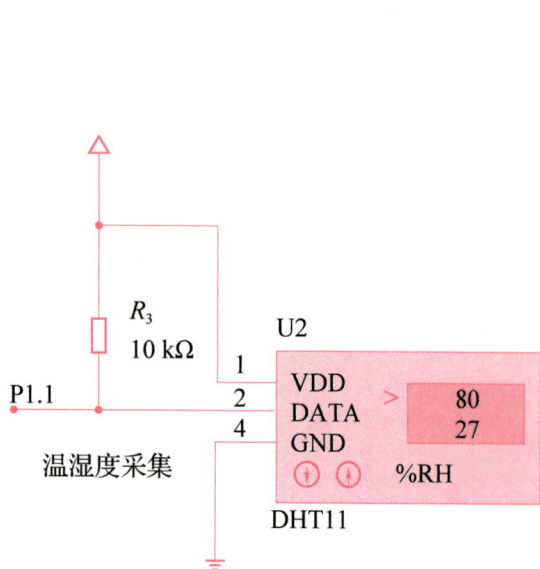

图 1.3.4 温湿度采集电路

图 1.3.5 温湿度报警设置电路

3. 执行机构及显示

本任务中主要执行机构是指示灯和除湿器，图 1.3.6 所示为除湿与报警指示电路。当单片机检测到湿度高于设定值时，P1.5 与 P1.0 输出低电平，LED$_1$ 点亮，VT$_1$ 导通，继电器 K$_1$ 吸合，除湿器电动机开始工作。

图 1.3.6　除湿与报警指示电路

采集的温湿度数据经单片机处理后需要在显示器上以数字形式显示出来，同时显示温、湿度两个报警值，故采用 LM016L 液晶显示模块。图 1.3.7 所示为温湿度显示电路。

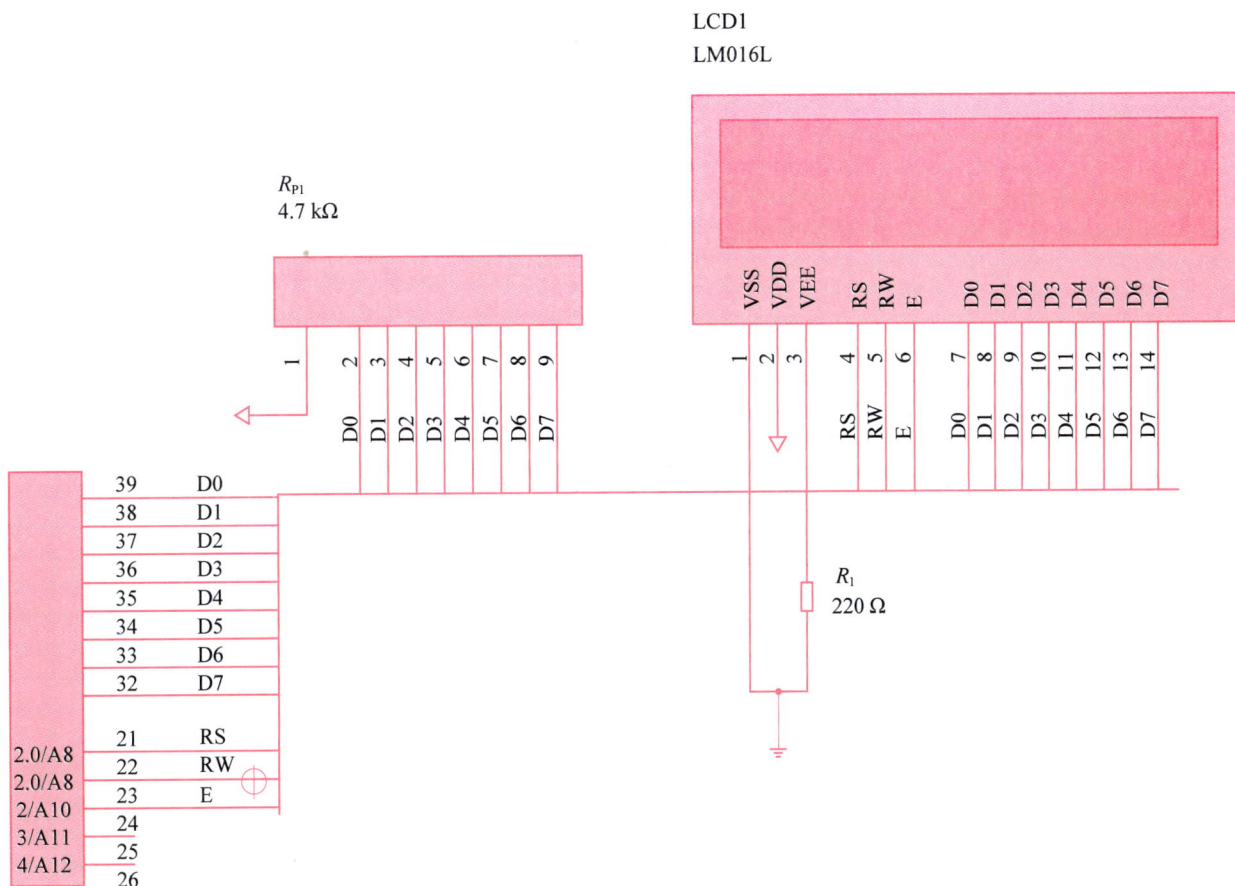

图 1.3.7　温湿度显示电路

三、电路仿真

湿度的采集转换可以利用 Multisim 软件进行仿真试验。

图 1.3.8 所示为湿敏电容测量转换电路,为典型的由 NE555 构成的多谐振荡器,C_p 为模拟湿敏电容,可选用 300 pF 左右的可调电容进行模拟。

调节 C_p 大小来模拟湿度变化。在此,用示波器观察输出信号频率随 C_p 大小的变化情况比较直观。

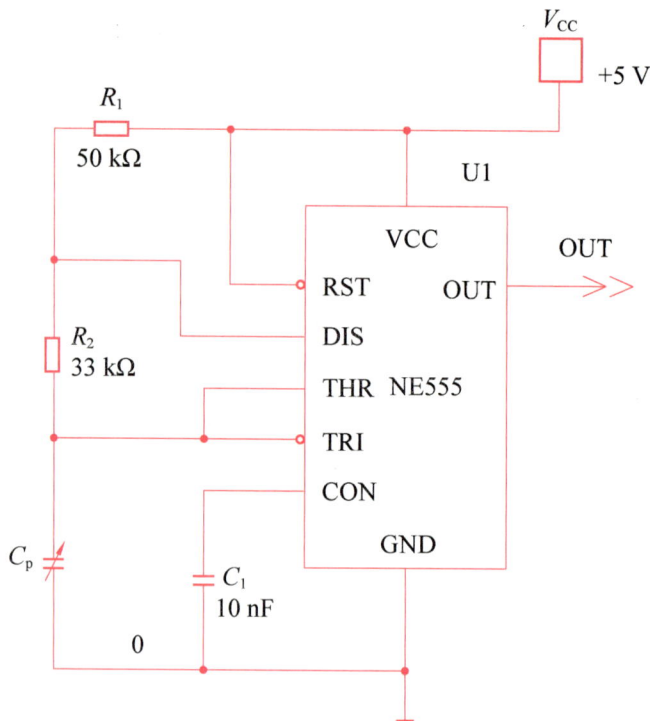

图 1.3.8　湿敏电容测量转换电路

■ 实训练习

一、实训内容及步骤

实训内容:测试湿敏电阻 HR202L 在不同温度和湿度下的阻抗值。

实训目的:(1)掌握湿敏电阻的测量方法。

　　　　　(2)理解湿敏电阻的湿敏特性。

HR202L 湿敏电阻主要电气参数如表 1.3.2 所示。

湿敏传感器实验

表 1.3.2　HR202L 湿敏电阻主要电气参数

工作电压	$V_{PP} \leqslant 5.5$ V	温度特性	$\leqslant 0.5\%$RH/℃
工作频率	$500 \sim 2\,000$ Hz	工作湿度	$20\% \sim 95\%$RH
工作温度	$0 \sim 50$ ℃	特征阻抗	31 kΩ

根据 HR202L 的电气参数,制订实训方案与步骤。

(1)对照表 1.3.3 所示湿敏电阻实训材料清单,检查实训器材。

表 1.3.3　湿敏电阻实训材料清单

名称	数量	名称	数量	名称	数量
湿敏电阻 HR202L	1 个	信号发生器	1 套	温湿度检测系统	1 套
20 kΩ 电阻	1 个	数字示波器	1 套	公、母头杜邦线	10 根

（2）在面包板上插接图 1.3.9 所示的湿敏电阻测量电路。

（3）正确接入信号发生器与数字示波器。紧贴湿敏电阻放置温湿度检测探头，让湿敏电阻与温湿度探头在同一环境中。实训电路实物接线如图 1.3.10 所示。

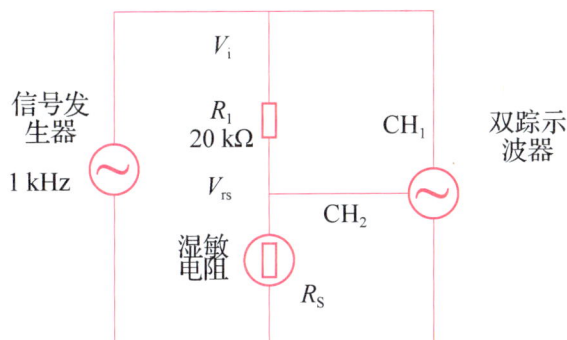

图 1.3.9　湿敏电阻测量电路

图 1.3.10　实训电路实物接线

（4）检查接线无误后，打开仪器电源进行调节。

①将信号发生器波形调节为 1 kHz 的正弦波，信号电压为 1.5 V（以示波器读数为准）。

②在示波器上按"AUTO"键，CH_1 通道为信号发生器输出信号 V_i，CH_2 通道为湿敏电阻上的分压信号 V_{rs}。

③将温湿度检测系统接入 5 V 电源，并读取当前温、湿度值。

（5）把当前温、湿度值和 V_i、V_{rs} 均方根值，分别填入表 1.3.4 所示实训数据表中。

表 1.3.4　实训数据

温度 $T/℃$				
湿度/%RH				
V_i/V				
V_{rs}/V				
$R_S/kΩ$				

（6）对着湿敏电阻轻轻呵气，记录温、湿度在某一数值时对应的 V_i、V_{rs} 值。反复几次，将测得的 4 个数值对应填入表 1.3.4 所示的实训数据表中。

（7）测量完毕，关掉电源，整理并安放好设备。

（8）根据测量数据，计算湿敏电阻 R_S 的值，填入表 1.3.4 中。

根据电阻分压特点，可得 R_S 计算公式为

$$R_S = V_{rs} \cdot \frac{R_1}{V_i - V_{rs}} \tag{1.3.1}$$

（9）计算所得 R_S 值与表1.3.5所示的 HR202L 阻抗表对照，理解湿敏电阻感湿特性，并说出误差产生的主要原因。

表 1.3.5　HR202L 阻抗表　　　　　　　　　　　　　　　　　　Ω

%RH ＼ ℃	0	5	10	15	20	25	30	35	40	45	50	55	60
20				10 M	6.7 M	5.0 M	3.9 M	3.0 M	2.4 M	1.75 M	1.45 M	1.15 M	970 k
25		10 M	7.0 M	5.0 M	3.4 M	2.6 M	1.9 M	1.5 M	1.1 M	880 k	700 k	560 k	450 k
30	6.4 M	4.6 M	3.2 M	2.3 M	1.75 M	1.3 M	970 k	740 k	570 k	420 k	340 k	270 k	215 k
35	2.9 M	2.1 M	1.5 M	1.1 M	850 k	630 k	460 k	380 k	280 k	210 k	170 k	150 k	130 k
40	1.4 M	1.0 M	750 k	540 k	420 k	310 k	235 k	190 k	140 k	110 k	88 k	70 k	57 k
45	700 k	500 k	380 k	280 k	210 k	160 k	125 k	100 k	78 k	64 k	50 k	41 k	34 k
50	370 k	260 k	200 k	150 k	115 k	87 k	69 k	56 k	45 k	38 k	31 k	25 k	21 k
55	190 k	140 k	110 k	84 k	64 k	49 k	39 k	33 k	27 k	24 k	19.5 k	17 k	14 k
60	105 k	80 k	62 k	50 k	39 k	31 k	25 k	20 k	17.5 k	15 k	13 k	11 k	9.4 k
65	62 k	48 k	37 k	30 k	24 k	19.5 k	16 k	13 k	11.5 k	10 k	8.6 k	7.6 k	6.8 k
70	38 k	30 k	24 k	19 k	15.5 k	13 k	10.5 k	9.0 k	8.0 k	7.0 k	6.0 k	5.4 k	4.8 k
75	23 k	18 k	15 k	12 k	10 k	8.4 k	7.2 k	6.2 k	5.6 k	4.9 k	4.2 k	3.8 k	1.0 k
80	15.5 k	12.0 k	10.0 k	8.0 k	7.0 k	5.7 k	5.0 k	4.3 k	3.9 k	3.4 k	3.0 k	2.7 k	1.1 k
85	10.5 k	8.2 k	6.8 k	5.5 k	4.8 k	4.0 k	3.5 k	3.1 k	2.8 k	2.4 k	2.1 k	1.9 k	1.2 k
90	7.1 k	5.3 k	4.7 k	4.0 k	3.3 k	2.8 k	2.5 k	2.2 k	2.0 k	1.8 k	1.55 k	1.4 k	1.3 k

■ 任务评价与反馈 ✒

完成任务设计及实训练习后，请将评价记录到表1.3.6中。

表 1.3.6　任务评价表

项目	配分	评分标准	自评	互评	师评	平均
绘制测控系统原理框图	10	能认真绘制完整的系统原理框图				
电路仿真	20	①电路完整、器件选择合适（10分） ②电路仿真正确（10分）				
湿敏电阻检测	40	①能正确连接电路（10分） ②能正确识读波形含义（10分） ③能正确识读测量波形参数（10分） ④能正确运用公式计算（10分）				

项目	配分	评分标准	自评	互评	师评	平均
学习态度	10	①迟到、早退，一人次扣2分； ②学习态度不端正不得分				
安全文明操作	10	不安全文明使用仪器、计算机等，一次扣5分				
6S管理规范	10	工位不清洁，每工位扣2分；没有节能意识，扣5分				
合计						

任务知识讲解

湿度是表明环境中含水量的一个指标，生活中所说的湿度，常常是指空气湿度。湿度的度量方法有绝对湿度和相对湿度：绝对湿度是指在一定温度和压力条件下，每单位体积（m^3）的混合气体中所含水蒸气的质量（g），单位为 g/m^3，用 AH 表示；相对湿度是指气体的绝对湿度与同一温度下达到饱和状态的绝对湿度之比，常用%RH 表示。日常生活中的湿度测量，通常是"相对湿度"的测量，如40%RH 表示相对湿度为40%。

湿度传感器是一种将环境湿度转换为电信号的器件。湿度传感器种类很多，湿敏元件是最简单的湿度传感器，湿敏元件主要有电阻式和电容式两大类。

一、湿敏电阻的结构原理

1. 湿敏电阻的结构与特点

湿敏电阻是在基片上覆盖一层用感湿材料制成的膜，外形如图1.3.11所示，结构如图1.3.12所示。

图1.3.11 湿敏电阻的外形

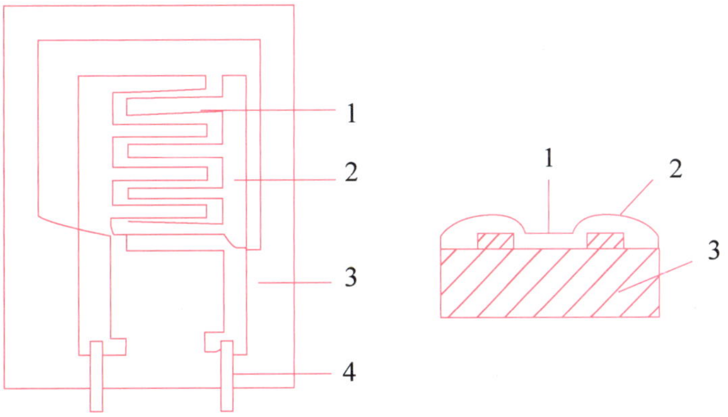

图1.3.12 湿敏电阻的结构

1—感湿膜；2—电极；3—绝缘基板；4—引线

当空气中的水蒸气吸附在感湿膜上时，元件的电阻率和电阻值都发生变化，利用这一特性即可测量湿度。这种传感器对于温度的变化比较敏感，需要进行补偿。湿敏电阻的种类很多，如金属氧化物湿敏电阻、硅湿敏电阻、陶瓷湿敏电阻等，陶瓷湿敏电阻的湿敏材料以多孔陶瓷种类最多。湿敏电阻的优点是灵敏度高，主要缺点是线性度和产品的互换性差。

2. 湿敏电阻型号命名及含义

国内湿敏电阻型号的命名如表 1.3.7 所示。

表 1.3.7 国产湿敏电阻型号的命名

第一部分：主称		第二部分：用途或特征		第三部分：序号
MS	湿敏电阻器	字母	含义	用数字或数字与字母混合表示序号，以区别电阻器的外形尺寸及性能参数
		无	通用型	
		K	控制温度用	
		C	测量湿度用	

例如，MS01-A（通用型号湿敏电阻器），其中 M—敏感电阻器，S—湿敏电阻器，01-A—序号。

3. 湿敏电阻的测量

湿敏电阻只能用交流法测量，原因主要有两点：一是从电气特性上看，湿敏电阻在电路上等效为一个电容与电阻串联，图 1.3.13 所示为湿敏电阻的等效电路。

图 1.3.13 湿敏电阻的等效电路

二是从材料构成上看，直流的电场会导致高分子材料中的带电粒子偏向两极，一定时间以后湿敏电阻就会失效，所以必须用交流维持其动态平衡。这也是为什么测量湿敏电阻阻值时不能用普通万用表的原因。

湿敏电阻的测量可采用图 1.3.14 所示的 RC 充放电计时方式：用单片机程序分别获得 R_1 和 R_S 对同一电容 C 的充电时间 T_1 和 T_2。由电容的充放电特性可知

$$T_1 = \tau R_1 C \tag{1.3.2}$$

$$T_2 = \tau R_S C \tag{1.3.3}$$

式中：τ 为电容充放电时间常数。

由式（1.3.2）与式（1.3.3）得

$$R_S = \frac{R_1 T_2}{T_1} \tag{1.3.4}$$

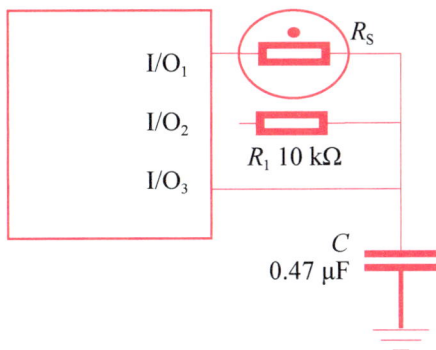

图 1.3.14　*RC* 充放电法

此外，湿敏电阻的测量还可以直接用 1 kHz 方波信号，加在采样电阻与湿度传感器之上，测量分压，从而获得湿敏电阻值，图 1.3.9 所示为实训电路原理图。

二、湿敏电容的结构原理

1. 湿敏电容的结构与特点

湿敏电容一般是用高分子薄膜电容制成的，其外形如图 1.3.15 所示，结构如图 1.3.16 所示。常用的高分子材料有聚苯乙烯、聚酰亚胺、酪酸醋酸纤维等。

图 1.3.15　湿敏电容的外形

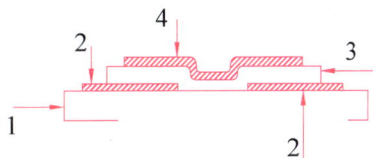

图 1.3.16　湿敏电容的结构

1—基板；2—下部电极；3—高分子材料；4—上部电极

当环境湿度发生改变时，湿敏电容的介电常数发生变化，使其电容量也发生变化。电容量与介电常数的关系为

$$C_p = \frac{\varepsilon S}{d} \tag{1.3.5}$$

式中：C_p 为湿敏电容的电容量；ε 为电容的介电常数；S 为电容极板的面积；d 为电容两极极板间的距离。

其电容变化量与相对湿度成正比。湿敏电容的主要优点是灵敏度高、产品互换性好、响应速度快、湿度的滞后量小、便于制造、容易实现小型化和集成化，其精度一般比湿敏电阻要低一些。

2. 湿敏电容的测量

湿敏电容在电路上等效为一个电容与电阻并联，图 1.3.17 所示为湿敏电容的等效电路。

其中并联的电阻值很大，在测量过程中，湿敏电容就相当于一个微小电容。对于湿敏电容的测量，主要是测量其电容值随湿度的变化，常见测量方法有以下两种。

图 1.3.17　湿敏电容的等效电路

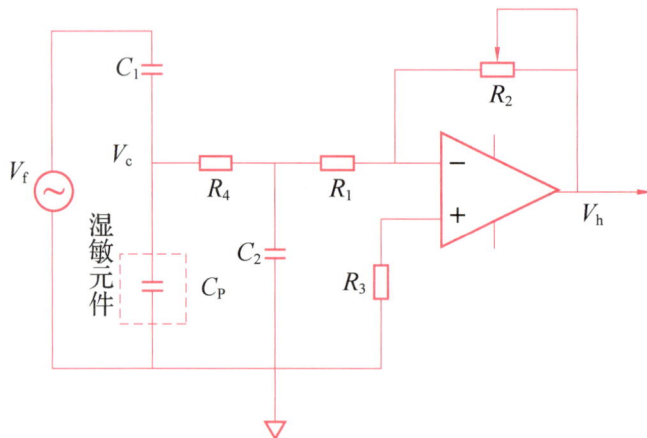

（1）将电容随湿度的变化转换为频率的变化，湿敏电容测量转换电路如图 1.3.8 所示。

湿敏电容被用作振荡电容，连接到 555 定时器的第 2 脚和第 6 脚。它的等效电容通过 R_1 和 R_2 充电至阈值电压（约为 $0.67V_{CC}$）。放电时由于湿敏电容的等效电阻很大，可以忽略为仅通过 R_2 放电到触发电平（约为 $0.33V_{CC}$），此时 R_2 通过第 7 脚接地。输出频率 f 为：

$$f = \frac{1.44}{(R_1 + 2R_2)C_p}\qquad(1.3.6)$$

当湿度变化时引起 C_p 变化，输出频率 f 随之变化。

（2）将电容随湿度的变化转换为电压的变化，其电路如图 1.3.18 所示。

图 1.3.18　电压转换电路

在图 1.3.18 中，V_f 为 100 kHz 方波信号，C_1 和 C_2 为固定电容，为获得最佳灵敏度，C_1 电容值取 180 pF。C_p 为湿敏电容 HS1100。图中 C_1、C_p 构成分压电路，C_p 上电压为 V_c。当湿度增大时，V_c 减小，经反相放大后输出 V_h 增大。反之，当湿度减小时，V_c 增大，经反相放大后输出 V_h 减小。

三、湿度传感器的类型及特点

湿度传感器大多利用湿敏材料对水分子的吸附能力或对水分子产生物理效应的方法测量湿度。早在 16 世纪就有湿度测量的记载。干湿球温度计、毛发湿度计和露点计等至今仍被使用。现代工业技术要求高精度、高可靠和连续地测量湿度，因而陆续出现了种类繁多的湿敏元件。

湿度传感器按输出信号可分为电阻型、电容型和电抗型，按材料可分为陶瓷型、有机高分子型、金属氧化物膜型、金属氧化物陶瓷型和电解质型，此外还有红外线吸收式、微波式、超声波式湿度传感器等。

用热敏电阻作湿敏元件的湿度传感器测量电路如图 1.3.19 所示，传感器中有组成桥式电路的珠状热敏电阻 R_1 和 R_2，电源供给的电流使 R_1、R_2 保持在 200 ℃ 左右的温度。

其中 R_2 装在密封的金属盒内，内部封装着干燥空气，R_1 置于与大气相接触的开孔金属盒内。将 R_1 先置于干燥空气中，调节电桥平衡，使输出端 A、B 间电压为零，当 R_1 接触待测含湿空气时，含湿空气与干燥空气产生热传导差，使 R_1 受冷却，电阻值增高，A、B 间产生输出电压，其值与湿度变化有关。热敏电阻式湿度传感器的输出电压与湿度成比例，因而可用于测量大气的湿度。

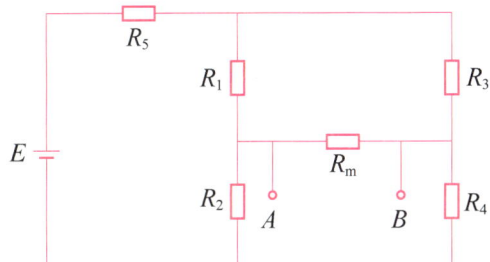

图 1.3.19　热敏电阻式湿度传感器测量电路

这类传感器的测量原理利用了湿度与大气热导率之间的关系。现已用于空调机湿度控制，或制成便携式湿度表、直读式露点计、相对湿度计、水分计等。

四、湿度传感器的应用

任何行业的工作都离不开空气，而空气的湿度又与工作、生活、生产有直接联系，使湿度的监测与控制显得越来越重要。湿度传感器的应用主要有以下 5 个方面。

（1）温室养殖。现代农林畜牧各产业都有相当数量的温室，温室的湿度控制与温度控制同样重要，把湿度控制在农作物、树木、畜禽等生长适宜的范围，是减少病虫害、提高产量的条件之一。

（2）气候监测。天气测量和预报对工农业生产、军事及人民生活和科学试验等方面都有重要意义，因而湿度传感器是必不可少的测湿设备，如树脂膨散式湿度传感器已用于气象气球测湿仪器上。

（3）精密仪器的使用保护。许多精密仪器、设备对工作环境要求较高。环境湿度必须控制在一定范围内，以保证它们的正常工作，提高工作效率及可靠性。如电话程控交换机工作湿度控制在 55%±10 % 较好。温度过高会影响绝缘性能，过低易产生静电，影响正常工作。

（4）物品储藏。各种物品对环境均有一定的适应性。湿度过高或过低均会使物品丧失原有性能。如在高湿度地区，电子产品在仓库中的损害严重，非金属零件会发霉变质，金属零件会腐蚀生锈。

（5）工业生产。在纺织、电子、精密机器、陶瓷工业等部门，空气湿度直接影响产品的质量和产量，必须有效地进行监测调控。

湿度传感器的主要特性与参数

习 题

一、填空题

（1）湿敏电容一般是用_____制成的。

（2）湿敏传感器的基本形式都是在基片上涂覆_____形成感湿膜。

（3）湿敏电阻在电路上等效为一个_____与电阻_____联。

（4）湿敏电容在电路上等效为一个_____与电容_____联。

（5）国产湿敏电阻型号中 M 表示_____，S 表示_____，C 表示_____。

（6）常见的土壤湿度传感器根据工作原理可以分为_____、_____、_____、_____，科学研究中常用_____，DIY 或家庭园艺可用_____。

（7）MQ-2 常用的电路有_____、_____。

二、问答题

（1）什么是绝对湿度和相对湿度？

（2）常见的湿度测量方法有哪些？

（3）湿敏传感器的工作原理是什么？

（4）应用 MQ-2 时应注意什么？

三、判断分析题

某同学在检修电子湿度计时，用数字万用表检测湿敏电阻，测得阻值为无穷大，请问这只湿敏电阻是否已损坏？若已损坏，能否换用其他型号的湿敏电阻后直接使用？

四、计算题

在进行图 1.3.8 所示湿敏电容测量转换电路仿真时，测得输出信号频率为 6 728 Hz，计算此时的电容值。

知识拓展
土壤湿度传感器、
气敏传感器

任务四 桶装水灌装称重——应变式压力传感器的应用

任务描述

在生活水平日渐提高的今天，人们更加重视饮水质量，很多人经常买桶装纯净水或矿泉水。今有厂家要上自动灌装净化水的生产线，要求灌装到设定重量后，停止灌装并封盖。请读者为此设计一个检测与控制系统。

学习目标

【素质目标】

(1)培养学生坚持守正创新的做事理念和工作态度。

(2)培养学生良好的情感态度和人际交往能力。

【知识目标】

(1)掌握电阻应变式传感器的结构及工作原理。

(2)掌握3种桥式测重电路的优缺点。

(3)初步了解动态力测量传感器。

【能力目标】

(1)能够分析并设置电路器件的基本参数。

(2)掌握电子秤测重电路的接线并完成测量。

任务分析

如何判断桶装水是否达到设定量,解决方法较多。一是采用流量计计量的方法,这种方法准确度较高,到达设定量时流量计发出控制信号,控制电磁阀关闭,但该方式成本高;二是判断水位高度,其缺点是有些水桶重复利用过程中如果变形,则会出现较大误差;三是对水进行称重,该测量方法准确且成本低。

常见的测力传感器有多种,如何选择呢?

应变式压力传感器,它基于应变效应,即导体或半导体材料出现机械形变时,其电阻值会发生变化。因此,它是通过测量弹性元件的应变来测量压力的。

压阻式压力传感器,它基于单晶硅材料的压阻效应。受力作用时其电阻率会发生变化。其结构较复杂,有膜片或活塞等结构,一般制作成芯片,多用于流体的压力测量。

压电式压力传感器,它基于压电效应,将压力转换成为电荷量。它只能用于动态测量,即检测不断变化的力,如用于心脏脉搏测量等。

电容式压力传感器,它能将被测压力转换成电容值,其信号处理电路较为复杂。

经分析,本任务采用应变式压力传感器测重来实现桶装水的计量。图1.4.1所示为压力或拉力传感器实物。

图1.4.1　压力或拉力传感器实物

任务实施

一、确定荷重测控系统原理框图

1. 确定荷重传感器型号

市面上荷重传感器类型很多，主要考虑其量程，其称重范围应在 0～30 kg。其输出信号形式有电流输出型和电压输出型等。

2. 确定信号处理电路

对于应变片裸片，可以采用电桥电路，但其输出信号十分微弱，所以应采用 4 个应变片搭建成全桥电路，其缺点是需要读者自行粘贴到弹性体上。

如果是带有标准信号输出的压力传感器，则使用方便，应变片已经粘贴在弹性元件上。按照国家标准规定，一般电流输出为 4～20 mA，其优点是电流信号远距离传输时不易受到干扰。如果是电压输出，则为 1～5 V 或者 0～10 V 等。

读者可自行选择传感器类型。

3. 数据处理装置

如果是由应变片搭建成全桥电路输出电压信号，则需将其放大，然后进行 A/D 转换。如何选择 A/D 转换器的位数呢？设荷重传感器的输出电压为 0～5 V（对于 0～30 kg 范围），如果要求绝对误差小于 0.02 kg，相当于 0.02/30＝1/1 500 的相对误差，即分辨率要求达到 1/1 500 以上，而 10 位 A/D 转换器的分辨率为 1/1 024，因此要选用 11 位的 A/D 器件，其分辨率可达 1/2 048。

如果采用标准电流输出型，则需将其转化为电压，请参考本书模块二的有关内容。

4. 执行及显示

A/D 转换结果将输出至单片机进行数据处理，计算结果输出至显示器以显示重量，采用 LED 数字显示器。测重达到标准值（如 5 kg、10 kg 等）时，单片机发出关闭电磁阀的指令，停止灌装并启动封盖机动作。

据此画出自动灌装系统原理框图，如图 1.4.2 所示。为了使灌装时重量可调，使用按键设置参数，框图中未画出，请读者注意。

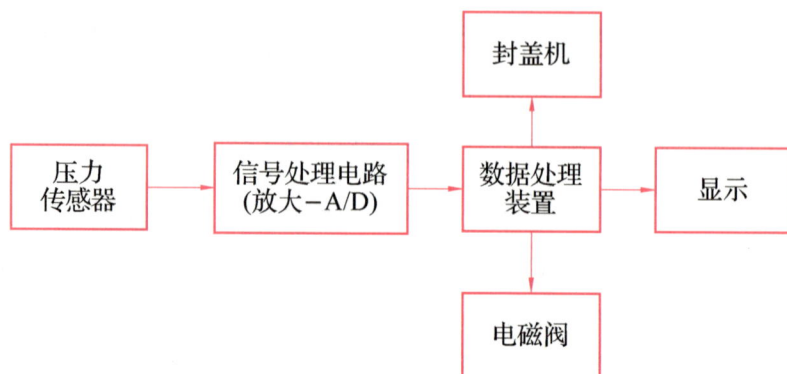

图 1.4.2　自动灌装系统原理框图

二、电路设计

荷重传感器一般采用桥式电路，其工作方式有单臂电桥、半桥、全桥 3 种，如图 1.4.3 所示，图中 E 为电源，U_o 为输出电压。

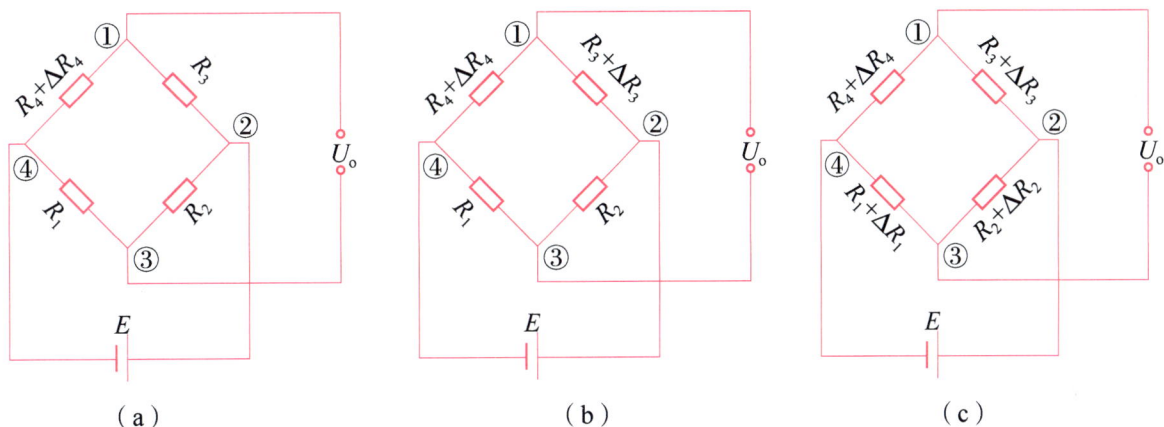

图 1.4.3 桥式电路

（a）单臂；（b）半桥；（c）全桥

1. 单臂电桥电路

在图 1.4.3（a）中，设 R_4 为应变片，$R_1 = R_2 = R_3 = R$ 为固定电阻，4 个电阻构成电桥，应变片受力后其电阻相对变化量为 $\Delta R/R$，则该电路的输出电压为

$$U_o = \frac{E}{4} \cdot \frac{\Delta R}{1 + \frac{1}{2} \cdot \frac{\Delta R}{R}} \tag{1.4.1}$$

式中：E 为电桥电源电压。

式（1.4.1）表明，单臂电桥输出为非线性，非线性误差为 $L = -\frac{1}{2} \cdot \frac{\Delta R}{R} \cdot 100\%$。

2. 半桥电路

在图 1.4.3（b）中，不同受力方向的两只应变片接入电桥作为邻边。R_3、R_4 为应变电阻片，而 R_1、R_2 为固定电阻，设初始时 $R_1 = R_2 = R_3 = R_4 = R$，则半桥电路的输出电压为

$$U_o = \frac{E \cdot k \cdot \varepsilon}{2} = \frac{E}{2} \cdot \frac{\Delta R}{R} \tag{1.4.2}$$

式中：k 为应变灵敏系数；$\varepsilon = \Delta l/l$ 为电阻丝长度相对变化率；E 为电桥电源电压。

从式（1.4.2）中可以看出，电桥输出灵敏度提高，非线性得到改善，当两只应变片的阻值相同、应变也相同时，半桥输出与应变片阻值变化率成线性关系。

3. 全桥电路

在图 1.4.3（c）所示全桥测量电路中，将受力性质相同的两只应变片接到电桥的对边，受

力不同的两只应变片接入邻边，R_1、R_2、R_3、R_4 为应变电阻片，令 $R_1 = R_2 = R_3 = R_4 = R$，即应变片初始值相等，受力的变化量也相等时，则全桥电路输出为

$$U_o = E \cdot \Delta R / R \qquad (1.4.3)$$

式中：E 为电桥电源电压。

式(1.4.3)表明，全桥输出灵敏度比半桥又提高 1 倍，输入与输出保持良好线性。经分析得知，单臂电桥电路工作输出信号最小，线性、稳定性较差；半桥电路输出是单臂电桥电路的 2 倍，性能比有所改善。3 种电桥电路中，全桥电路测量效果最好。

由全桥电路及放大器构成的控制电磁阀电路如图 1.4.4 所示，电磁阀控制桶装水的灌装量，电路中 M 表示电磁阀。

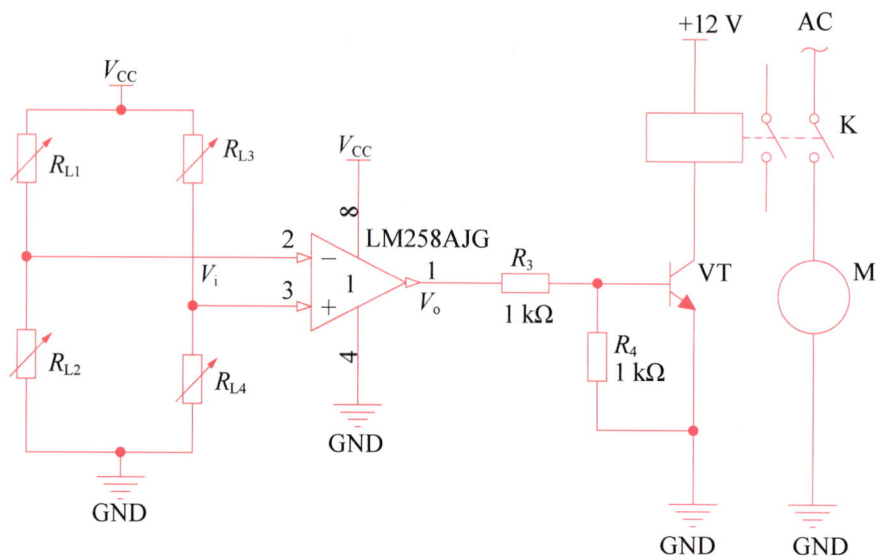

图 1.4.4　称重系统电磁阀控制电路

三、电路仿真

桥式电路结构形式相同，仅以图 1.4.5 所示的半桥电路为例，利用 Multisim 软件画出电路图，设置参数，并进行仿真。如果发光二极管点亮，表明灌装到达设定值。

(1) 调整电阻 R_2 的大小，使之分压为 3.3 V 左右。

(2) 调整电阻 R_4 的大小，使之为 0 Ω，发光二极管不发光。

(3) 逐渐增大电阻 R_4 的大小，使发光二极管恰好发光。

(4) 继续增大电阻 R_4 的大小，发光二极管保持发光状态。

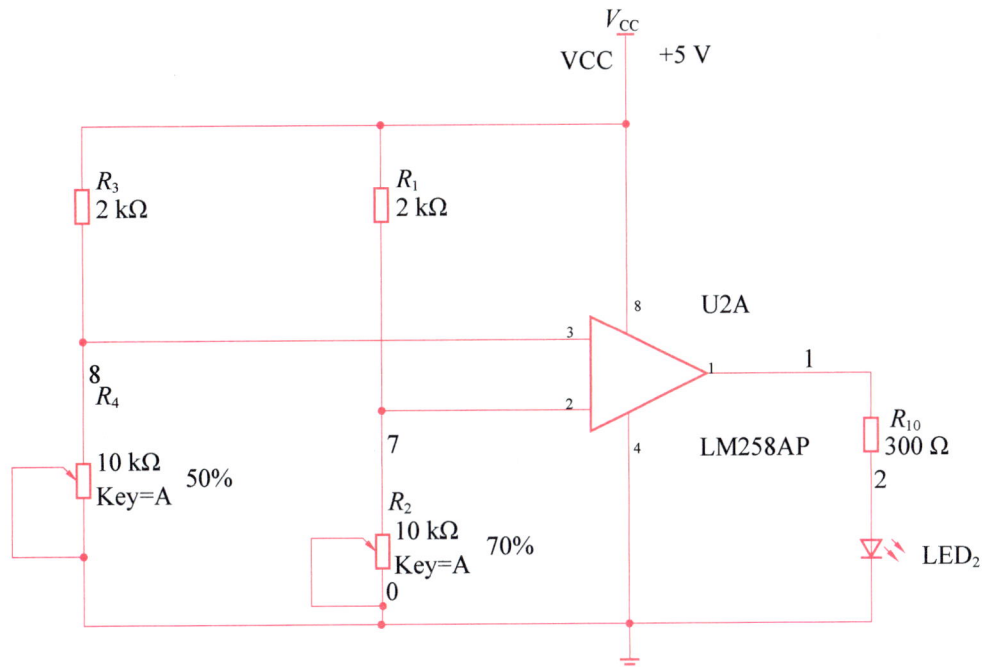

图 1.4.5 电子秤半桥电路仿真示意图

实训练习

图 1.4.6 所示为电子秤结构示意图，4 个应变片粘贴在悬臂梁上下两面，其引线端子连接到测量模块电路。

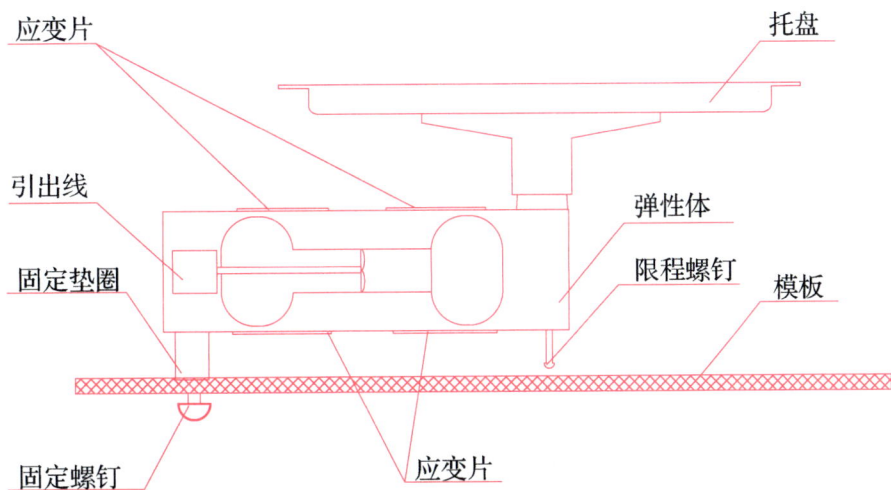

图 1.4.6 电子秤结构示意图

本实训内容是把应变电阻片分别搭建成单臂电桥电路、半桥电路、全桥电路，按照实训步骤与仪表放大电路等正确接线，在电子秤托盘里依次放入 1~10 个砝码，每个砝码重量（质量）为 20 g，分别测量电路输出电压信号的数值，并记录在表格中，分析各自的输出特性。目的是了解金属箔式应变片的应变效应，以理解3种电桥电路的工作原理和性能差异。

需用器件与单元电路有应变式传感器试验模块、砝码、托盘、电压表、直流稳压电源（±15 V）、可调直流稳压电源（±4 V）、万用表。图1.4.7所示为电子秤实训装置。

图1.4.7 电子秤实训装置

单臂电桥实验

一、单臂电桥测重实训内容及操作步骤

（1）将电子秤悬臂梁上的一个应变片电阻与3个普通电阻一起接成单臂电桥电路，图1.4.8所示为连接电路。

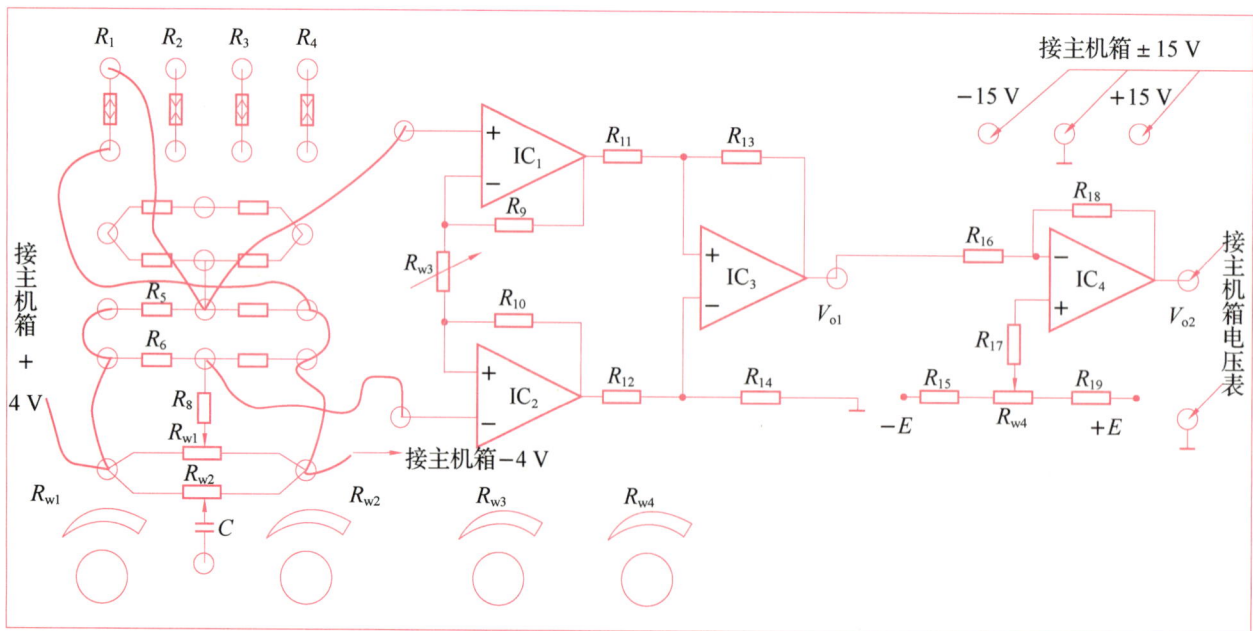

直流全桥的应用——电子秤实验

图1.4.8 电子秤单臂电桥放大电路接线图

（2）将万用表调至电压挡位，并将两表笔接到放大电路的输出端。

（3）检查接线，如无误，则接通电源。

（4）在托盘上依次放置1~10个砝码，记录电路输出电压值，并填入表1.4.1中。

表 1.4.1　单臂电桥测重记录表

重量(质量)/g	0	20	40	60	80	100	120	140	160	180	200
电压值/mV											

（5）测量完毕，关掉电源，整理安放好模块电路及仪表等设备。

（6）根据测量数据，画出质量-电压特性曲线。

二、半桥电路(双臂电桥)测重实训内容及操作步骤

半桥实验

（1）将电子秤悬臂梁上的两个应变片电阻与两个普通电阻一起接成双臂电桥电路，图1.4.9所示为连接电路。

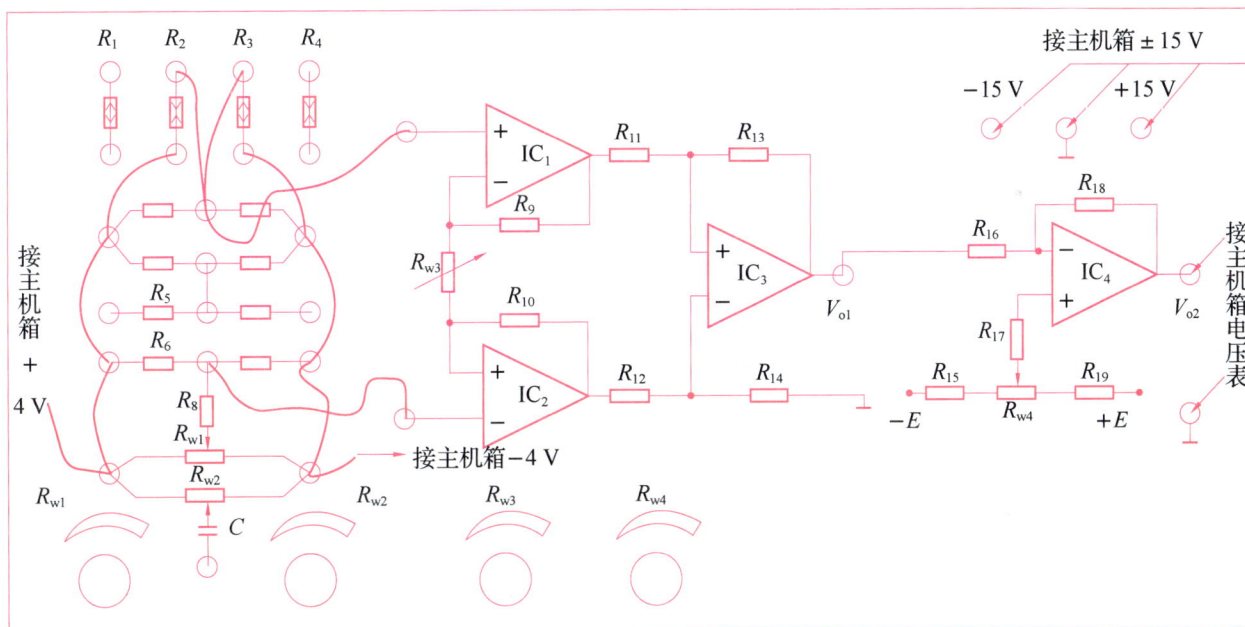

图 1.4.9　电子秤半桥放大电路接线图

（2）将万用表调至电压挡位，并将两表笔接到放大电路的输出端。

（3）检查接线，如无误，则接通电源。

（4）在电子秤托盘上依次放置1~10个砝码，记录测量电路输出电压值，并填入表1.4.2中。

表1.4.2　双臂电桥测重记录表

重量(质量)/g	0	20	40	60	80	100	120	140	160	180	200
电压值/mV											

(5)测量完毕，关掉电源，整理安放好模块电路及仪表等设备。

(6)根据测量数据，画出重量(质量)-电压特性曲线。

全桥实验

三、全臂电桥测重实训内容及操作步骤

(1)将电子秤悬臂梁上的4个应变片电阻接成全桥电路，图1.4.10所示为连接电路。

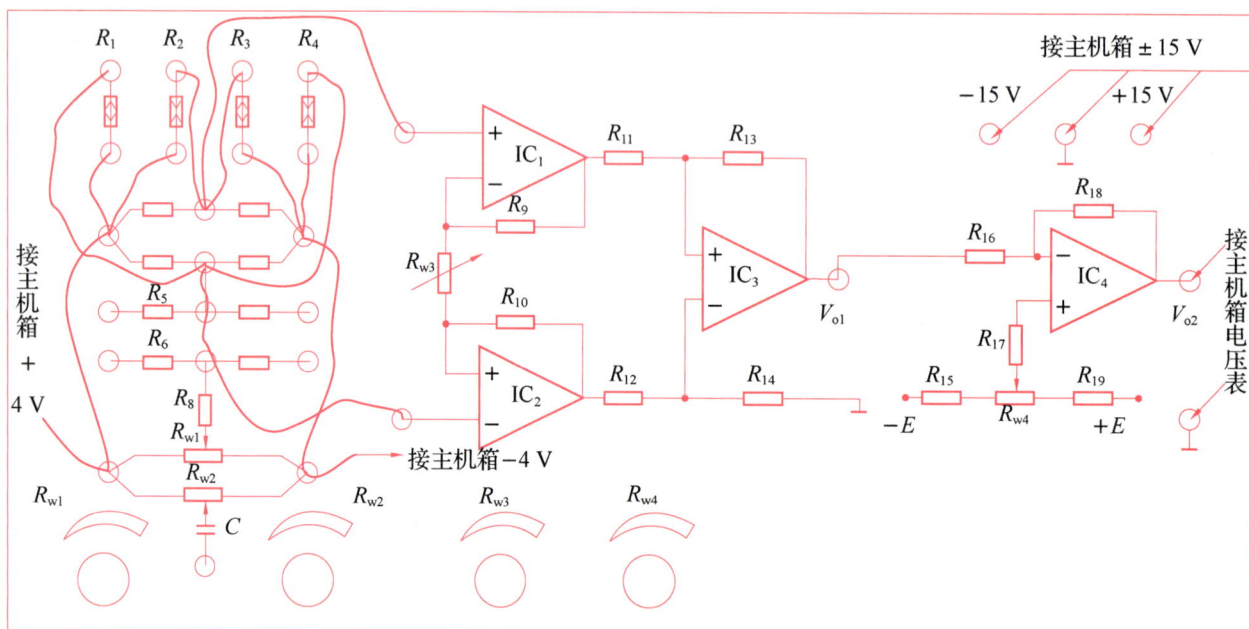

图1.4.10　电子秤全桥放大电路接线图

(2)将万用表调至电压挡位，并将两表笔接到放大电路的输出端。

(3)检查接线，如无误，则接通电源。

(4)在电子秤托盘上依次放置1~10个砝码，记录测量电路输出电压值，并填入表1.4.3中。

表1.4.3　全桥测重记录表

重量(质量)/g	0	20	40	60	80	100	120	140	160	180	200
电压值/mV											

(5)测量完毕，关掉电源，整理安放好模块电路及仪表等设备。

(6)根据测量数据，画出重量(质量)-电压特性曲线。

四、直流全桥电路电子秤实训

本实训只做应变片全桥电路经放大后输出 $U_\circ$ 的测量，通过调节电路使输出的电压值为重量（质量）对应值，将电压量纲（V）改为重量（质量）量纲（g）即成为一台原始电子秤。目的是了解应变片直流全桥的应用及电路的标定。

实际的数字电子秤原理框图如图 1.4.11 所示。

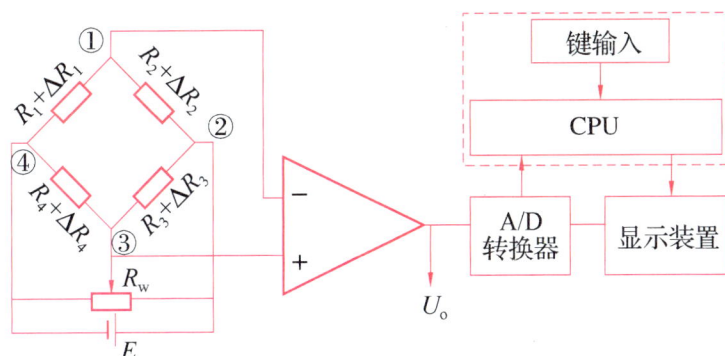

图 1.4.11 数字电子秤原理框图

操作方法及步骤如下。

（1）先将差动放大器输入短接接地，开启主电源，将增益打到最大，对 R_{w4} 调零，然后关闭主电源，按全桥电路接线，将托盘固定到电子秤支柱上，电压表量程选择 2 V 挡，开启主电源，调节电桥平衡电位器 R_{w1}，使电压表显示为零。

（2）将 10 只砝码全部置于传感器的托盘上，调节电位器 R_{w3}（增益即满量程调节），使电压表显示为 0.200 V（如果显示为负值，将差动放大器两端的连线互换位置即可，需重新调零）。

（3）取下托盘上的所有砝码，再次调节电位器 R_{w1}，使电压表显示为零。

（4）重复（2）和（3）步骤的标定过程，一直到精确为止，把电压量纲 V 改为重量（质量）量纲 g 就可以称重，成为一台原始的电子秤。

（5）把砝码依次放在托盘上，将记录数据填入表 1.4.4 中。

表 1.4.4 应变全桥电子秤测量数据

重量（质量）/g	0	20	40	60	80	100	120	140	160	180	200
电压值/mV											

（6）根据表 1.4.4 计算灵敏度与非线性误差。操作完毕后，关闭主电源。

■ 任务评价与反馈 ✐

完成测量任务后，请记录任务评价，填入表 1.4.5 中。

表 1.4.5　任务评价表

项目	配分	评分标准	自评	互评	师评	平均
绘制称重测控系统原理框图	10	绘制清晰、有条理且完整				
单臂电桥电路测重	12	①能正确连接电路(3分) ②能正确识读电压表读数(3分) ③完成测量并完整记录数据(3分) ④数据分析图准确(3分)				
半桥电路测重	12	①能正确连接电路(3分) ②能正确识读电压表读数(3分) ③完成测量并完整记录数据(3分) ④数据分析图准确(3分)				
全桥电路测重	16	①能正确连接电路(4分) ②能正确识读电压表读数(4分) ③完成测量并完整记录数据(4分) ④数据分析图准确(4分)				
直流全桥电路电子秤测重	20	①能正确连接电路(5分) ②能正确识读电压表读数(5分) ③测量准确并完整记录数据(5分) ④数据分析图准确(5分)				
学习态度	10	①迟到、早退,一人次扣2分 ②学习态度不端正不得分				
安全文明操作	10	不安全文明使用仪器、计算机等,一次扣5分				
6S 管理规范	10	工位不清洁,每工位扣2分; 没有节能意识,扣5分				
合计						

■ 任务知识讲解

一、电阻应变片的结构原理

应变式压力传感器的工作原理是基于应变效应的。应变效应是指导体或半导体材料在外界力的作用下,会产生机械形变,其电阻值也将随着发生变化的现象。利用应变效应制作而成的电阻器称为电阻应变片,简称应变片。金属应变片主要由电阻丝式敏感栅(丝栅)、引线、基底、覆盖膜等构成，图 1.4.12 所示为其实物及结构示意图。电阻丝呈现栅格状，这是为了增加电阻丝的长度，使受力形变幅度增大，随之电阻变化也增大，从而提高灵敏度。由应变片做成的计量仪器称为电阻应变计或应变计。

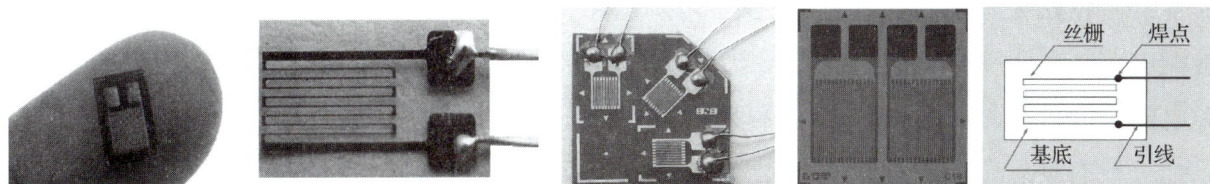

图 1.4.12 各种应变片实物及结构示意图

应变片按结构类型可分为丝式、箔式、薄膜式等。

电阻应变片使用时需要粘贴在弹性体上。粘贴方法可分为两种：一种是将应变片粘贴于被测物体上，被测物体受力后形变致使应变片跟着发生形变；另一种是将应变片粘贴于有一定机械强度的弹性体上，弹性体受到压力或拉力后发生形变，应变片跟着发生形变，从而电阻也随之变化。图 1.4.13 所示为应变片在圆柱形弹性体表面受压力和拉力后电阻形态的变化，如果应变片被压缩，其电阻值会下降，如果拉伸则电阻值增大。图 1.4.14 所示为应变片在悬臂梁表面的粘贴方式。

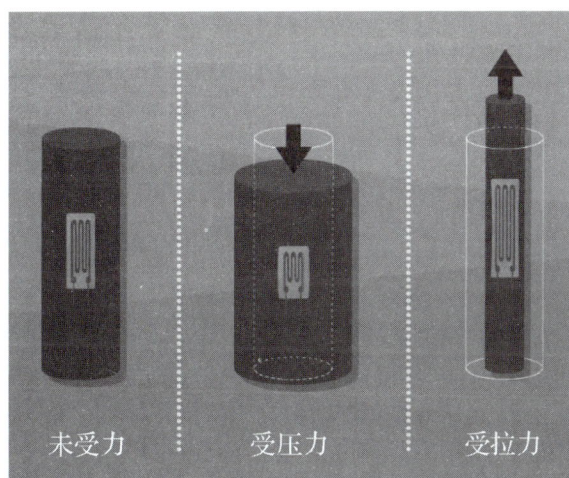

图 1.4.13 应变片在圆柱形弹性体表面受压力和拉力后电阻形态的变化

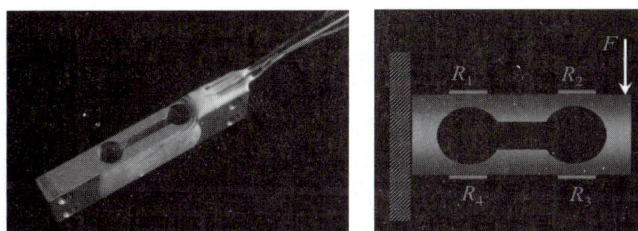

图 1.4.14 应变片在悬臂梁表面的粘贴方式

电阻应变片使用的材料主要有金属和半导体两大类，其中金属应变片价格极低、精度较高且线性较好。

电阻应变式传感器由电阻应变片、弹性体和检测电路构成。弹性体在外力作用下产生弹性形变，使粘贴在其表面的电阻应变片(转换元件)也随之产生形变，并使其阻值增大或减小，经检测电路把电阻变化转换为电压或电流，从而将外力的大小转换为电信号的变化。

电阻应变片测量压力或拉力的原理是什么呢？

把一根有良好延展性的金属电阻丝均匀地分布在一块有机材料制成的基底上，即成为一片应变片，同时它具有电阻应变效应。

设有一条长度为 l、横截面积为 S、半径为 r、电阻率为 ρ 的金属丝，它的阻值是 R，则有

$$R = \rho \frac{l}{S} = \rho \frac{l}{\pi r^2} \tag{1.4.4}$$

如图 1.4.15 所示，当沿金属丝的长度方向施加均匀拉力 f 时，l、ρ 及 r 都会发生改变，金属丝变细、变长，即式(1.4.4)中的 l 值增大，S 减小，因此导致阻值增大。反之，若沿金属丝的长度方向施加均匀压力 f 时，金属丝变粗变短，即 l 值减小，S 增大，因此电阻会减小。

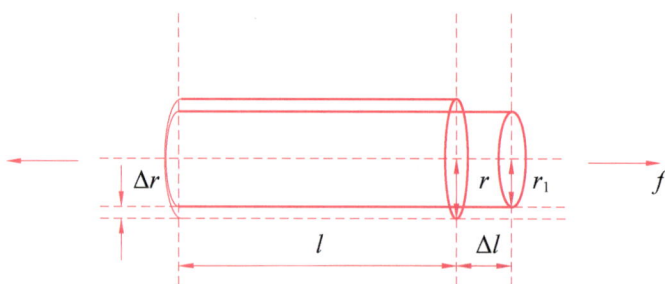

图 1.4.15 金属丝拉伸示意图

任何固体在外力 f 作用下都会改变固体原来的形状大小，这种现象叫作形变。一定限度以内的外力撤除之后，物体能完全恢复原状的形变，称为弹性形变。

最简单的形变是线状或棒状物体受到长度方向上的拉力作用，发生长度伸长。设金属丝的原长为 l，横截面积为 S，在弹性限度内的拉力 f 作用下，伸长了 Δl。比值 f/S 为金属丝单位横截面积上所受的力，称为应力，以 F 表示，则 $F = f/S$，电阻丝的轴向相对伸长量 $\Delta l/l$ 叫轴向应变，以 ε_x 表示。根据胡克定律，应变和应力成正比，即

$$F = \frac{f}{S} = E \frac{\Delta l}{l} = E\varepsilon_x \tag{1.4.5}$$

则得

$$E = \frac{f/S}{\Delta l/l} = \frac{F}{\Delta l/l} \tag{1.4.6}$$

式中：E 为物体的弹性模量，其大小与物体的粗细、长短等形状无关，只取决于材料的性质，

它是表示各种固体材料抗拒形变能力的物理量，是各种机械设计和工程技术选择构件用材必须考虑的重要力学参量，因此它是一个常数，单位为MPa。

在一定的形变范围内，金属丝的电阻变化率与应变呈线性关系。当将应变片安装在处于单向应力状态的试件表面，并使敏感栅的栅轴方向与应力方向一致时，应变片电阻值的变化率与敏感栅栅轴方向的应变成正比，即

$$\frac{\Delta R}{R} = K\varepsilon_x \tag{1.4.7}$$

式中：R为应变片的原始电阻值；ΔR为应变片电阻值的改变量；K为应变片的灵敏系数。

电阻应变片的灵敏系数是指单位应变引起的应变片金属丝的截面积的相对变化。应变片的灵敏系数一般由制造厂家测定，这一步骤称为应变片的标定。在实际应用时，可根据需要选用不同灵敏系数的应变片。灵敏系数的大小是由制作金属电阻丝材料的物理性质决定的且为一个常数，它和应变片的形状、尺寸大小无关，不同材料的灵敏系数一般在1.7~3.6之间。

由式(1.4.5)和式(1.4.7)可得

$$F = E\frac{\Delta l}{l} = E\varepsilon_x = \frac{E}{K} \cdot \frac{\Delta R}{R} \tag{1.4.8}$$

从式(1.4.8)中可看出，当电阻丝承受轴向应力时，金属丝产生应变效应，轴向应力大小与电阻变化率呈线性关系，这也是利用金属应变片来测量构件应变的理论基础。只要知道了应变片的电阻变化或者由电阻变化引起的电信号变化值，就能获得测试件承受的应力值。

设应变传感器的满量程为F_m，满量程时输出电压为U_{om}，在额定测量范围内，电桥输出电压U_o与被测荷重F成正比，所以有

$$\frac{F}{F_m} = \frac{U_o}{U_{om}} \tag{1.4.9}$$

以某型号荷重传感器为例，$U_{om} = 20\ mV$，最大称重极限$F_m = 200\ kg$，根据式(1.4.9)则有

$$\frac{F}{200\ kg} = \frac{U_o}{20\ mV} \tag{1.4.10}$$

如果在受力情况下，测得输出电压为10 mV，则可由式(1.4.10)计算得到F为100 kg。

无论生产厂家提供的荷重传感器输出信号是4~20 mA的标准电流信号，还是0~5 V或者是0~10 V的电压信号，都可以根据公式计算出受力的大小，计算比较简单。

二、电阻应变片的类型

电阻应变片按材料划分，主要有金属应变片和半导体应变片两种。其中金属应变片从外形来说主要分为金属丝式、箔式和薄膜式3种。

半导体应变片从制作工艺上可以分为体型、薄膜型和扩散型3种类型。

(1)体型，这是一种将半导体材料硅或锗晶体按一定方向切割成的片状小条，经腐蚀压焊

粘贴在基片上而成的应变片。

（2）薄膜型，这是利用真空沉积技术将半导体材料沉积在带有绝缘层的试件上而制成。

（3）扩散型，这是将 P 型杂质扩散到 N 型单晶硅基底上，形成一层极薄的 P 型导电层，再通过超声波和热压焊法接上引出线就形成了扩散型半导体应变片。它常用于气体等流体压力的测量中。

电阻应变片的
典型应用

知识拓展
压电传感器

习　题

一、填空题

（1）电阻应变片采用的材料一般是_____和_____两种。

（2）金属应变片从外形来说，主要分为_____、_____和_____这 3 种。

（3）常见的温度补偿电路有_____和_____。

（4）应变力测量中，为了使检测灵敏度高、线性好，应选择_____测量转换电路。

（5）_____、_____和_____是电阻应变式称重传感器中不可缺少的几个主要部分。

（6）压电式传感器是一种基于_____效应的传感器，常用_____、_____和高分子压电材料作为测力传感器的转换元件。

二、计算题

某电阻应变片阻值为 $100\ \Omega$，灵敏系数 $K=2$，沿轴向粘贴于直径为 $0.05\ \text{m}$ 的圆形钢柱表面，钢材的 $E = 2.5 \times 10^{11}\ \text{N/m}^2$，$\mu = 0.3$，钢承受的压向力为 $100 \times 10^3\ \text{N}$，求：

（1）该钢柱的轴向应变 ε_x 为多少 $\mu\text{m/m}$？

（2）应变片电阻的相对变化量 $\Delta R/R$ 为多少？

（3）应变片的电阻值变化了多少欧姆？是增大还是减小？

三、简答题

（1）电阻应变片可以用于哪些物理量的测量？

（2）影响金属导体应变灵敏度的主要因素是什么？它和导电材料几何尺寸变化有关系吗？

任务五 蔬菜棚遮阳控制——光敏电阻传感器的应用

任务描述

因昼夜温差大，有菜农新建蔬菜大棚以提高农作物产量。如图1.5.1所示，要求天亮后大棚敞开棚顶塑膜，使植物获取阳光和流通的空气，为了保温，天黑后要求把棚膜合拢。请读者设计自动检测控制系统，能够完成对光照强度的检测，从而实现棚膜的开合控制。

图1.5.1 蔬菜大棚

学习目标

【素质目标】

(1)培养学生崇德向善的情感态度和遵规守纪的职业素养。

(2)提升学生安全意识、质量标准意识、绿色环保意识等。

【知识目标】

(1)掌握光敏传感器的结构、工作原理及特性。

(2)理解光敏传感器的内光电效应、外光电效应、光生伏特效应。

(3)理解光敏传感器检测与控制电路的工作原理。

【能力目标】

(1)学会热光敏传感器检测与控制电路的接线及完成照度的测量。

(2)掌握电路器件参数的设置方法，能够设计简单的光敏传感器检测与控制电路。

■ 任务分析

任务要求棚膜开合受环境的光线强弱控制，而能检测光线强弱的传感器为光电传感器。光电传感器是基于光电效应原理工作的，能将光信号转换成电信号，如电阻、电压、电流等。其中，光敏电阻传感器是基于内光电效应工作的，其特性是电阻值跟随环境的光照度变化。光敏电阻传感器简称光敏电阻。图1.5.2所示为光敏电阻。

图 1.5.2　光敏电阻

因此，可采用光敏电阻作为检测光线的传感器，继而完成对棚膜的控制。

■ 任务实施

一、确定光线检测与控制系统原理框图

为完成本设计任务，先行设计出自动检测系统原理框图。

1. 信号采集电路

本任务所用光敏电阻要考虑其使用环境，在室外面临防雨、防潮问题，所以应采用密封式光敏电阻，图1.5.3所示为带玻璃窗口的密封式光敏电阻。检测对象是自然光，因此应选择普通可见光式光敏电阻。

2. 信号处理电路

光敏电阻纯粹是一个电阻器件，因此无极性，其使用方法和普通电阻器一样。因此，采用桥式电路即可把电阻的变化转换为容易处理的电压信号，而且桥式电路带有温度补偿功能，使测量更加精确。如果精度要求不高，可以采用串联电阻分压的方式获得光敏电阻的电压变化值，如图1.5.4所示。

图 1.5.3　带玻璃窗的密封式光敏电阻

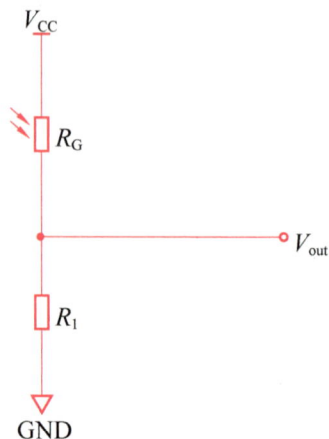

图 1.5.4　光敏电阻分压电路

光敏电阻经分压电路采集到光照度信号并转换为电压信号后，用集成运放放大电压信号，驱动小型继电器来控制电动机的启停。

3. 执行机构

本任务控制对象是电动机，其正转和反转能实现棚膜的开合。根据对本任务的分析，该检测与控制系统除传感器外，还需要信号放大电路、继电器、电动机、限位开关（行程开关）、传动装置等。据此画出光敏电阻控制遮阳棚开合系统原理框图，如图1.5.5所示。

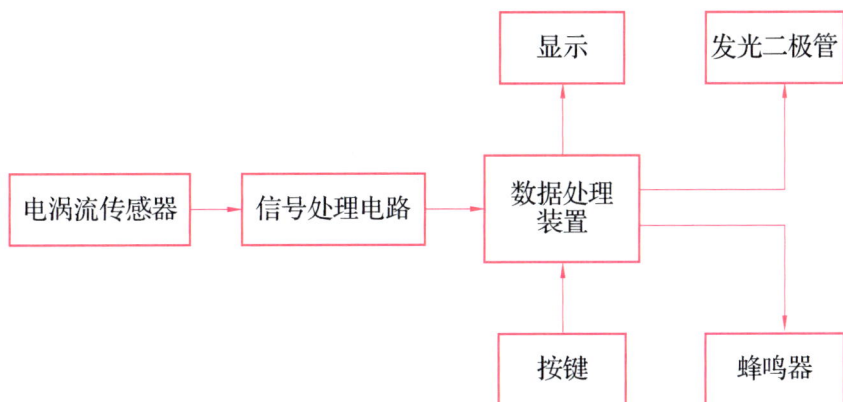

图 1.5.5　光敏电阻控制遮阳棚开合系统原理框图

二、电路设计

根据上面分析，设计图1.5.6所示的光敏电阻控制电动机电路。电路工作原理分析：光线的强弱变化导致光敏电阻大小改变。当周围环境光线变弱时，光敏电阻 R_G 的阻值随之增大，集成运放输出低电压，PNP型三极管导通，继电器线圈得电，其触点闭合，电动机开始运行。反之，停止运转。电路中，二极管起续流保护作用，防止继电器线圈断电时产生较高电压而击穿三极管。

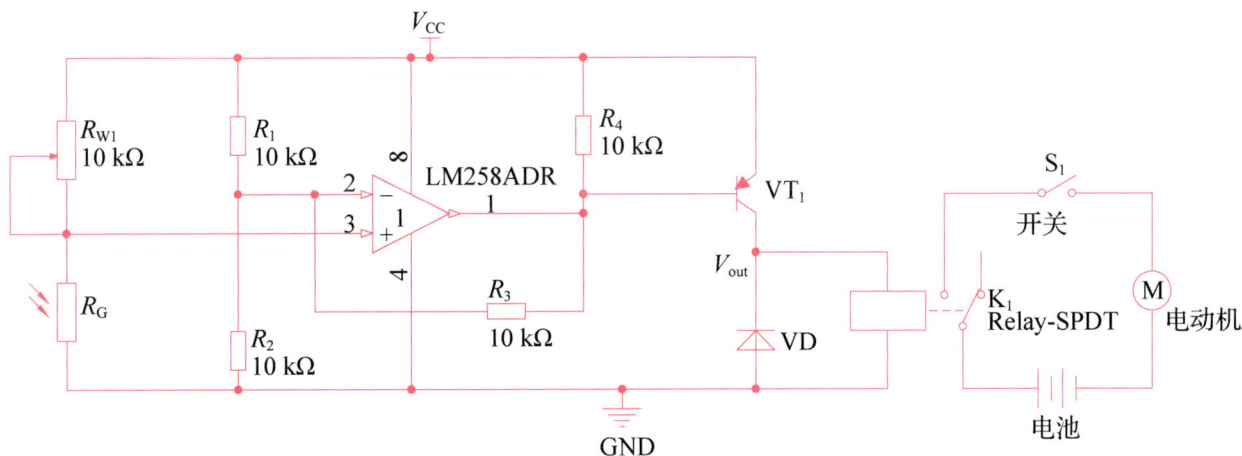

图 1.5.6　光敏电阻控制电动机电路

需注意，该测控电路尚未完善，只设计了电动机的单向转动，实际遮阳膜的开启和闭合需要电动机正、反转来实现。直流电动机或者交流电动机的正、反转，其控制电路不难设计。

三、电路仿真

利用 Multisim 软件画出电路图，为使仿真效果明显，可用灯泡的亮灭来代替电动机的启停，因此图 1.5.7 实际为光控照明电路。该仿真电路采用 PNP 型三极管控制继电器的通、断电，电位器 R_L 用来模拟光敏电阻。图中所示为光照度较低（天黑时光敏电阻值较大）时灯亮的情况。

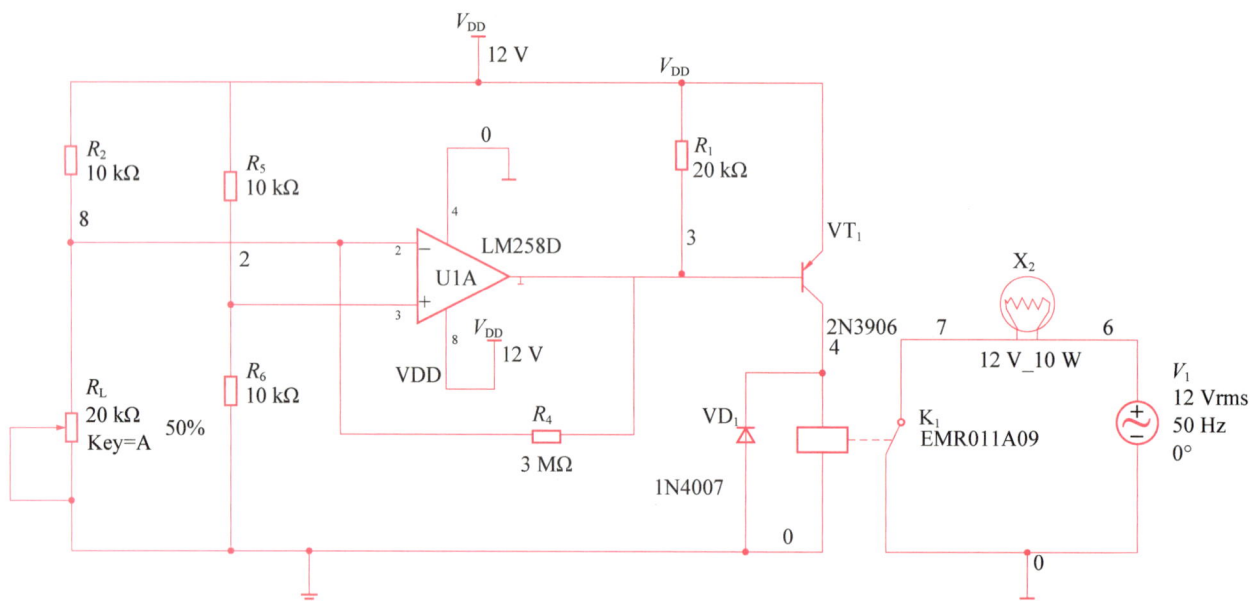

图 1.5.7 光照度较低电路状态

实训练习

实训内容为检测光敏电阻的阻值随光照度是如何变化的，以及测量光敏电阻模块电路中分压及放大后输出电压的大小。目的是测试光敏电阻的光敏特性。

所用装置包括恒流源、电流表、万用表、导线等。实训用模块电路如图 1.5.8 所示。

光敏电阻模块电路中的暗盒（黑色部件）里装有光敏电阻，其两个引脚从右侧引出到面板上，暗盒里装有发光二极管，通过恒流源改变流过发光二极管的电流值，能够控制暗盒内的光照度。

图 1.5.8 光敏电阻模块电路

一、测量光照度（电流）与光敏电阻的关系（$I-R_G$）

调节恒流源输出 0~20 mA 的电流，通过暗盒左侧的两个接线端子给暗盒里的发光二极管供电，供电电流值由直流毫安表进行测量显示。改变电流值，测量光敏电阻阻值。然后分析两者的关系。

其具体操作方法及步骤如下。

（1）将恒流源、直流毫安表和光敏电阻模块电路中的发光 LED 三者串联起来。

（2）将万用表调至欧姆挡，暗盒里的光敏电阻通过右侧两个端子连接到万用表，等待进行电阻的测量。按图 1.5.9 所示接线。

（3）检查接线无误后，开启实训台电源。

（4）观察电流表，调节恒流源的电流值至 1 mA，将对应的光敏电阻阻值记录到表 1.5.1 中。依次将电流值增加 0.5 mA，一直增加到 6.5 mA，并将它们对应的电阻值填入表 1.5.1 中。

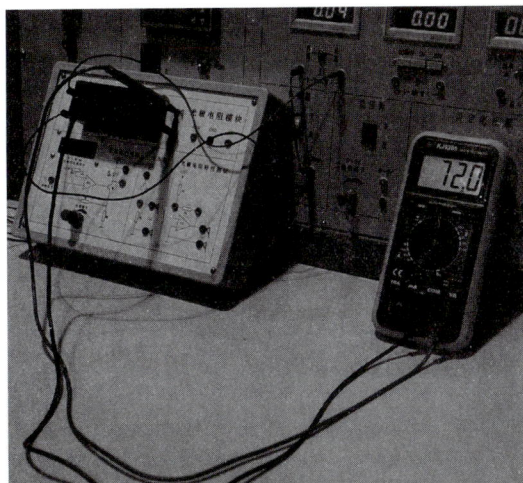

图 1.5.9　测量光敏电阻阻值接线图

表 1.5.1　测量光敏电阻与输入电流值的关系

I/mA	1.0	1.5	2.0	2.5	3.0	3.5	4.0	4.5	5.0	5.5	6.0	6.5
R_G/Ω												

（5）分析所测得的数据，并画出 $I-R_G$ 特性曲线，看其是否为线性。

（6）测量完毕后关闭电源，整理仪器设备。

二、测量分压电路输出电压

其具体操作方法及步骤如下。

（1）如同前面两个测量任务，将恒流源、直流毫安表和光敏电阻模块电路中的发光 LED 三者串联起来。

（2）将万用表调至电压挡，并与分压电路的两个输出端子连接起来。图 1.5.9 所示为光敏电阻模块电路的中间部分电路。

（3）检查接线无误后，打开实训装置电源开关。

（4）观察电流表，调节恒流源的电流值至 1 mA，将与光敏电阻串联的固定电阻的分压值与输入电流的关系记录到表 1.5.2 中。然后依次将电流值增加 0.5 mA，一直增加到 6.5 mA，并逐一记录测量值。

表 1.5.2　光敏电阻分压测量数据

I/mA	1.0	1.5	2.0	2.5	3.0	3.5	4.0	4.5	5.0	5.5	6.0	6.5
V_{out}/V												

（5）分析所测得的数据，并画出 I-V_{out} 特性曲线，看其是否为线性。

（6）测量完毕后关闭电源，整理仪器设备。

三、测量光敏电阻特性

该测量是将光敏电阻接到放大电路中，研究其对输出电压的影响。其具体操作方法及步骤如下。

（1）将恒流源、直流毫安表和光敏电阻模块电路中的发光 LED 三者串联起来。

（2）将万用表调至电压挡，并与光敏电阻特性电路的两个输出端子连接起来，该电路如图 1.5.8 光敏电阻模块电路右侧部分所示。

（3）检查接线无误后，开启实训装置电源。

（4）观察电流表，调节恒流源的电流值至 1 mA，将集成运放的输出值记录到表 1.5.3 中。依次将电流值增加 0.5 mA，一直增加到 6.5 mA，并逐一记录测量数据。

表 1.5.3　光敏电阻特性测量数据

I/mA	1.0	1.5	2.0	2.5	3.0	3.5	4.0	4.5	5.0	5.5	6.0	6.5
V_{out}/V												

（5）试验结束后，关闭试验台电源，整理好试验设备。

（6）分析所测得的数据，并画出 I-V_{out} 特性曲线，看其是否为线性。

以上 3 个测量过程，加到发光二极管上的电流值最大为 6.5 mA，请思考其原因。

■ 任务评价与反馈 ✒

完成测量任务后，请将评价记录到表 1.5.4 中。

表 1.5.4　任务评价表

项目	配分	评分标准	自评	互评	师评	平均
光控棚膜开合系统原理框图	10	绘制清晰、有条理且完整				

续表

项目	配分	评分标准	自评	互评	师评	平均
测量光敏电阻阻值	20	①能正确连接电路(5分) ②能正确识读欧姆表读数(5分) ③完成测量并完整记录数据(5分) ④数据分析图准确(5分)				
光敏电阻分压测量	20	①能正确连接电路(5分) ②能正确识读电压表读数(5分) ③完成测量并完整记录数据(5分) ④数据分析图准确(5分)				
光敏电阻特性测量	20	①能正确连接电路(5分) ②能正确识读电压表读数(5分) ③完成测量并完整记录数据(5分) ④数据分析图准确(5分)				
学习态度	10	①迟到、早退,一人次扣2分 ②学习态度不端正不得分				
安全文明操作	10	不安全文明使用仪器、计算机等,一次扣5分				
6S管理规范	10	①工位不清洁,每工位扣2分 ②没有节能意识,扣5分				
合计						

任务知识讲解

光敏电阻是一种基于光电效应的半导体器件。根据能量守恒原则,当光照射某一物体时,可以看作一连串具有能量的光子轰击该物体,此时光子的能量就传递给了电子,电子得到光子传递的能量后,就会发生相应的状态变化,这种现象称为光电效应。

光电效应有3种:一是外光电效应,是指在光线作用下能使电子逸出物体表面的现象,基于外光电效应的光电元件有光电管、光电倍增管等;二是内光电效应,是指在光线作用下,能使物体的电阻率发生改变的现象,基于内光电效应的光电元件有光敏电阻、光敏晶体管等;三是光生伏特效应,是指在光线作用下物体产生一定方向电动势的现象,基于光生伏特效应的光电元件有光电池等。

一、光敏电阻的结构原理

光敏电阻即对光敏感的电阻,是一种电阻值随入射光的强弱而改变的电阻器,也称为光感电阻。用于制造光敏电阻的材料主要是金属硫化物、硒化物等半导体材料。在半导体光敏材料两端装上电极引线，将其封装在带有透明窗的管壳里就构成光敏电阻。图 1.5.10 所示为光敏电阻的结构及图形符号。

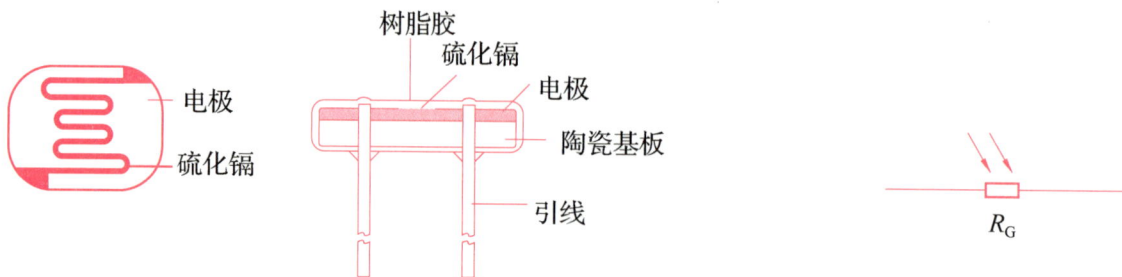

图 1.5.10　光敏电阻的结构及图形符号

光敏电阻的特性是其阻值随入射光线的强弱变化而变化。在光照条件下，它的阻值（亮电阻）仅有几百至数千欧姆；而在黑暗条件下，它的阻值（暗电阻）很高，有时可高达几兆欧姆。图 1.5.11 所示为某光敏电阻的光电特性，从中可以看出，随着光照度的增加，其电阻值呈指数下降，刚开始随光照度变化较为剧烈，然后又慢慢变得平缓，且光敏电阻的光电特性呈非线性，因此不适宜做精确测量元件，这是光敏电阻的缺点，在自动控制中常用作开关式光电传感器。

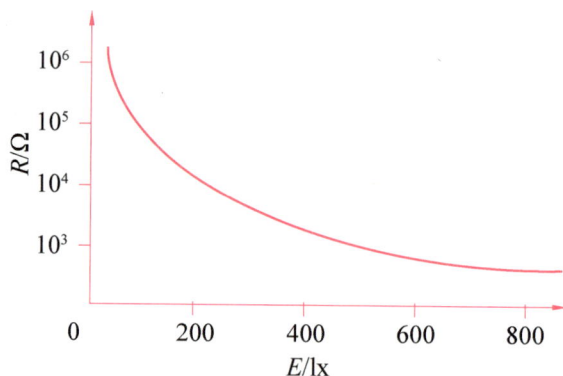

图 1.5.11　某光敏电阻的光电特性

如果光敏电阻受到照射的是可见光，即通常指波长范围为 390~780 nm 的电磁波，而人眼可见范围一般为 312~1 050 nm，则光敏电阻对可见光的响应在人眼对可见光的感受范围以内，即光敏电阻器对光的敏感性（即光谱特性）更窄。因此，只要人眼可以感受的光，都会引起光敏电阻的阻值变化。设计光控电路时，可用自然光线或发光 LED 发出的光线作为控制光源，如上面的测量实训即采用黑盒子里的发光二极管作为光源。

在图 1.5.11 所示的光敏电阻的光电特性曲线中，横坐标为光照度（E）。什么是照度呢？它是指被照物表面在单位面积上受到的光通量，光照度的单位是勒克斯（lux），可写为 lx。光源所发出的光能是向所有方向辐射的，而什么是光通量呢？它是指对于单位时间里通过某一面积的光辐射能。光通量的单位是流明，可写为 lm。图 1.5.12 所示为光通量与光照度关系的解析。

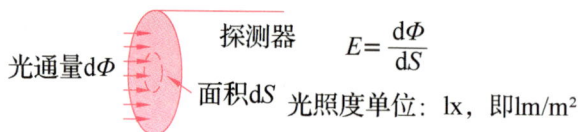

$$E = \frac{\mathrm{d}\Phi}{\mathrm{d}S}$$

光照度单位：lx，即 lm/m²

图 1.5.12　光通量与光照度关系解析

二、光敏电阻的类型

光敏电阻器按其光谱特性可分为紫外光型、红外光型和可见光型。

紫外光型对紫外线较灵敏，主要由硫化镉、硒化镉等制成，多用于探测紫外线。

红外光型对红外线较灵敏，主要由硫化铅、碲化铅等制成，广泛应用于导弹制导、天文探测、非接触测量、人体病变探测、红外通信等国防、科学研究和工农业生产领域中。

可见光型对可见光较灵敏，主要由硅、锗、硫化锌等制成，它主要应用于各种光电控制系统，如光电自动开关门、航标灯、路灯和其他照明系统的自动亮灭以及烟雾报警器、光电跟踪系统等方面。

三、典型应用

一般而言，光敏电阻的阻值随光照强度增强而减小，其电阻变化范围大、检测范围较广，且没有极性，纯粹是一个电阻器件，使用时施加直流电压和交流电压都可以，容易与各种检测电路连接而实现控制功能，且电路简单、成本较低。因此，光敏电阻用于测量光照强度的领域较多，典型应用如下。

（1）应用于智能家居中的环境光线监测：用于根据周围光线强度来自动调节室内灯光亮度、夜间灯光控制，以及空调、遮阳器、智能窗帘等设备的亮度、温度等参数，以提高使用舒适度和节约能源等。图 1.5.13 所示为小型模拟光控街灯照明电路。

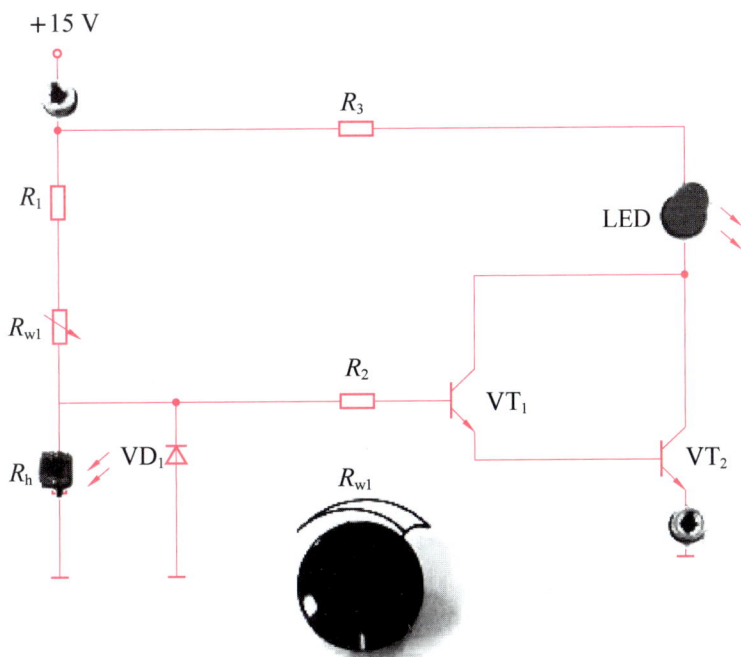

图 1.5.13　模拟光控街灯照明电路

(2)应用于工业自动化：用于工业生产中的控制与测量环节，如激光打标、自动化焊接、自动控制机器人、地铁信号装置等。

(3)应用于医疗设备上：用于病人的诊断、治疗及监护，如心电图机、CT、心率监测仪、光疗仪等。

(4)应用于计量仪器上：用于检测和测量光线、辐射强度、频率、波长等参数。

(5)应用于军事装备上：用于夜视仪、导航系统等。

光敏电阻和其他半导体器件一样，受温度影响较大。当温度升高时，它的暗电阻会下降。为了提高灵敏度或者为了能接收红外光线，有时要采取必要的降温措施，也可采用温度补偿电路。常用温度补偿电路有桥式自补偿式电路、差分电路等。

习 题

光学脉搏传感器

一、填空题

(1)光敏电阻器按其光谱特性可分为_____和_____。

(2)光敏电阻器的特性是随着光照度增强，其电阻值_____。

(3)光电效应包括_____、_____和_____。

(4)光敏二极管在电路中通常处于_____向偏置状态。

(5)光学脉搏传感器的原理是通过检测 LED 发出的红色光随_____的变化，引起光的_____量也发生变化，通过检测光线的亮暗变化就可以获得脉搏波信号。

二、简答题

(1)简述如何用万用表检测一只光敏电阻的质量好坏。

(2)光学脉搏传感器有何优点？

(3)光敏电阻的灵敏度高是指在给定电压下其暗电阻与亮电阻差值大，对吗？

三、应用拓展

请画出光控街灯照明电路，并进行仿真测试。

任务六 直流稳压电源——光电耦合器的应用

任务描述

当今社会，人们极大地享受着电子设备带来的便利，但是各种各样的电子设备都有一个共同的电路——电源电路，它是一切电子设备的基础，没有电源电路就不会有如此种类繁多的电子设备，大到超级计算机，小到袖珍耳机，电子设备必须有电源才能正常工作。

电源功率的大小、电流和电压是否稳定，将直接影响电子设备的性能和使用寿命以及使用者人身安全。本任务为探讨并设计一款运用光电耦合器制作的直流稳压电源电路。

学习目标

【素质目标】

(1)培养学生积极乐观、友善待人、自信及关爱他人的良好情感态度。

(2)培养学生分析问题的学习能力和解决问题的创新能力。

【知识目标】

(1)了解光电耦合器的类型及结构特点。

(2)掌握光电耦合器的工作原理及作用。

(3)理解常用光电式传感器的工作原理及应用。

【能力目标】

(1)能够表述光电耦合器稳压电源电路的工作原理。

(2)能够完成光电耦合器电源电路的组装、测量与调试。

任务分析

在电源电路中，由于输入电压的变化，通常也会引起输出电压发生变化。当在电路中接入光电耦合器后，利用光电耦合器的线性耦合特性，可以获得相对稳定的输出电压。

光电耦合器是以光为介质传输电信号的一种器件，信号单向传输，输入端与输出端完全实现了电气隔离，输出信号对输入端无影响，因而具有良好的电绝缘能力和抗干扰能力；输入端属于电流型工作的低阻元件，因而具有很强的共模抑制能力。对于部分线性光耦，输出电流与输入电流成正比。它没有触点，体积小，故响应快、效率高，且工作稳定、寿命长。

因此，本任务选用光电耦合器配合相关电路制作直流稳压电源电路。

任务实施

一、电路设计

结合直流稳压电源的要求和光电耦合器的特性，设计的电路如图 1.6.1 所示。

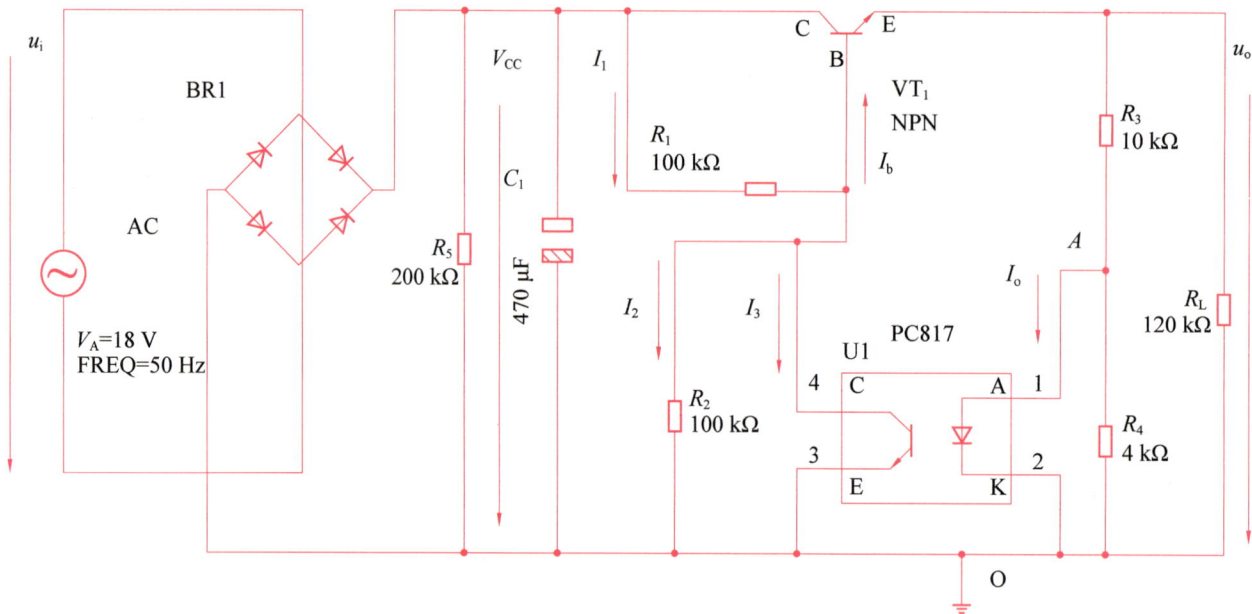

图 1.6.1　直流稳压电源电路仿真图

1. 信号采集与转换

将一交流电压经过二极管整流、电容滤波，经合适阻值电阻分压后加到三极管的基极，获得输出电压。

2. 信号处理电路

当输入的交流电压变化时，输出电压也相应变化。输出电压经合适阻值电阻分压后，加到光电耦合器输入端。经光电耦合器的线性耦合作用，即流经光电耦合器三极管的电流（光耦的输出信号）与流经二极管的电流（光耦的输入信号）成正比，将处理后的输出信号反馈至三极管的基极电路。与三极管基极相连的分压电阻也成比例地分压，使基极电压基本不变或变化不大，根据三极管的知识，发射极电压即输出电压也稳定不变。

3. 电路可行性理论分析

在电源电路中，由于输入交流电压 u_i 升高，使整流后的直流电压 V_{CC} 升高，三极管基极电压 u_b 升高，最后使输出电压 u_o 也升高，A 点的电压升高，流过光电耦合器内部二极管电流 I_o 增加，光电耦合器内部三极管电流 I_3 也成比例地增加。根据基尔霍夫定律，$I_1 = I_b + I_2 + I_3$，I_1 增加。$u_b = V_{CC} - R_1 I_1$，使 u_b 的电压变化较小，最后获得比较稳定的输出电压 u_o。

二、电路仿真

（1）利用软件 Proteus 画出直流稳压电源电路图，如图 1.6.1 所示。

（2）设置参数，进行仿真测试。

①设置输入信号，交流电压 $u_i = 12$ V，频率 $f = 50$ Hz，仿真运行，分别将 V_{CC}、I_1、u_b、u_o 仿真数据结果记入表 1.6.1 中。仿真结果示意图如图 1.6.2 所示。

表 1.6.1 仿真结果记录表

条件	输入电压 u_i/V	V_{CC}/V	I_1/mA	u_b/V	输出电压 u_o/V
接入光电耦合器	12	10.7	0.07	3.5	2.77
	18	16.6	0.13	3.74	3.01

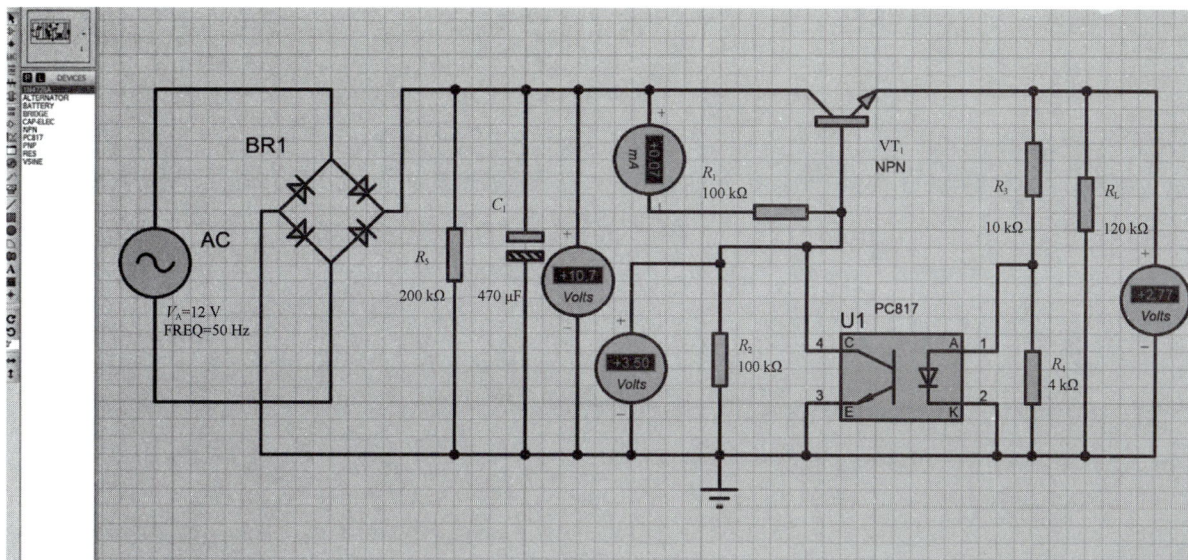

图 1.6.2 仿真结果示意图(一)

②将输入电压提高 50%。设置输入信号，交流电压 $u_i = 18$ V，频率 $f = 50$ Hz，仿真运行，分别将 V_{CC}、I_1、u_b、u_o 仿真数据结果记入表 1.6.1 中。仿真结果示意图如图 1.6.3 所示。

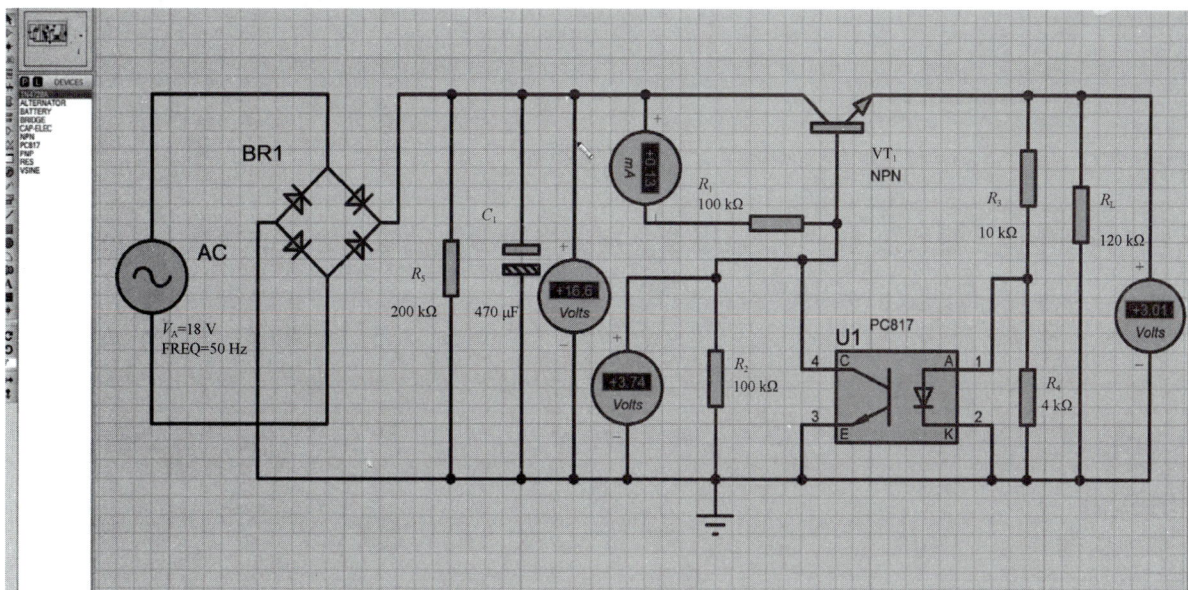

图 1.6.3 仿真结果示意图(二)

（3）仿真测试数据分析。

结合仿真所得数据结果，经分析可以发现，当输入电压提高50%时，输出电压的变化率为$(3.01-2.77)/2.77=8.66\%$。

实训练习

本任务实训内容是测试带有光电耦合器的电源电路，目的是验证光电耦合器的稳压效果；同时对比分析不加光电耦合器时，电源电路输出电压的变化情况。

实训过程

（1）利用 Proteus 软件，将图 1.6.1 所示稳压电源电路图，生成 PCB 图，制作电路板。

（2）按照图 1.6.1 所示电路原理图，在 PCB 板上装配、焊接元器件（注意：光电耦合器的1、4 引脚暂不焊接，2、3 引脚正常焊接），装配焊接要符合工艺要求。

（3）将焊接的电路板检查无误后，接入实训工作台 8 V 交流电源。用万用表测量输出电压的数值，记入表 1.6.2 相应位置（实训工作台面板如图 1.6.4 所示，配置有可调直流稳压电源，+5 V、+12 V 直流稳压电源，双 8 V 交流电源，双 15 V 交流电源，220 V 交流电源以及开关、指示灯、显示仪表等）。

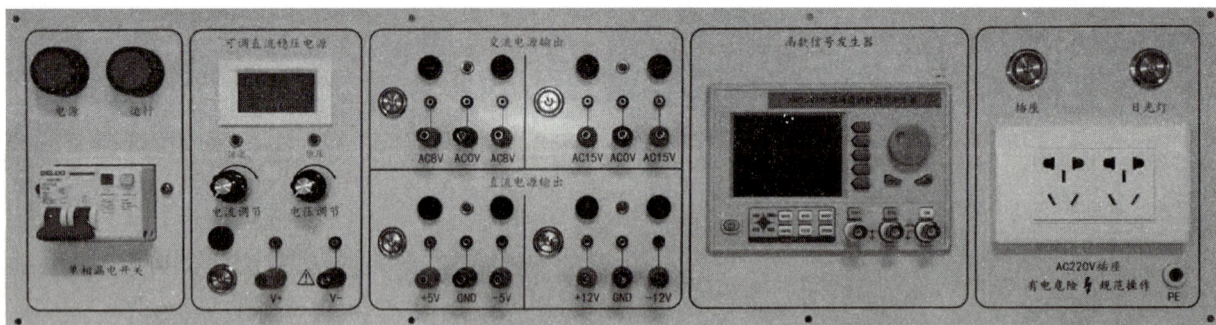

图 1.6.4　实训工作台面板

（4）断开电源，重新接入 8 V 交流电源，用万用表去测量输出电压的数值。重复以上操作过程两次，将所测得的数值分别填入表 1.6.2 中。

表 1.6.2　测量结果记录表

条件	输入电压/V	输出电压/V			输出电压变化率	
不接光电耦合器	8 V					
	15 V					

（5）断开电源，接入实训工作台 15 V 交流电源。用万用表测量输出电压的数值，记录测

量结果。重复以上操作过程，共获得 3 次测量结果，分别填入表 1.6.2 中相应位置。

（6）将电路板上光电耦合器元件的 1、4 引脚正确焊接，检查无误后，接入实训工作台 8 V 交流电源。用万用表测量输出电压的数值，记入表 1.6.3 中相应位置。

表 1.6.3　测量结果记录表

条件	输入电压/V	输出电压/V		输出电压变化率
接入光电 耦合器	8 V			
	15 V			

（7）断开电源，重新接入 8 V 交流电源，用万用表去测量输出电压的数值。重复以上操作过程两次，将所测得的数值分别填入表 1.6.3 中。

（8）断开电源，接入实训工作台 15 V 交流电源。用万用表测量输出电压的数值，记录测量结果。重复以上操作过程，共获得 3 次测量结果，分别填入表 1.6.3 中相应位置。

（9）断开实训工作台电源开关，分别计算出表 1.6.2 和表 1.6.3 中相应的输出电压变化率。

（10）分析所测得的输出电压数值和电压变化率计算结果，小组讨论，得出结论。

■ 任务评价与反馈

完成任务后，请将评价记录到表 1.6.4 中。

表 1.6.4　任务评价表

项目	配分	评分标准	自评	互评	师评	平均
电路板焊接	40	①能正确识别测量元器件(10分) ②能正确安装摆放元器件(10分) ③能按照五步焊接法焊接电路板(10分) ④能正确检查测试焊接的电路板(10分)				
通电测量	30	①能正确连接电路(10分) ②完成测量并完整记录数据(10分) ③数据分析准确(10分)				
学习态度	10	不缺勤、守纪律、专注严谨、精益求精				
安全文明操作	10	严格遵守安全规程、文明规范操作				
6S 管理规范	10	规范整理实训器材				
合计						

■ 任务知识讲解

光电耦合器也称光电隔离器或光耦合器，简称光耦。它是以光为介质把输入端信号耦合到输出端来传输电信号的器件。如图 1.6.5 所示，它由发光源和受光器两部分组成。把发光源和受光器组装在同一密闭的壳体内，彼此间用透明绝缘体隔离。发光源的引脚为输入端，受光器的引脚为输出端。常见发光源为发光二极管，受光器为光敏二极管、光敏三极管等。

光电耦合器的工作过程一般由三部分组成，包括光的发射、光的接收及信号放大。如图 1.6.6 所示，输入的电信号驱动发光二极管(LED)，使之发出一定波长的光，被光探测器接收而产生光电流，再经过进一步放大后输出。这就完成了电—光—电的转换，从而起到输入、输出、隔离的作用。

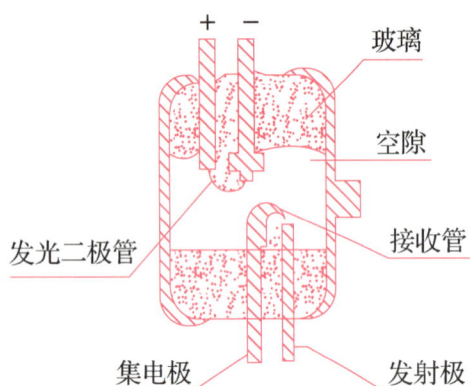

图 1.6.5　光电耦合器结构示意图

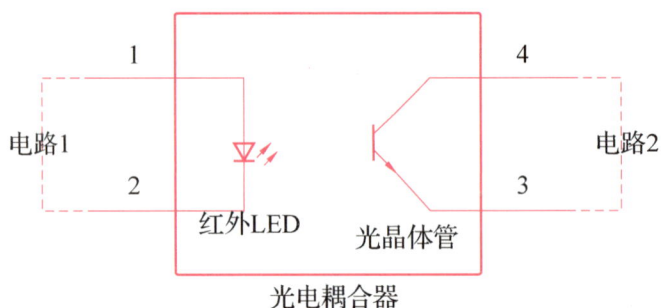

图 1.6.6　光电耦合器电路示意图

光电耦合器是近些年发展起来的新型器件，现已广泛用于电气绝缘、电平转换、级间耦合、驱动电路、开关电路、斩波器、多谐振荡器、信号隔离、级间隔离、脉冲放大电路、数字仪表、远距离信号传输、脉冲放大、固态继电器（SSR）、仪器仪表、通信设备及微机接口中。图 1.6.7 所示为常用光电耦合器实物。

图 1.6.7　常用光电耦合器实物

光电耦合器的结构
特点、分类及应用

知识拓展
光电式传感器

![习题]

一、填空题

（1）光电耦合器通常由_____和_____两部分组成。

(2) 光电耦合器可分为两种：_____和_____。

(3) 常用的光电元件包括_____、_____、_____和_____等。

(4) 光敏二极管在电路中一般_____状态，_____具有单向导电性。

二、简答题

(1) 光电耦合器的工作原理是什么？有哪些优点？

(2) 简述光电耦合器的技术参数。

(3) 试画出常见光电耦合器的结构图。

(4) 请简述光敏晶体管的优、缺点。

(5) 利用网络资源，查阅资料，试简述光电式传感器的应用领域。

任务七　旋转机械转速测量——霍尔传感器的应用

任务描述

车床在加工产品时，需要根据不同材料调整主轴的转速，如钢材、铜材、铝材、塑料等材质的硬度不同，则要求的主轴转速也要改变。某加工厂有数台老式车床，要进行数字化改造。要求能够显示主轴转速且可以预置其转速。请为此设计一个自动检测控制系统，实现测速并配置必要的运行标识及声光报警等。

学习目标

【素质目标】

(1) 培养学生良好的沟通能力、合作意识和团队合作能力。

(2) 培养学生的观察力、想象力、批判性思维，推动学生不断创新和进步。

【知识目标】

(1) 了解旋转机械转速测量的常见方法。

(2) 掌握霍尔传感器的结构及工作原理。

(3) 理解霍尔传感器的类型及用法。

【能力目标】

(1) 能够完成霍尔传感器测量转速的电路接线及数据测量方法。

(2) 会使用霍尔传感器设计简单的电子产品。

■ 任务分析

旋转机械的角速度或转速测量是很常见的，例如，汽车需要检测发动机转速及车辆行驶速度；工业生产中要测量并控制电机转速；健身用的跑步机要清晰地显示运行速度等。

许多传感器能够测量角速度及转速，如光电式、磁电式、电涡流式、光栅式、霍尔式传感器等。其中霍尔器件有诸多优点，如精度高、无触点、无磨损、输出波形清晰、功耗小、体积小、安装方便、耐振动、不怕灰尘油污等。

本任务选用开关型霍尔传感器测量机床主轴转速（角速度），将磁钢固定在卡盘上，在靠近卡盘的变速箱壁上安装霍尔传感器，卡盘旋转时磁钢靠近霍尔传感器，霍尔传感器就输出脉冲信号，对脉冲计数即可实现测速。普通车床如图 1.7.1 所示。

图 1.7.1　普通车床

■ 任务实施

一、确定车床主轴转速测量系统原理框图

根据任务分析，测速选用霍尔传感器，而且有很多型号可供选择。例如，某公司产品 SS443A，其灵敏度较高、温度稳定性好、体积小、工作电压范围宽（3.8~30 V）、输出电流能力高等。

现在大多数单片机具有内置的计数及定时模块电路，PIC18F25K20 就有计数器，本任务选用该型号的单片机对脉冲进行计数。

为了显示转速等数据，应设有显示器，可采用 LM131 液晶显示模块。

本任务要求能够设定运行主轴的转速，该功能一般通过按键操作实现，因此需要设计与单片机按键接口的电路。

本系统主要控制对象是主轴变速箱，变速则可以由电磁机构的动作实现，这也需要单片机发出控制指令。此外，应根据需要配置声光报警等器件。

根据以上分析，设计出车床主轴转速测量与控制系统原理框图，如图 1.7.2 所示。

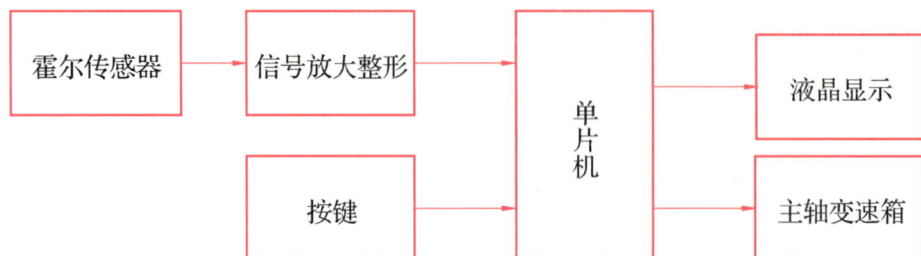

图 1.7.2　车床主轴转速测量与控制系统原理框图

二、电路设计

1. 霍尔传感器信号处理电路

霍尔传感器能感受磁场很小的变化，当磁钢靠近霍尔传感器时便输出一个脉冲，此信号经放大后输出至比较器电路，使后者输出放大的开关信号，该信号送至计数器即可实现计数功能。信号处理电路如图 1.7.3 所示。此外，如果霍尔传感器输出信号幅值较大，并且为提高信号的抗干扰能力，建议采用图 1.7.4 所示电路，该电路简单、可靠。

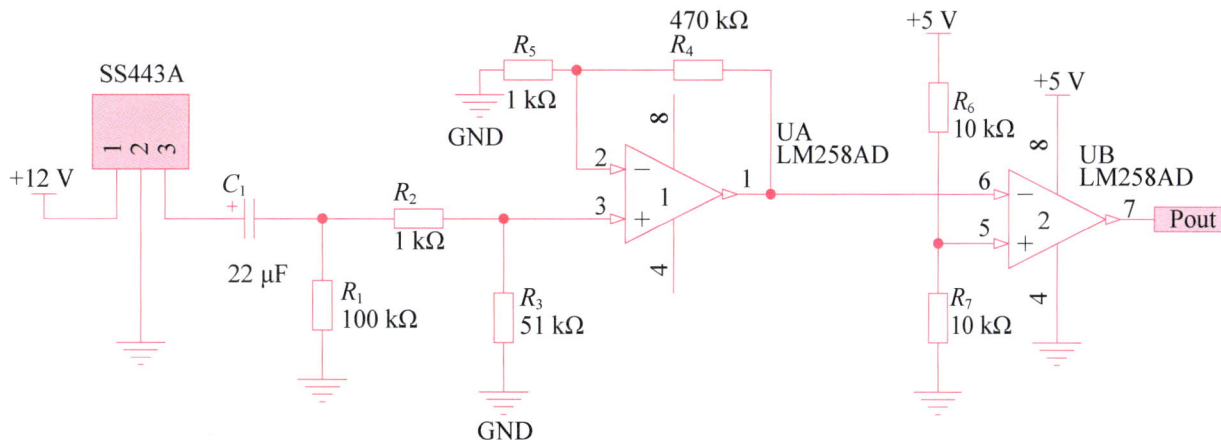

图 1.7.3 霍尔传感器信号处理电路

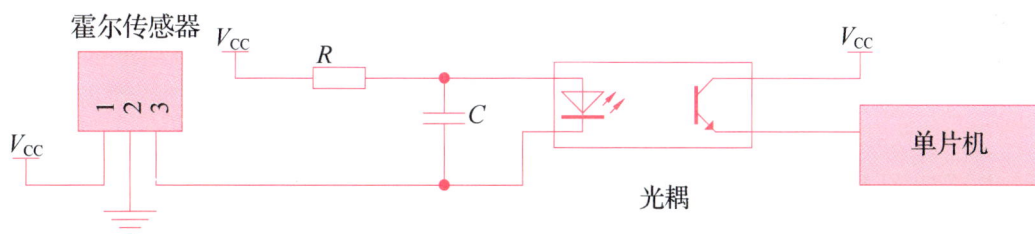

图 1.7.4 霍尔传感器信号处理电路(输出信号幅值较大时)

2. 按键与 PIC18F25K20 的接口电路

PIC18F25K20 的 PORTB 端口是一个 8 位双向 I/O 口，分别从 RB0 口到 RB7 口，其中 RB4～RB7 具有电平变化中断功能(使用这项功能时要先把该引脚对应 TRISB 的位设置为输入才行，需设置中断)。4 个引脚的输入状态会和上一次读取 PORTB 中的值相比较，当有两组数据相异时，便会产生电平变化中断。这 4 个引脚中只要有一个发生变化，就会设置中断标志位。

3 个按键分别与 PIC18F25K20 对应的 PORTB 端口的 RB4、RB5、RB6 连接。其对应的连接关系为：

①移位键 KEY_SR 接 RB6，功能是使要设置的数字移位；

②增加键 KEY_ADD 接 RB5，功能是使设置的数字加 1；

③菜单切换键 KEY_F 接 RB4，功能是使参数菜单翻页。

据此特性设计出图 1.7.5 所示的按键接口电路。当没有键按下时，各口的逻辑电平值为

0，当某个键按下则变成1。

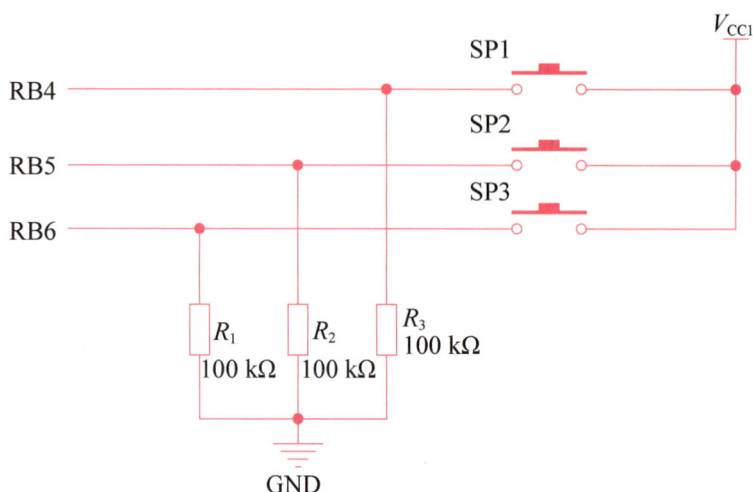

图 1.7.5　按键接口电路

TRISB 是 PORTB 端口的数据方向控制寄存器，它定义了引脚的输入输出状态。当把 TRISB 某位设置为 1 时，则相应端口引脚被定义为输入；当把 TRISB 某位设置为 0 时，则相应端口引脚被定义为输出。RB4~RB6 这 3 个引脚设置为输入时，相应的 TRISB 值为 11110000。

3. 显示电路

显示电路采用液晶显示模块 LM131，其 3 个引脚分别接到 PIC18F25K20 的 RB1、RB2、RB3。该电路如图 1.7.6 所示。

4. 报警电路

根据设计要求，当转速偏离设定值较大时，蜂鸣器发出报警提示停止机床的运行，以起到保护作用。蜂鸣器驱动电路如图 1.7.7 所示。

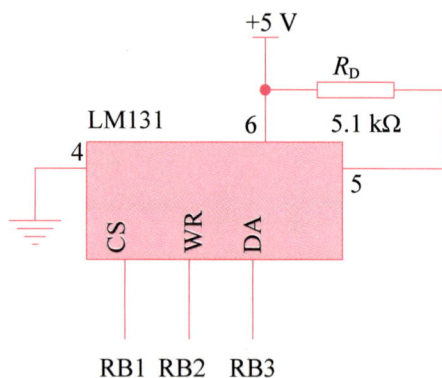

图 1.7.6　液晶显示电路

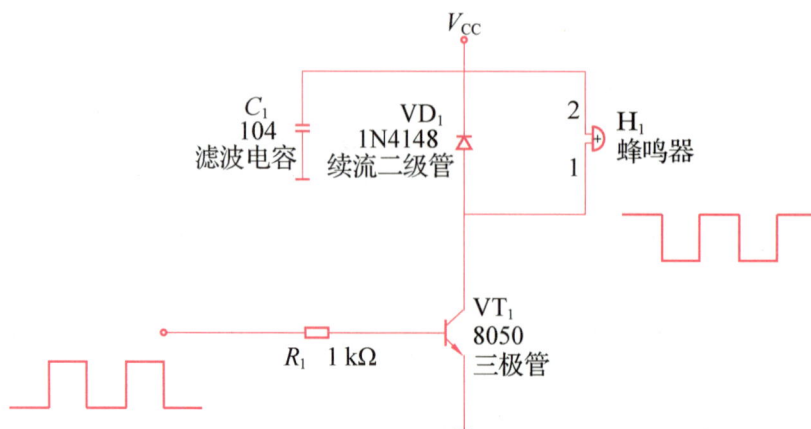

图 1.7.7　蜂鸣器驱动电路

5. 系统原理电路

根据任务要求，设计出系统的整体电路，如图 1.7.8 所示。

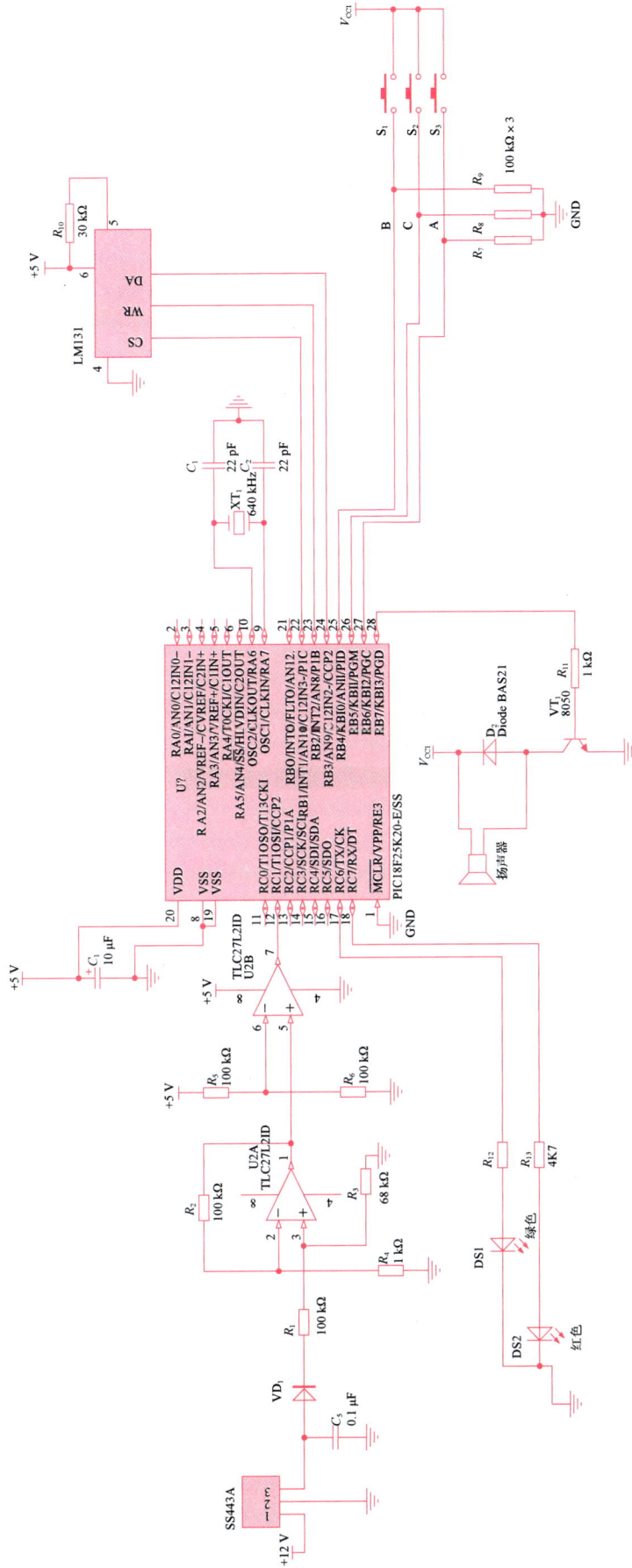

图 1.7.8　车床角速度测量与控制系统原理

三、电路仿真

利用 Multisim 软件画出电路，用交流信号源代替霍尔传感器输出脉冲，设置合适的器件参数进行仿真测试，图 1.7.9 与图 1.7.10 所示为仿真电路和用示波器观测到的信号波形。

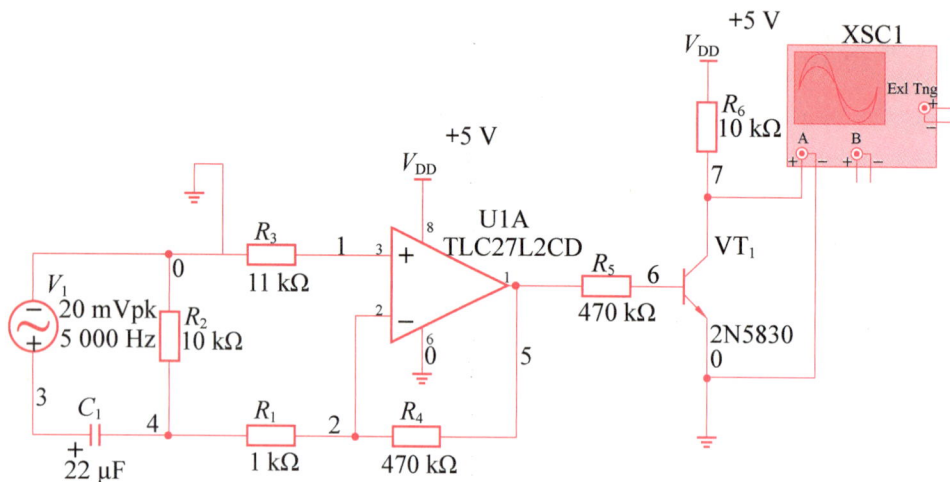

图 1.7.9　脉冲采集仿真电路

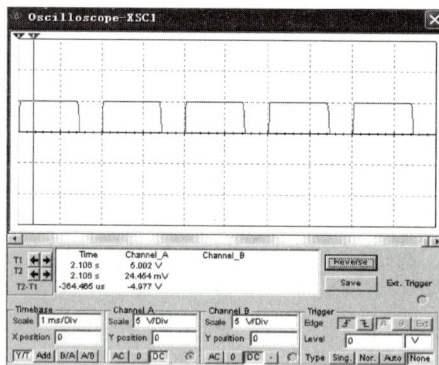

图 1.7.10　脉冲采集电路仿真结果

软件设计

■ 实训练习

本实训是用开关型霍尔传感器测量电动机的转速，目的是通过实训了解霍尔传感器测速装置的结构，理解检测电路的组成及工作原理，并学会霍尔传感器的用法。

实训用器件与单元电路有开关型霍尔转速传感器、可调电源（+2~+24 V）、转动源模块、转速表、直流稳压电源（+15 V）、电压表。

图 1.7.11 所示为霍尔传感器，图 1.7.12 所示为转动源模块，图 1.7.13 所示为转动源结构示意图。

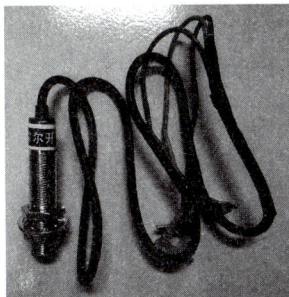
图 1.7.11　霍尔传感器

图 1.7.12　转动源模块

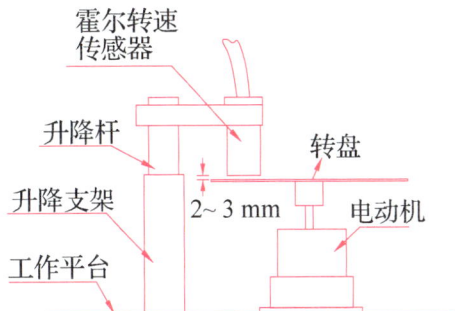
图 1.7.13　转动源结构示意图

转动源模块上安装有电动机、圆盘，支架用于安装霍尔传感器。直流电动机的引出线接到右上角两个端子上，接上 4~12 V 直流电源，电动机根据电压高低而呈现不同转速。线性霍尔元件的输出信号经放大器放大，再经施密特电路整形成矩形波（开关信号）后输出。圆盘上固定有 6 块磁钢，圆盘每转一周，靠近霍尔传感器 6 次，霍尔电动势相应变化 6 次，输出电压经放大、整形，单片机利用脉冲信号计数电路就可以测量圆盘转速了。

图 1.7.14 所示为电压源和转速/频率表，该电压源提供 2~12 V 的连续可调电压，转速/频率表用以显示电动机转速。

转速测量方法与步骤如下。

（1）将霍尔转速传感器装于传感器支架上，探头对准反射面的磁钢，距离以 2~3 mm 为宜。

（2）霍尔转速传感器红线为电源输入端，接 +15 V，蓝线为输出端，接转速表"fi"，黑线接地。

（3）将 +4~+12 V 可调电源输出端接到电压表以监测电压变化，并接到转动源的 +2~+24 V 红色插孔，黑色插孔接地。

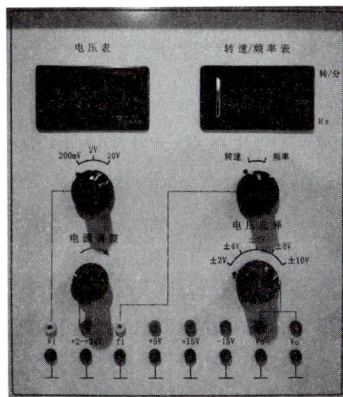
图 1.7.14　转速表及电压源

（4）将转速/频率表波段开关拨到转速挡，此时数显表指示转速，记录转速值后切换到频率挡，记录频率值于表 1.7.1 中。

（5）开启主电源，根据电压表显示的输入电压，调节电压调整旋钮使电动机带动圆盘旋转，从 4 V 开始记录每增加 1 V 后的转速值（待电动机转速比较稳定后读取数据），观察电动机转速的变化，画出电动机的 V-n 特性曲线。

霍尔传感器测转速

表 1.7.1　霍尔传感器测量转速记录表

电压 V/V	4	5	6	7	8	9	10	11	12
速度 n/(r·min^{-1})									
频率/Hz									

（6）测量完毕后关闭电源，整理设备。

■ 任务评价与反馈

完成任务后，请将评价记录到表 1.7.2 中。

表 1.7.2　任务评价表

项目	配分	评分标准	自评	互评	师评	平均
绘制主轴转速测量系统原理框图	15	绘制清晰、有条理且完整				
电路仿真	30	电路绘制完整，实现了仿真功能				
霍尔传感器测量转速与频率	25	①能正确连接电路(5分) ②能正确识读电压表读数(5分) ③能正确识读转速/频率表读数(5分) ④完成测量并完整记录数据(5分) ⑤数据分析特性图准确、清晰(5分)				
学习态度	10	按时认真学习、遵守操作规范				
安全文明操作	10	安全文明使用仪器设备，爱护公物				
6S 管理规范	10	遵守操作规范				
合计						

■ 任务知识讲解

一、霍尔元件的结构原理

霍尔元件的材质为金属或半导体，常采用 N 型硅材料，霍尔元件的壳体用塑料、环氧树脂等制造。图 1.7.15 所示为霍尔元件结构示意图，它是一个四端元件，其中一对引脚 a、b 端为激励电流端，另外一对引脚即 c、d 端为霍尔电动势输出端。

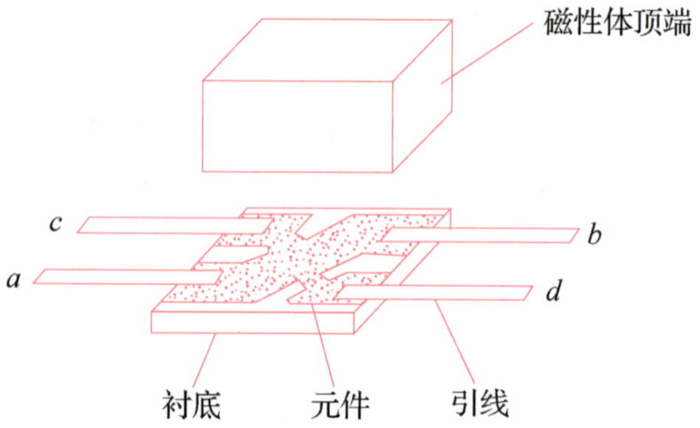

图 1.7.16 所示为霍尔传感器工作原理示意图，图中长方体薄片为霍尔传感器，被上、下两块磁铁产生的磁场穿过。

图 1.7.15　霍尔元件结构示意图

　　金属或半导体薄片置于磁感应强度为 B 的磁场中，磁场方向垂直于薄片，当有电流 I 流过薄片时，在垂直于电流和磁场的方向上将产生电动势 E_H，这种现象称为霍尔效应，该电动势称为霍尔电动势，半导体薄片称为霍尔元件，用霍尔元件做成的传感器称为霍尔传感器。

　　产生霍尔电动势的原因是半导体中的电子受到了洛伦兹力的作用而发生了偏移，结果在两个端面处集中了异性电荷，呈现了电场效应，对外表现出电压效应。

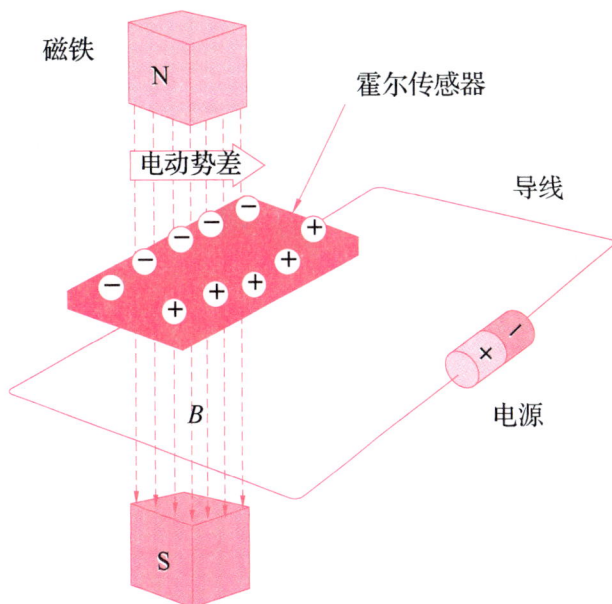

图 1.7.16　霍尔传感器工作原理示意图

　　研究可知，流入激励电流端的电流 I 越大，作用在霍尔元件上的磁场强度 B 越强，霍尔电动势就越高。霍尔电动势 E_H 可用下式表示，即

$$E_H = K_H IB \tag{1.7.1}$$

式中：K_H 为霍尔元件的灵敏度。

　　若磁感应强度 B 不垂直于霍尔元件，如图 1.7.17 所示，而是与其法线成某一角度 θ 时，则作用于霍尔元件上的有效磁感应强度是其法线方向（与薄片垂直的方向）的分量，即 $B\cos\theta$，这时霍尔电动势为

$$E_H = K_H IB\cos\theta \tag{1.7.2}$$

　　由式（1.7.2）可知，霍尔电动势与输入电流 I、磁感应强度 B 成正比，且当穿过霍尔元件的磁场方向改变时，霍尔电动势的方向也随之改变。如果所施加的磁场为交变磁场，则霍尔电动势为同频率的交变电动势。

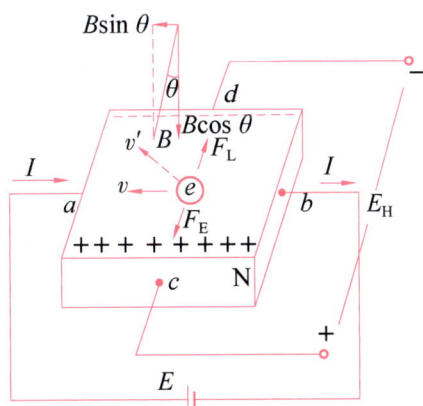

图 1.7.17　磁场非垂直穿过霍尔传感器效果示意图

图 1.7.18 所示为霍尔传感器实物和图形符号。由前述可知,霍尔传感器是一个四端器件,而从实物图中看到的却只有 3 个引脚,原因是提供激励电流的电源地端和感应电压输出的地端连接在了一起,省去了一个引脚。

图 1.7.18　霍尔传感器实物及图形符号

霍尔传感器的主要性能指标

二、霍尔传感器的类型及应用

霍尔传感器按照输出信号形式,可分为开关型和线性型两大类。而根据具体应用则有霍尔电压传感器、霍尔电流传感器、霍尔电能表、霍尔高斯计、霍尔液位计、霍尔加速度计等。

随着科技的进步,霍尔元件和恒流源、线性差动放大器等集成在一个芯片上,即霍尔集成电路。其优点是体积小、灵敏度高、输出幅度大、温漂小、对电源稳定性要求低等,输出电压为伏级,比直接使用霍尔元件方便得多。

1. 开关型霍尔传感器

将霍尔元件、稳压电路、放大器、施密特触发器、OC 门(集电极开路输出门)等电路做在同一个芯片上。当外加磁场强度超过规定的工作点时,OC 门由高阻态变为导通状态,输出变为低电平;当外加磁场强度低于释放点时,OC 门重新变为高阻态,输出高电平。图 1.7.19 所示为开关型霍尔集成电路内部电路框图及其施密特输出特性。

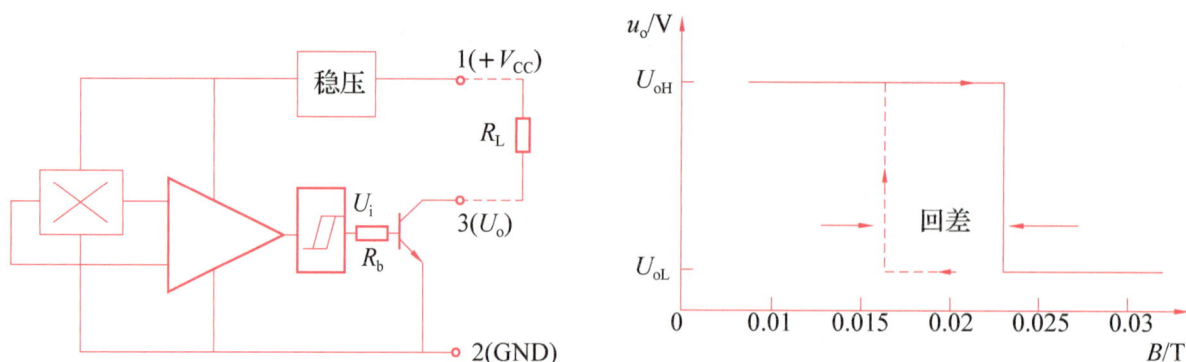

图 1.7.19　开关型霍尔集成电路内部电路框图及其施密特输出特性

用霍尔接近开关也能实现开关功能,但它只能用于铁磁材料,并且需要建立一个较强的闭合磁场。

图 1.7.20 所示为霍尔传感器控制机床工作台或机器人手臂往复运动示意图。在该图中,

磁极的轴线与霍尔接近开关的轴线在同一直线上。当磁铁随运动部件移动到距霍尔接近开关几毫米时，霍尔接近开关的输出由高电平变为低电平，经驱动电路使继电器吸合或释放，并控制运动部件停止移动，从而起到限位的作用，避免机械部件的撞击而引起损坏。

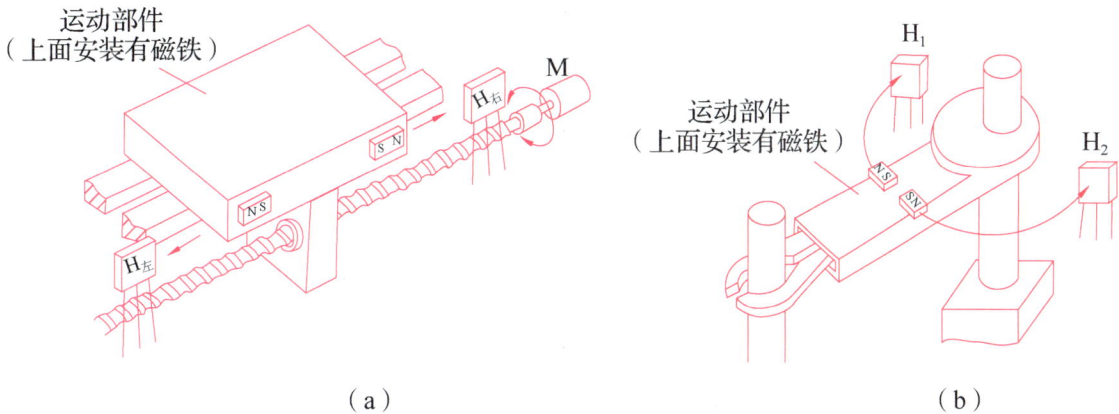

（a）　　　　　　　　　　　　　　　　　　　（b）

图1.7.20　霍尔传感器控制机床工作台或机器人手臂往复运动示意图

（a）控制机床工作台往复运动；（b）控制机器人手臂偏转运动

图1.7.21所示为测量转速的几种方式。第一种为磁铁与转盘固定在一起，每当磁铁靠近霍尔传感器时，后者便发出一个脉冲信号，车床的主轴测速可采用这种安装方式。第二种为旋翼式，磁铁和霍尔接近开关保持一定的间隙且固定不动。软铁制作的分流翼片随轴转动，当它移动到磁铁与霍尔接近开关之间时，磁力线被屏蔽，无法到达霍尔接近开关，所以此时霍尔传感器输出电平发生跳变。改变分流翼片的宽度可以改变霍尔传感器输出脉冲信号的占空比，即一个周期内高电平时间与周期之比。第三种为铁磁性齿轮式霍尔传感器测速装置，当齿的突出部位靠近霍尔传感器时，磁阻降低，霍尔传感器可以输出高低变化的电平信号。

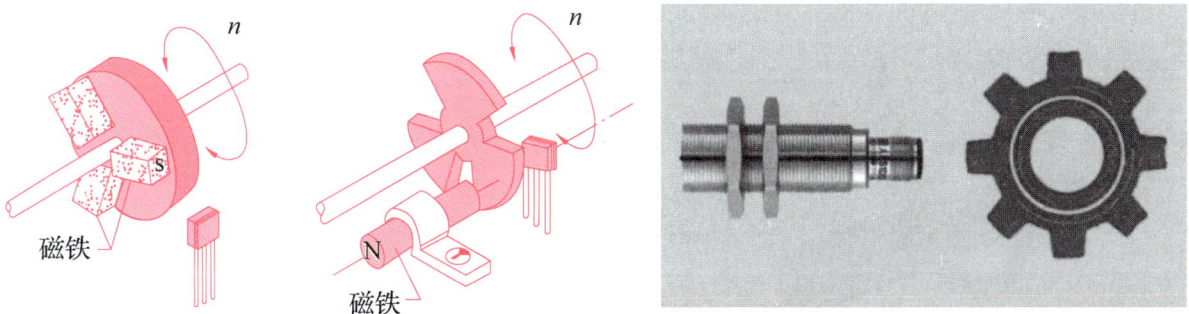

图1.7.21　霍尔传感器测量转速示意图

2. 线性型霍尔传感器

在工业、牵引、电力等领域，电压、电流及功率的计量非常重要。测量低压可以用电压表直接测量，而对于高压就需要有电压互感器变压后进行测量。对于电流的测量，当电流很小时可以用电流表直接串入到电路中去测量，稍大点的电流可以用分流器测量，但是这种方法测量精度低、隔离程度低，电流超过 7 000 A 以上时分流器无法使用。

霍尔电流传感器是测量电流的一种新型设备，它具有测量精确度高、隔离程度高、线性好、安装更换简便等优点，所以逐渐取代了比较笨重的电流互感器。

霍尔电流传感器的工作原理是：霍尔元件在聚集磁路中检测到与原边电流成比例关系的磁通量后输出霍尔电压信号，经放大后输送到显示仪表或计算机采集以直观反映电流的大小。

线性型霍尔传感器主要指霍尔电流传感器或霍尔电压传感器。测量直流电流时，弱电回路与主回路隔离，能够输出与被测电流波形相同的电压信号，它与微处理器的接口电路简单，且准确度高、线性度好、响应时间短、频带宽，不会产生过电压等，因此应用广泛。

霍尔电流传感器能测量高达 2 000 A 的电流，可以测量高达 100 kHz 的正弦波和较难测量的高频窄脉冲；其低频端一直延伸到直流电；响应时间短，电流上升率大，因此霍尔电流传感器所在电路应与被测电路之间隔离，其击穿电压高。

霍尔电流传感器测量电流的原理如图 1.7.22 所示。用圆环形导磁材料做成铁芯，套在被测电流流过的导线（也称电流母线）上，目的是将导线中电流感生的磁场聚集在铁芯磁路中。在铁芯上开一个与霍尔传感器厚度相等的气隙，将线性型霍尔传感器紧紧地夹在气隙中央。电流母线通电后，磁力线就集中通过铁芯中的霍尔电流传感器，而穿过铁芯的磁通量正比于被测电流值，所以霍尔电流传感器输出与被测电流成正比的电压或电流。

图 1.7.23 所示为线性型霍尔电流传感器输出特性曲线。横坐标为磁场强度，纵坐标为输出电压值。从曲线中段看，它具有较好的线性度。

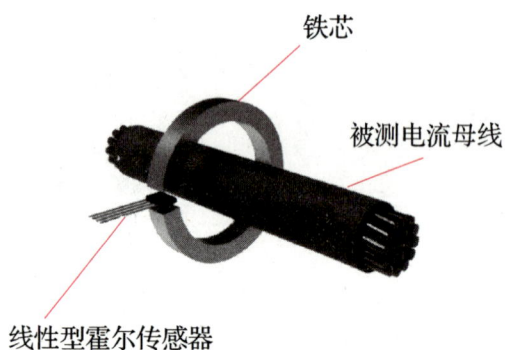

图 1.7.22 线性型霍尔电流传感器
测量电流示意图

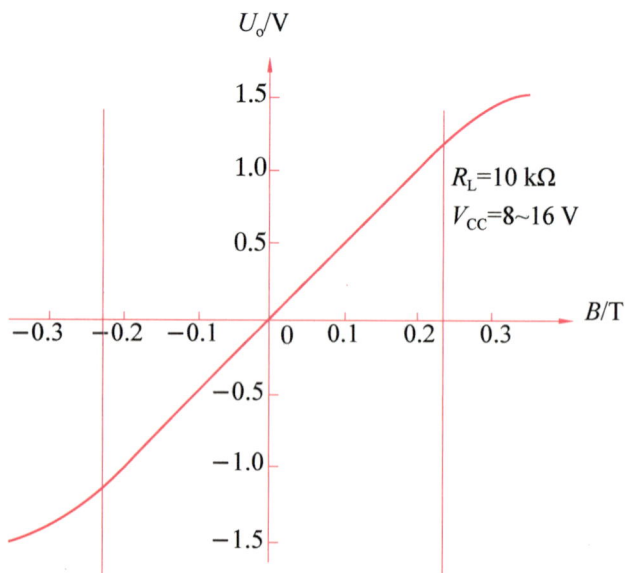

图 1.7.23 线性型霍尔电流传感器
输出特性曲线

根据前述，霍尔电流传感器测量电流依据以下公式，即

$$\frac{N_P}{N_S} = \frac{I_S}{I_P}$$

(1.7.3)

式中：I_P 为被测电流；I_S 为霍尔电流传感器的输出电流；N_P 为被测导线穿过铁芯的匝数，一般取 $N_P = 1$；N_S 为厂家所设定的霍尔传感器比例系数（相当于霍尔元件对应铁芯的匝数）。

依据霍尔电流传感器的额定技术参数（包括 N_P/N_S 值）及其输出电流 I_S，由式（1.7.3）可以计算出被测电流值。

如果一个额定值很高的传感器、而待测量的电流值又低于额定值很多时，为提高测量准确度，可以把被测导线在铁芯中间多绕几圈。其缺点是当被测导线在铁芯之间穿绕的匝数太多时，被测回路的感抗将增大，可能产生测量误差。

霍尔传感器易于设计电路，图 1.7.24 是一种简单的信号放大电路，可以满足不同场合对电压信号的需求。

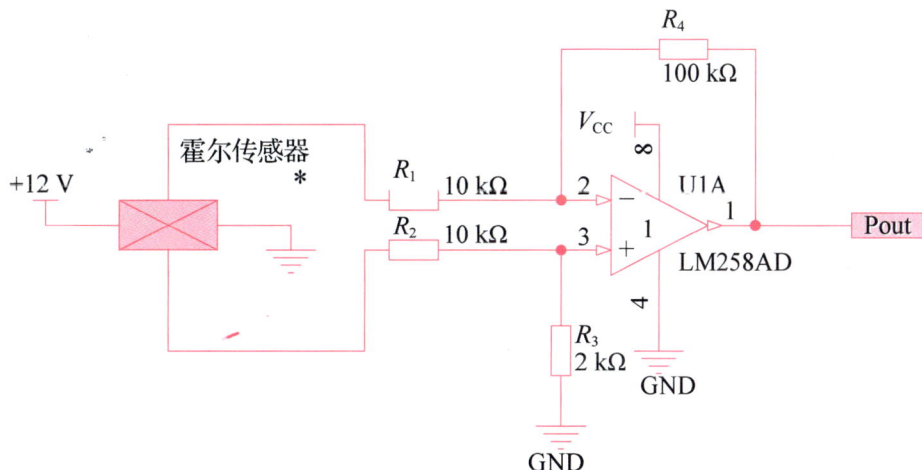

图 1.7.24　霍尔传感器信号放大电路

霍尔传感器应用广泛，它能检测磁场及其变化，可测量力、转速、角速度、折叠线速度、位移，或者测量任意波形的电流和电压、折叠力等，还可以用作无触点开关、隔离检测、非接触开关、位置控制，以及测量汽车制动器、汽车点火等参数的变化，在安全报警装置、纺织控制系统、智能水表、电表、气表、智能门锁、蓝牙耳机、便携式榨汁杯、扫地机器人、汽车开关门检测等方面得到大量应用。

知识拓展
磁敏电阻传感器

习 题

一、填空题

(1)在很小的矩形_____薄片上，制作4个电极就成为霍尔元件。

(2)霍尔元件的最大激励电流大约以_____为宜。

(3)霍尔传感器采用恒流源激励是为了_____。

(4)霍尔集成电路将_____、_____、_____等做在一个芯片上，输出电压为伏级，比直接使用霍尔元件方便得多。

(5)霍尔传感器的应用有_____、_____、_____、_____、_____。

(6)磁阻传感器的工作原理是_____。

(7)磁阻传感器的应用有_____、_____、_____、_____。

二、计算题

如图 1.7.22 所示，设该霍尔电流传感器的额定电流值为 $I_{PN} = 500$ A，其 $N_P/N_S = 1/1\ 000$，霍尔传感器所在电路测得的电流值为 0.29 A，求被测电路的电流值。

三、简答作图题

在图 1.7.17 中，半导体薄片置于磁感应强度为 $B = 0.2$ T 的均匀磁场中，磁场方向垂直于薄片，若沿 ab 方向通以电流 $I = 2$ mA，cd 方向将会产生电动势 E_H。

(1)这种现象称为什么效应？该半导体薄片是什么元件？

(2)画出该元件的图形符号。

(3)用该元件制成的传感器，灵敏系数为 22 V/(A·T)，当 $\theta = 0°$ 时，其输出电动势 E_H 是多少？

四、应用拓展

请设计一种霍尔式自动往返控制小车，并简述控制原理。

任务八　管道探伤——超声波传感器的应用

任务描述

管道是一种用于输送气体、液体或固体物料的管状构造物。它广泛应用于化工、石油、天然气、食品、医药、冶金、能源、建筑等行业，是现代工业生产中必不可少的基础设施。对管道进行无损检测，确保安全运行已成为重要课题。

现需对一批管道进行无损检测，检查内部有无缺陷。要求安全、直观、经济、便捷。

学习目标

【素质目标】

(1)培养学生的社会责任感。

(2)培养学生的学习能力、创新能力和解决问题的能力。

【知识目标】

(1)理解超声波传感器的类型及结构特点。

(2)掌握超声波传感器的工作原理。

(3)理解常用超声波传感器测量电路的构成及原理。

【能力目标】

(1)会分析超声波传感器检测电路的工作原理。

(2)会常用超声波传感器的接线及使用方法。

任务分析

　　无损检测是一种不损害工件表面或不影响工件使用寿命条件下获取其内部缺陷信息的技术操作。传统上，无损检测中有五大常规方法，包括射线检测(RT)、超声检测(UT)、磁粉检测(MT)、渗透检测(PT)及涡流检测(ECT)。其中，射线检测和磁粉检测对人体有一定的危害，渗透检测成像不直观，涡流检测只适用于检测金属表面缺陷，需要专业人员分析判断，制定检测方案，检测成本高。而超声波检测不损害、不影响被检对象使用性能，能对不透明材料内部结构精准成像。此外，超声波检测还具有以下优势：适用范围广，对金属、非金属、复合材料等都能检测；缺陷定位较准确；对面积型缺陷敏感，灵敏度高；成本低，速度快，对人体、环境无害。

　　因此，本任务采用超声波检测。图1.8.1所示为工人正在施工现场用超声波探伤仪进行管道探伤。

图1.8.1　用超声波探伤仪进行管道探伤

■ 任务实施

一、确定温度测控系统原理框图

超声波是振动频率高于 20 kHz 的机械波。当超声波在介质中传播遇到两层声阻抗不同的介质界面时，在该界面会产生反射回声。

采用一定方法将声源产生的超声波发射入被测工件内部。如果工件中存在缺陷，这个缺陷与工件材料之间就会形成一个交界面。由于交界面之间的声阻抗不同，超声波遇到交界面后就会发生反射。反射回来的超声波信号被接收到，通过对接收到的超声波信号进行分析，可判断工件内部情况，如图 1.8.2 所示。

通过检测一定空间中有无异物以及异物位置可以探测管道是否存在损伤。本任务中选用价低、易购的 HC-SR04 超声波模块，图 1.8.3 所示为 HC-SR04 超声波传感器模块实物外形。

图 1.8.2　超声波检测原理　　　图 1.8.3　HC-SR04 超声波传感器模块实物外形

HC-SR04 超声波模块一般由超声波发射器、接收器与控制电路构成，图 1.8.4 所示为 HC-SR04 超声波传感器模块电路框图。

（1）信号处理与控制电路。一般由单片机构成。主要任务：一是接收触发信号，产生 8 个 40 kHz 方波；二是处理回波放大信号，并根据信号的收发情况对 Echo 置"0"或置"1"。

（2）发射器部分。主要是在控制电路的控制下，对 8 个 40 kHz 的脉冲进行电平转换、功率放大，进而驱动发射超声波。此部分电路可由 MAX232 等芯片完成。

图 1.8.4　HC-SR04 超声波传感器模块电路框图

（3）接收器部分。接收回波，并转换为电信号放大。放大电路多采用集成运放芯片，如 TL074、LM324 等。最后转换为数字信号送给控制器。

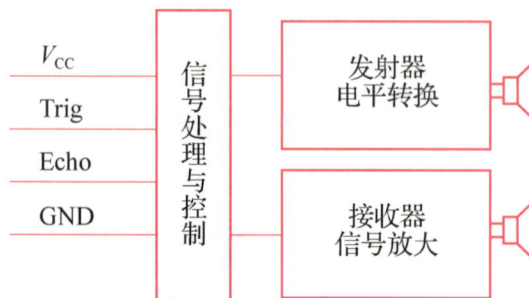

具体电路有多种形式，但它们的引脚、工作过程是完全相同的，只是参数稍有区别。HC-SR04 超声波模块有 4 个引脚，如图 1.8.4 所示，分别是 V_{CC}（+5 V）、Trig（控制端）、Echo（接收端）、地（GND）。

HC-SR04 超声波测距模块主要参数如表 1.8.1 所示。

表 1.8.1　HC-SR04 超声波测距模块主要参数

参数	典型值
工作用电压	直流 5 V
静态工作电流	15 mA
工作频率	40 kHz
测量范围	2~400 cm
精度	0.3 cm
测量角度	15°
触发输入信号	10 μs TTL 脉冲

HC-SR04 超声波模块工作过程如图 1.8.5 所示。

（1）将超声波模块接入电源。

（2）在脉冲触发引脚（Trig）输入脉宽大于 10 μs 的高电平脉冲。

（3）接收到触发脉冲后，模块会自动发射 8 个 40 kHz 的声波，与此同时回波引脚（Echo）端的电平会由 0 变为 1。

（4）发射出去的超声波遇到物质界面发生反射，反射回来的超声波即回波。回波被模块超声波探头收到后转换成电信号，经过信号放大和处理电路，最后把 Echo 端电平置 0。

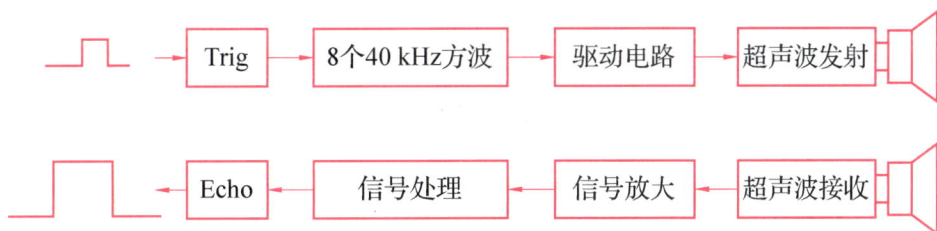

图 1.8.5　HC-SR04 超声波模块工作过程

为直观显示空间异物的情况，可直接观测回波放大后的信号。

根据任务分析，进行系统设计，画出超声波探伤系统的基本组成框图，如图 1.8.6 所示。

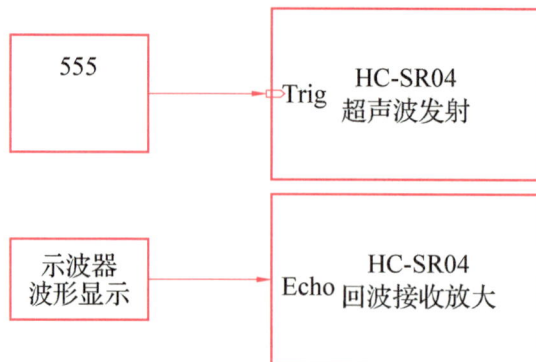

图 1.8.6　超声波探伤系统框图

二、电路设计

经过分析，了解了系统的基本框架，根据 HC-SR04 超声波传感器的特点，信号的发射、信号的采集与转换、信号的放大与处理已由模块电路完成，接下来的主要任务是完成触发信号的产生和检测结果的显示设计。

1. 触发信号的产生

HC-SR04 触发信号波形要求如图 1.8.7 所示。

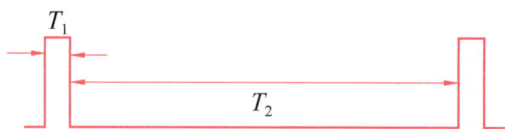

图 1.8.7　HC-SR04 触发信号波形要求

（1）HC-SR04 触发信号高电平持续时间 T_1 不少于 10 μs。

（2）为防止发射信号对回波信号的影响，T_2 最好在 60 ms 以上。

（3）脉冲的低电平时间要远大于高电平时间，即 $T_2 \gg T_1$。

能产生方波的电路有多种，这里采用典型 555 多谐振荡电路。由 555 定时器构成的多谐振荡电路，具有电路简单、易于调试且芯片非常通用的优点。图 1.8.8 所示为由 555 定时器构成的触发信号电路。

图 1.8.8 中，二极管 VD_1 与 R_2 并联，V_{CC} 通过 R_1、VD_1 给电容 C_1 充电，由于 R_1 较小，VD_1 导通阻值也很小，很快充电至

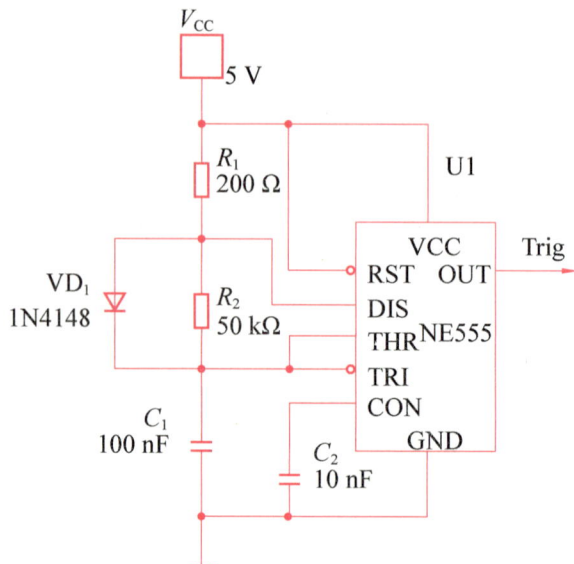

图 1.8.8　触发信号电路

阈值电压(约为 $0.67V_{CC}$)。C_1 放电时通过 R_2 到 555 芯片的第 7 脚 DIS,R_2 远大于 R_1,所以放电到触发电平(约为 $0.33V_{CC}$)所需要的时间较长,这样即可得到占空比较小的窄脉冲波形(具体的占空比和周期参数,只要符合触发信号要求即可)。为能较稳定地观测到异物波形,T_2 时间可稍短些。

2. 检测结果显示

HC-SR04 超声波模块对回波信号先进行模拟放大,再转换成数字信号(低电平)从 Echo 脚输出。用示波器检测运放芯片信号放大输出脚,即可观察到介质中有无异物和异物的远近等情况(由于 HC-SR04 模块的信号放大电路有所不同,因所用模块的运放为 LM324,可测 1 脚的信号)。表 1.8.2 所示为示波器显示超声波探测异物(缺陷)的各种情况。

表 1.8.2 示波器显示超声波探测异物(缺陷)的各种情况

超声波探头与异物(缺陷)位置	示波器测得波形	说明
		探测范围内无异物
		异物反射面积 S_1 与探头距离 d_1
		异物反射面积 S_2 与探头距离 d_2 $S_2 = S_1$ $d_2 > d_1$
		异物反射面积 S_3 与探头距离 d_3 $S_3 < S_1$ $d_3 = d_1$

注:由于电路过于简单,噪声和抖动在所难免。

三、电路仿真

利用 Multisim 软件画出电路图,对图 1.8.8 所示的触发信号电路设置参数,进行仿真试验,观测触发脉冲波形,仿真结果如图 1.8.9 所示。

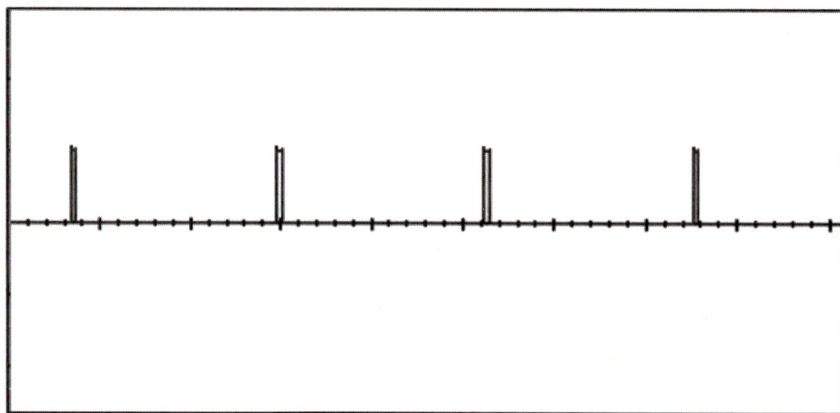

图 1.8.9　仿真结果

■ 实训练习 ✎

本实训任务是用超声波模块 HC-SR04 测定空间中物体的距离。目的是掌握超声波模块 HC-SR04 的用法及工作过程,理解超声波传感器的工作原理。

超声波传感器实验

实训步骤如下。

(1)检查实训器材,核对表 1.8.3 所示超声波实训材料清单。

表 1.8.3　超声波实训材料清单

名称	数量	名称	数量	名称	数量
NE555 芯片	1	10 nF 电容	1	镊子	1
200 Ω 电阻	1	HC-SR04	1	数字万用表	1
50 kΩ 电阻	1	直流 5 V 电源	1	数字示波器	1
1N4148 二极管	1	面包板	1	示波器探头	1
100 pF 电容	1	公头杜邦线	10		

(2)在面包板上插接图 1.8.8 所示的触发信号电路。

(3)检查无误后,接入 5 V 电源,示波器通电开机,探头接于 NE555 第 3 脚 OUT 端,按下"AUTO"自动获取键,观测波形,并记录。

波形:

周期：_____ ms；脉冲宽度：_____ ms。

判断是否符合触发信号波形要求。

（4）将电路断电，正确接入超声波模块 HC–SR04。

$$V_{CC}——+5\ V$$

$$GND——GND$$

Trig——NE555 第 3 脚

Echo——示波器探针

注意：

①模块电源一定不要接反，否则会烧坏；

②此模块不宜带电连接，若要带电连接，则让模块的 GND 端先连接，否则会影响模块正常工作。

（5）接线无误后，闭合电路开关，在超声波模块 HC–SR04 正前方放置物体（如书本或手，被测面积不可过小），按下"AUTO"自动获取键，观察记录波形，填写表 1.8.4。

表 1.8.4　回波测量与计算

物体与探头距离 s/cm	1	10	20	40	>400
波形					
脉冲宽度 T/ms					
计算距离 L/cm					
误差/cm					

（6）实训结束后，关闭电源，实训器材归位，整理工位。

（7）计算分析。

根据测量数据，计算并填写数据于表 1.8.4 中，其中：

$$T = t_1 + t_2 \tag{1.8.1}$$

式中：t_1 为超声波从发射器发送出去遇到物体的时间；t_2 为超声波反射回到接收器所花费的时间。

如图 1.8.10 所示，超声波收、发器与物体距离相等，由式（1.8.1）可得

$$t_1 = t_2 = \frac{T}{2} \tag{1.8.2}$$

在 1 个标准大气压且 15 ℃时，空气中声速约为 340 m/s，即 34 cm/ms。那么，物体与收、发器的距离 L 为

$$L = T \cdot \frac{\left(\dfrac{34 \text{ cm}}{\text{ms}}\right)}{2} \qquad (1.8.3)$$

如果考虑温度和湿度的影响，可用以下公式，即

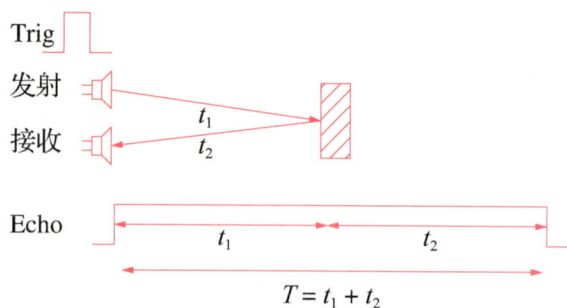

图 1.8.10　超声波模块 HC-SR04 测量过程

$$v(\text{m/s}) = 331.4 + (0.606t) + (0.0124h) \qquad (1.8.4)$$

式中：v 为速度；t 为温度(℃)；h 为相对湿度。

分析当 $s=1$ cm 时的波形产生原因(此时测量范围减小)。

任务评价与反馈

完成任务后，请将评价记录到表 1.8.5 中。

表 1.8.5　任务评价表

项目	配分	评分标准	自评	互评	师评	平均
绘制超声波探伤系统框图	10	能认真绘制完整的系统原理框图				
电路仿真	20	①电路完整、器件选择合适(18 分) ②电路仿真正确(2 分)				
超声波检测	40	①能正确连接电路(10 分) ②能正确识读波形含义(10 分) ③能正确识读测量波形参数(10 分) ④能正确运用公式计算(10 分)				
学习态度	10	按时认真学习、遵守操作规范				
安全文明操作	10	安全文明使用仪器设备，爱护公物				
6S 管理规范	10	遵守操作规范				
合计						

任务知识讲解

人们能听到声音是由于物体振动产生的，其频率在 20 Hz~20 kHz 范围内，超过 20 kHz 的声波称为超声波，低于 20 Hz 的声波称为次声波。常用的超声波频率为几十千赫至几十兆赫。超声波是一种在弹性介质中的机械振荡，有两种形式，即横向振荡(横波)和纵向振荡(纵波)。

在工业应用中主要采用纵向振荡。超声波可以在气体、液体及固体中传播，其传播速度不同。另外，它也有折射和反射现象，并且在传播过程中有衰减。在空气中传播超声波，其频率较低，一般为几十千赫，而在固体、液体中则频率可用得较高。在空气中衰减较快，而在液体及固体中传播，衰减较小，传播较远。

一、超声波传感器的结构原理

超声波的产生有两种类型：一是用电气方式产生超声波；二是用机械方式产生超声波。电气方式包括压电型、磁致伸缩型和电动型等；机械方式有加尔统笛、液哨和气流旋笛等。它们所产生的超声波频率、功率和声波特性各不相同，因而用途也各不相同。目前较为常用的是压电式超声波发生器。

压电式超声波发生器的主要材料有压电晶体（电致伸缩）和镍铁铝合金（磁致伸缩）两类。电致伸缩的材料有锆钛酸铅（PZT）等，它可以将电能转变成机械振荡而产生超声波，同时它接收到超声波时，也能转变成电能。图 1.8.11 所示为超声波产生和能量转换的形式。

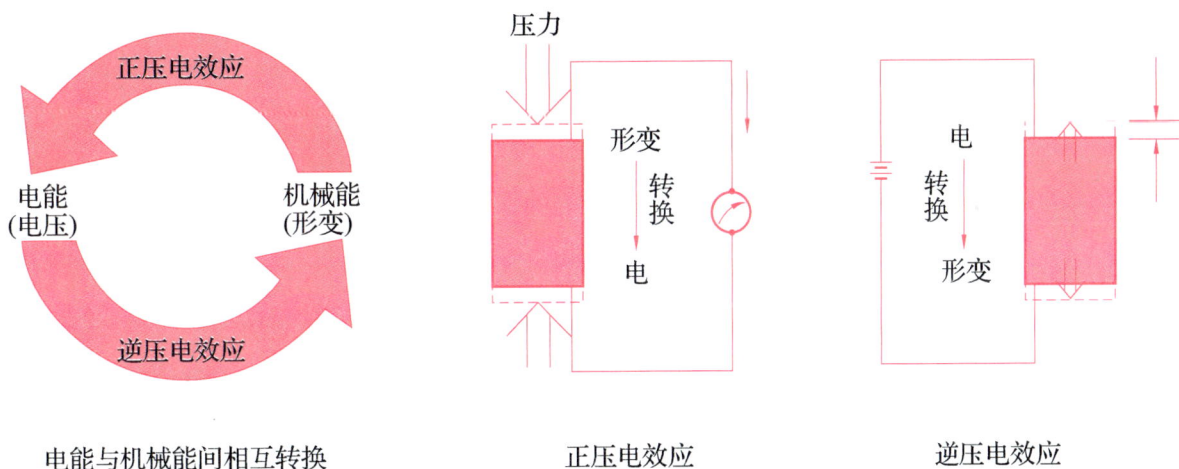

图 1.8.11　超声波的产生与能量转换

超声波传感器一般由 4 部分构成。

（1）发送器。通过振子（一般为陶瓷制品，直径约为 15 mm）振动产生超声波并向空中辐射。

（2）接收器。振子接收到超声波时，根据超声波发生相应的机械振动，并将其转换为电能量，作为接收器的输出。

（3）控制部分。通过集成电路控制发送器的超声波发送，并判断接收器是否接收到信号（超声波）以及已接收信号的大小。

（4）电源部分。超声波传感器通常采用电压为直流 $(1\pm10\%)\times12$ V 或 $(1\pm10\%)\times24$ V 外部直流电源供电，经内部稳压电路供给传感器工作。

图 1.8.12 所示为由发送器和接收器组成的超声波传感器探头。

若对传感器的发送器内谐振频率为 40 kHz 的压电陶瓷片施加 40 kHz 高频电压，则压电陶瓷片就根据所加高频电压极性伸长与缩短，于是发送 40 kHz 频率的超声波，其超声波以疏密形式传播。接收器是利用压力传感器所采用的压电效应的原理，即在压电元件上施加压力，使压电元件发生应变，则产生一面为"+"极，另一面为"-"极的 40 kHz 正弦电压。因该高频电压幅值较小，故必须进行放大。

图 1.8.12 超声波传感器探头

二、超声波传感器的应用

超声波传感器自发明以来，在国防、医学、工业和汽车领域获得了广泛的应用。超声波传感器可用于测量距离、液位、流量、浓度、浊度、氧含量、温度、计数等。常见的具体应用如下。

超声波传感器的种类及特点

（1）超声波传感器可以对集装箱状态进行探测。将超声波传感器安装在塑料熔体罐或塑料粒料室顶部，向集装箱内部发出超声波时，就可以据此分析集装箱的状态，如满、空或半满等。

（2）超声波传感器可用于检测透明物体、液体，任何表面粗糙度、光滑度、光的密致材料和不规则物体。但不适用于室外、酷热环境或压力罐以及泡沫物体。

（3）超声波传感器可以应用于食品加工厂，实现塑料包装检测的闭环系统控制。配合新的技术可在潮湿环境（如洗瓶机）、噪声环境、温度极剧烈变化环境等进行探测。

（4）超声波传感器可用于探测液位、探测透明物体和材料，控制张力以及测量距离，主要用于包装、制瓶、物料搬检、塑料加工以及汽车行业等。

（5）超声波传感器可用于流程监控以提高产品质量、检测缺陷、确定有无以及其他方面。

（6）无损探伤和超声波测量厚度。超声波探伤是目前应用十分广泛的无损探伤手段，它既可检测材料表面的缺陷，又可检测内部几米深的缺陷，这是 X 光探伤所达不到的深度。

（7）诊断疾病。超声波已经成为临床医学中不可缺少的诊断方法。超声波诊断的优点是：对受检者无痛苦、无损害、方法简便、显像清晰、诊断准确率高等。因而推广容易，受到医务工作者和患者的欢迎。

在选用超声波传感器时要注意它的不足之处，如测距速度不如激光测距和毫米波测距；超声波有一定的扩散角，只能测量距离，不能测量方位，所以只能在低速时使用；发射信号和余振的信号都会对回波信号造成覆盖或者干扰，因此在低于某一距离后就会丧失探测功能。

超声波探伤仪

习　题

一、简答题

(1)什么是压电效应?

(2)简述超声波传感器的构成和工作原理。

(3)简述超声波模块 HC-SR04 的测距原理。

(4)超声波传感器有哪些应用?

(5)超声波传感器有哪些种类?

(6)声呐与超声波传感器一样吗?

二、计算题

某同学利用 HC-SR04 超声波模块设计了一款测距电路,触发脉冲宽度为 0.1 ms,触发周期为 60 ms。在测书本距离时,用示波器测得 Echo 端高电平保持时间为 1.2 ms,不考虑环境因素,书本与超声波模块间的距离约为多少?

知识拓展 声呐

任务九　金属工件尺寸测量——电涡流传感器的应用

任务描述

某机械加工厂受委托加工一批金属件,工件为直径 50.00 mm、高度 20.00 mm 的圆柱体,要求工件的高度误差小于 0.50 mm,并为每个工件出具合格证书,且注明误差值。为此请选择合适的传感器,设计电路用于测量工件尺寸误差,完成测量并显示结果,然后发出声音以提示完成测量。之后测量下一工件。

学习目标

【素质目标】

(1)培养学生掌握好的学习方法、积极主动的学习及合作能力。

(2)培养学生的文化素养、审美能力及文化传承意识。

【知识目标】

(1)熟练掌握电涡流传感器的类型及结构特点。

(2)熟练掌握电涡流传感器的工作原理。

(3)理解常用电涡流传感器检测与控制电路的工作原理。

【能力目标】

(1)能够表述电涡流传感器测量位移的工作原理。

(2)会操作电涡流传感器测量位移电路的接线,并完成测量过程。

任务分析

测量工件尺寸误差可通过测量距离或位移的方法间接获得。测量位移或尺寸的传感器比较多,如电位器式、磁致伸缩式、光栅式、线性差动变压器式、激光式、电涡流式、电容式、霍尔式、超声波式传感器及图像处理法等,那么如何选用呢?

电涡流传感器能测量探头表面与金属导体间的距离,能准确测量被测物体(金属导体)与其探头端面之间的相对位移变化。它有许多优点,如体积小、可靠性高、测量范围宽、灵敏度高、分辨率高、不受潮湿及灰尘的影响,是一种非接触的线性化测量。

因此,本任务选择电涡流传感器。为简化设计电路,选择前置器与传感器探头一体化的电涡流传感器。前置器给探头线圈提供高频交流激励信号,探头检测与金属导体的间距变化,经前置器处理转换为对应的线性电压或电流。图1.9.1所示为电涡流传感器实物。

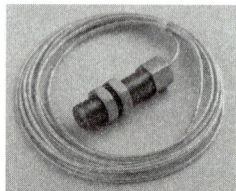

图 1.9.1　电涡流传感器实物

任务实施

一、确定尺寸测量系统原理框图

完成本设计的要求应先设计出其检测系统原理框图。

1. 信号采集与转换

采用一体化的电涡流位移传感器来测量其与工件之间的距离,以实现尺寸或误差的测量。经查阅资料,选择型号为 RPY6608 的一体化电涡流位移传感器,它采用先进的贴片工艺技术,将涡流探头、电缆、前置器微型化和集成化,并封装在标准的带螺纹的探头体内。由于电路元件都封装在探头内,无须高频同轴电缆,故提高了可靠性。

此外,一体化的电涡流位移传感器输出标准电流信号或者电压信号,简化了电路设计,选取输出标准 1~5 V 电压信号的型号,则不需要设计信号处理电路。

2. 数据处理电路

测量结果需要数字显示,故电压信号应进行 A/D 转换,采用内部带有 A/D 功能的单片机,能够计算 A/D 结果并求得误差值。

3. 执行机构及显示

单片机将计算结果输送至 LCD 显示器以显示测量结果,同时发出控制信号,驱动蜂鸣器发出声音、点亮发光二极管提示测量完成。

根据任务分析，画出金属工件精度检测系统原理框图，如图 1.9.2 所示。

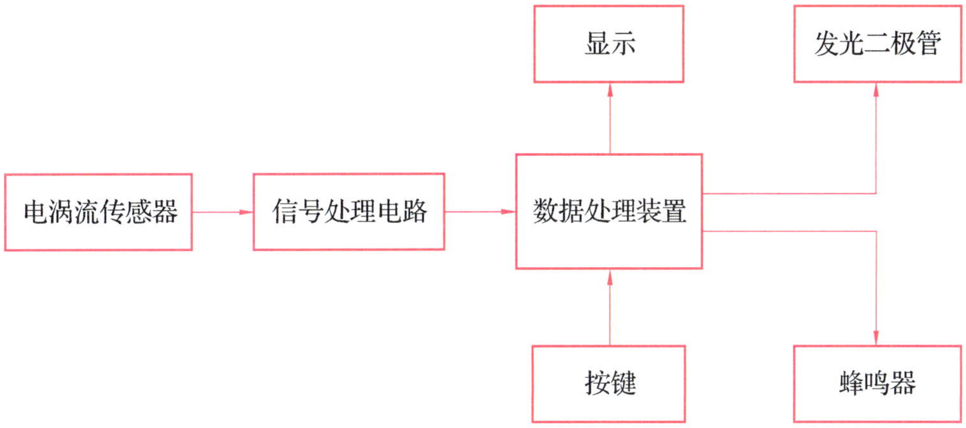

图 1.9.2 金属工件精度检测系统原理框图

二、电路设计

电涡流传感器检测电路有多种方式，图 1.9.3 所示为变频调幅式测量电路原理图。

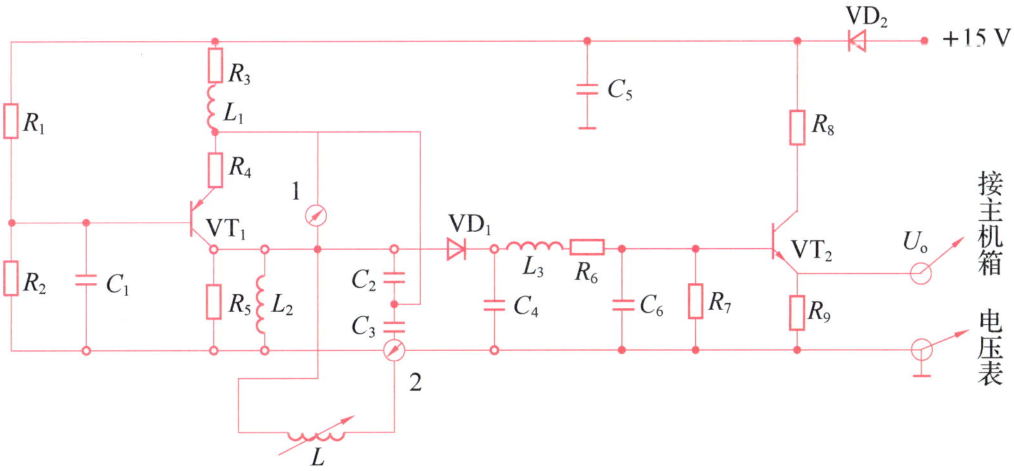

图 1.9.3 电涡流变换器测量电路

VT_1、C_1、C_2、C_3 组成电容三点式振荡器，产生频率为 1 MHz 左右的正弦载波信号。电涡流传感器接在振荡回路中，传感器线圈是振荡回路的一个电感元件。振荡器的作用是将位移变化引起的振荡回路的品质因数 Q 值变化转换成高频载波信号的幅值变化。

VD_1、C_4、L_3、C_6 组成由二极管和 LC 构成的 π 形滤波的检波器。其作用是将高频调幅信号中传感器检测到的低频信号取出来。

VT_2 为射极跟随器，其作用是使输入输出匹配以获得尽可能大的不失真输出幅值。

电涡流传感器是通过传感器端部线圈与被测物体间的间隙变化来测量物体的相对位移量，它与被测物体之间没有直接的机械接触，具有很宽的使用频率范围（0~10 Hz）。当无被测物体时，振荡器回路谐振于 f_0，传感器端部线圈 Q_0 为定值且最高，对应的检波输出电压 U_o 最大。当被测导体接近传感器线圈时，线圈 Q 值发生变化，振荡器的谐振频率发生变化，谐振曲线变得平坦，检波出的幅值 U_o 变小。U_o 变化反映了位移 x 的变化。

三、电路仿真

本任务选用电流输出的一体化传感器，其信号经放大后可以用来控制声光信号，设计如图 1.9.4 所示的声光提示电路。利用 Multisim 软件画出电路图，设置合适的参数，进行仿真测试。图中设置传感器输出电流为 2 mA 时控制点亮发光二极管，微机会模拟蜂鸣器发出响声。

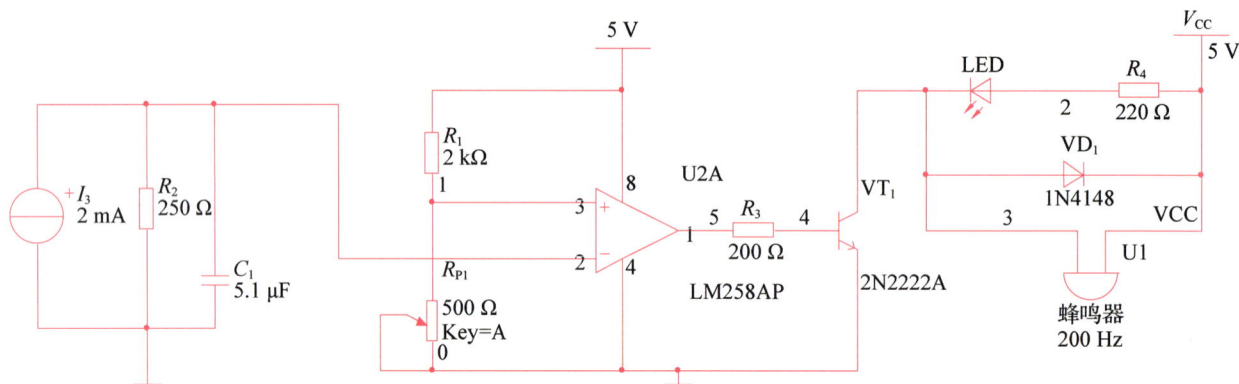

图 1.9.4　声光提示电路仿真示意图及仿真结果

实训练习

电涡流传感器是一种基于涡流效应原理的传感器，它由传感器线圈和被测物体（导电体-金属涡流片）组成。本实训内容是用电涡流传感器测量其探头与金属导体之间的距离，目的是了解电涡流传感器测量位移的工作原理——通过高频电流的线圈产生磁场，当有导体接近时，因导体涡流效应产生涡流损耗，而涡流损耗与导电体和线圈的距离有关，据此能够进行物体的位移测量或者金属工件的尺寸及误差测量。

实训需用到电涡流传感器、铁圆盘、电涡流传感器测量模块电路、直流稳压电源、直流电压表、测微头、导线等。图 1.9.5 所示为电涡流传感器、测微头及模块电路，图 1.9.6 所示为电涡流传感器测量位移模块电路及装配图。

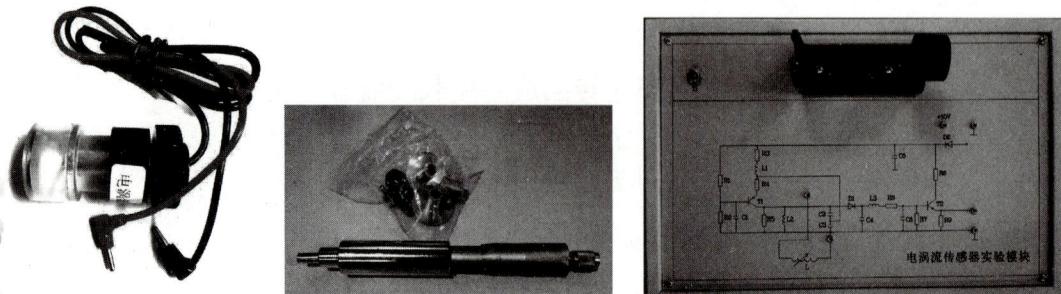

图 1.9.5　电涡流传感器、测微头及模块电路

电涡流传感器测量位移的操作步骤及方法如下。

（1）观察传感器结构，它是一个扁平绕线圈。

（2）根据图 1.9.6 所示安装电涡流传感器、测微头、铁圆片及连线。将电涡流传感器输出线接入模块上对应的插孔中，作为振荡器的一个元件，在测微头端部装上铁质金属圆片，作为电涡流传感器的被测体。

（3）将模块输出端 V_o 与电压表输入端 V_i 相接。电压表量程选择 20 V 挡。用连接导线从主控台接入 +15 V 直流电源到模块上标有 +15 V 的插孔中，同时主控台的"地"与试验模块的"地"相连。

（4）调节测微头使之与传感器线圈端部有机玻璃平面刚好水平接触，开启主控箱电源开关，此时电压表读数应为零，向右旋动测微头，使铁圆片慢慢远离传感器，然后每隔 0.2 mm 记录电压表读数，直到输出几乎不变为止（在传感器两端可接示波器观察振荡波形），将结果填入表 1.9.1 中。

图 1.9.6 电涡流传感器测量位移模块
电路及装配图

表 1.9.1 电涡流传感器测量位移值与输出电压关系表

x/mm							
U_0/V							

（5）测量完毕后关闭电源，整理实训设备归位。

（6）根据表 1.9.1 所列数据，画出 $U_o\text{-}x$ 曲线，根据曲线找出线性区域及进行正、负位移测量时的最佳工作点，试计算量程为 1 mm、3 mm、5 mm 时的灵敏度和线性度（可以用端基法或其他拟合直线）。

电涡流位移

任务评价与反馈

完成测量任务后，请将评价记录到表 1.9.2 中。

表 1.9.2 任务评价表

项目	配分	评分标准	自评	互评	师评	平均
选用位移传感器	10	能正确选用测量位移的传感器				
画系统原理框图	15	能认真绘制完整的系统原理框图				

续表

项目	配分	评分标准	自评	互评	师评	平均
位移测量实训	35	①能正确组装并连接电路（10分） ②能正确识读电压表读数（5分） ③能正确操作并识读测微仪指示值（10分） ④完成测量并完整记录数据（5分） ⑤数据分析图准确（5分）				
电路仿真	10	正确绘制仿真电路并实现仿真功能				
学习态度	10	按时认真学习、遵守操作规范				
安全文明操作	10	安全文明使用仪器设备，爱护公物				
6S 管理规范	10	遵守操作规范				
合计						

■ 任务知识讲解

电感式传感器是依据电磁感应原理工作的，按照结构原理，电感式传感器可分为变自感式、差动变压器式、电涡流式三类。下面阐述电涡流传感器的结构原理及应用。

一、电涡流传感器的结构原理

根据法拉第电磁感应原理，金属导体置于变化的磁场中或在磁场中做切割磁力线运动时，导体内将产生呈涡旋状的感应电流，该电流为电涡流，该现象称为电涡流效应。而根据电涡流效应制成的传感器称为电涡流传感器，它本质上是电感式传感器。

图 1.9.7 所示为电涡流传感器结构示意图。它主要由壳体、电涡流线圈和前置器（电路）、引出线缆等组成。在壳体内部有电涡流线圈、PCB 板等，PCB 板上有前置中高频振荡器，产生的中高频电流 i_1 通过探头内部的电涡流线圈时，线圈在包含金属探头的周围空间产生交变磁场 H_1。

按图 1.9.8 电涡流传感器工作示意图所示，根据电涡流效应，H_1 使置于此磁场中的金属导体产生感应电涡

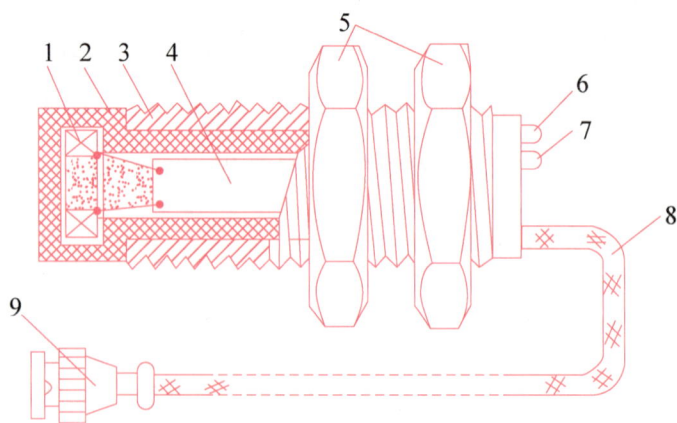

图 1.9.7　电涡流传感器结构示意图

1—电涡流线圈；2—探头壳体；3—壳体上的位置调节螺纹；
4—PCB 板；5—夹持螺母；6—电源指示灯；
7—阈值指示灯；8—输出屏蔽电缆线；9—电缆插头

流 i_2，而 i_2 又产生新的交变磁场 H_2。根据楞次定律，H_2 的作用将反抗原磁场 H_1，从而导致电涡流线圈的阻抗 Z 发生变化。当电涡流线圈与金属板的距离 x 减小时，电涡流线圈的等效电感 L 减小，等效电阻 R 增大。感抗 X_L 的变化比 R 的变化程度大得多，则流过电涡流线圈的电流 i_1 增大。

阻抗 Z 或者电流 i_1 的变化与金属体磁导率 μ、电导率 σ、线圈的几何形状、几何尺寸 l、电流频率 f_1 以及头部线圈到金属导体表面的距离 x 等参数有关。对电涡流传感器产品而言，通常 μ、σ、l、f_1 及线圈的几何形状等都是固定值，因此线圈阻抗值是其与被测金属之间距离的单值函数，即 $Z = f(x)$。该函数具有非线性，但是在某一较短的距离内线性度较好。

图 1.9.8　电涡流传感器测距示意图

i_1 的变化是由线圈阻抗 Z 变化引起的，因此得到结论：x 变化引起线圈的电流变化，即 $i_1 = f(x)$，电涡流传感器就是根据这一原理实现对金属物体的位移、振动等参数的测量。

i_2 在金属导体内的纵深方向并不是均匀分布的，而只是集中在金属导体的表面，这称为集肤效应，也称为趋肤效应。集肤效应与激励源频率 f_1 有关，f_1 越高，电涡流的渗透深度越浅，集肤效应越严重。由于存在集肤效应，电涡流只能检测导体表面的物理参数，而减小 f_1 值可加深检测深度。

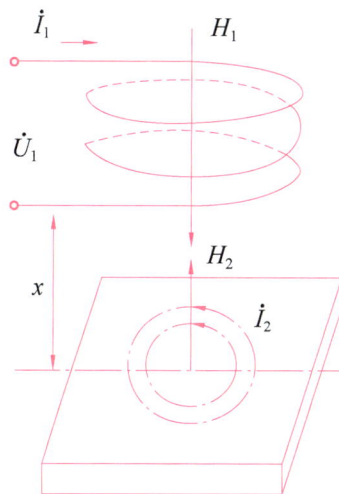

二、电涡流传感器的典型应用

电涡流传感器的
测量电路及类型应用

电涡流传感器有许多优点，因此广泛应用于电力、石油、化工、冶金等行业，以检测汽轮机、水轮机、鼓风机、压缩机、空分机、齿轮箱、大型冷却泵等大型旋转机械中轴的径向振动、轴向位移、轴转速、胀差、偏心、轴承环的缺陷，以及转子动力学研究和零件尺寸检测等。在高速旋转机械和往复式运动机械状态分析、振动研究、分析测量中，对非接触的高精度振动、位移信号，它能连续、准确地采集到转子振动状态的多种参数。

1. 径向振动测量

测量径向振动可以分析轴承的工作状态，以及转子的不平衡、不对中等机械故障，而电涡流传感器可以监测机械状态中的这些信息。图 1.9.9 所示为电涡流传感器测量转子径向振动或偏心的示意图。

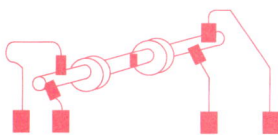

图 1.9.9　电涡流传感器测量转子径向振动或偏心的示意图

2. 偏心测量

偏心是指在低转速时，由于受热或重力引起轴出现一定幅度的弯曲。电涡流传感器能对轴弯曲的程度进行测量。转子偏心位置是轴的径向移动位置，经常用它来指示轴承的磨损以及承受载荷的大小。在大型机械的启动或停机过程中，偏心测量已经不可缺少。轴心轨迹测量与此相近。

3. 轴向位移测量

轴向位移是指机器内部转子沿轴心方向，相对于止推轴承之间的间隙。许多旋转机械，如蒸汽轮机、燃气轮机、水轮机、离心式和轴流式压缩机、离心泵等，轴向位移是一个重要技术指标，过大的轴向位移会引起机构损坏。而轴向位移的测量，可以指示旋转部件与固定部件之间的轴向间隙或瞬时位移变化，以提醒预防机器受损。有些机械故障通过轴向位移的探测来进行判别。

4. 转速测量

转速是衡量机器正常运转的重要指标，旋转机械经常需要监测轴的转速。电涡流传感器测量转速的优越性是能响应低转速，也能响应高转速，抗干扰性能非常强，这是其他传感器测量不能比拟的。图1.9.10所示为电涡流传感器测量转速结构示意图。

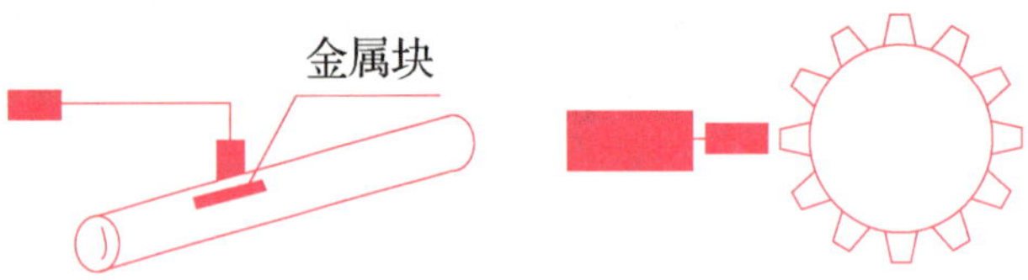

图 1.9.10　电涡流传感器测量转速结构示意图

电涡流传感器测速

5. 胀差测量

汽轮发电机在启动和停机时，由于金属材料、热膨胀系数以及散热的不同，轴的热膨胀可能超过壳体膨胀，而这有可能导致旋转部件和静止部件的相互接触摩擦，并导致机器受损，因此测量胀差极为重要。胀差测量有斜坡式胀差测量和补偿式胀差测量等。图1.9.11所示为电涡流传感器测量胀差的示意图。

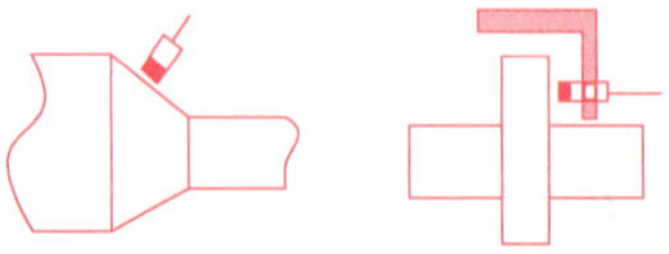

图 1.9.11　电涡流传感器测量胀差的示意图

6. 工件质量检测

电涡流传感器能检测工件产品的内部凹陷、裂痕以及表面不平整度等，还能检测工件的尺寸精度、非导电材料厚度以及金属元件是否合格等。图1.9.12所示为电涡流传感器检测工件质量的示意图。本任务即利用了电涡流传感器的此项功能。

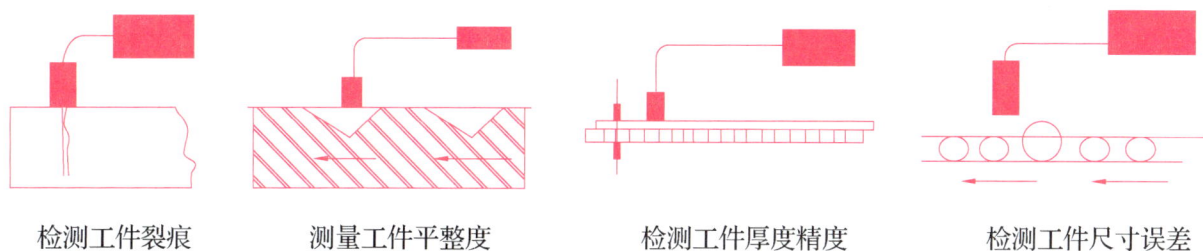

检测工件裂痕　　　测量工件平整度　　　检测工件厚度精度　　　检测工件尺寸误差

图 1.9.12　电涡流传感器检测工件质量的示意图

7. 在生活电器中的应用

电磁炉是人们日常生活中比较普及的家用电器。其工作原理是：高频电流通过励磁线圈产生交变磁场，由此在铁质锅底产生无数的电涡流，使锅底自行发热，以加热锅内食物。图1.9.13 所示为电磁炉工作示意图。

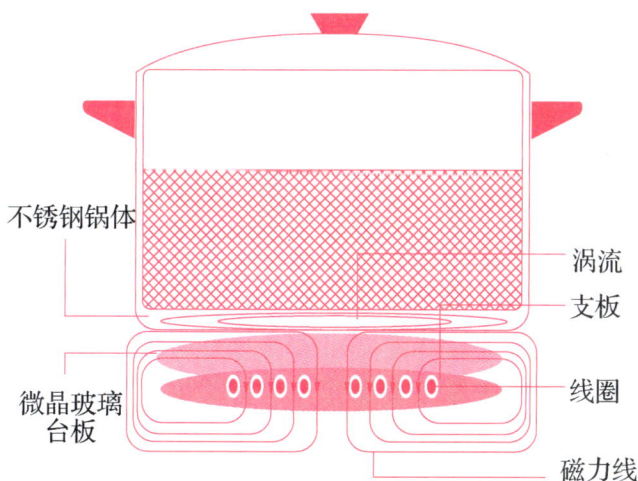

不锈钢锅体

涡流

支板

微晶玻璃台板

线圈

磁力线

图 1.9.13　电磁炉工作示意图

8. 其他应用

电涡流传感器还有很多其他用途。图 1.9.14 所示为电涡流探雷器，可用于排除地下隐藏的地雷，如今还有国家用它排除 20 世纪遗存的未爆炸弹等。电涡流传感器还可以制作电涡流式接近开关，它能在一定的距离(几毫米至几十毫米)内检测有无物体靠近，当物体接近到设定距离时，就可发出开关信号，这类接近开关的缺点是只能检测金属。图 1.9.15 所示为电涡流开关的电路构成框图。

图 1.9.14　电涡流探雷器

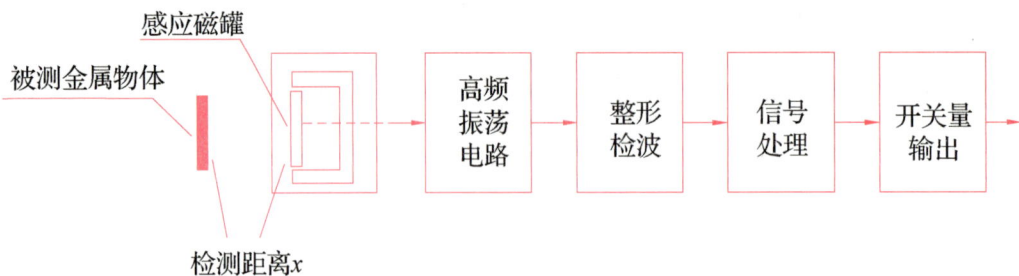

图 1.9.15　电涡流开关的电路构成框图

知识拓展
差动变压器

习　题

一、填空题

(1) 选用电涡流传感器要考虑_____和_____。

(2) 电涡流传感器由_____、_____、_____3 部分构成。

(3) 电涡流传感器可用于测量_____、_____、_____、_____等。

(4) 电涡流传感器测量位移有_____、_____、_____等优点。

(5) 感生电流在金属导体内的纵深方向并不是均匀分布的，而是集中在金属导体的表面，这称为_____，也称_____。

(6) 差动变压器可以用于测量_____、_____、_____等。

二、简答题

(1) 电涡流传感器测距的原理是什么？

(2) 电涡流传感器的应用有哪些？

(3) 什么叫集肤效应？它受什么电参数的影响比较明显？

(4) 简述电磁炉的工作原理。

(5) 用什么方法可以降低差动变压器的残余电压？

(6) 请分析差动变压器的结构原理。

任务十　轮胎压力测量——电容传感器的应用

任务描述

汽车的安全性、舒适性以及轮胎的使用寿命均和轮胎气压有关。统计数据表明，爆胎成为高速公路头号杀手，我国高速公路上 70% 的事故是由爆胎引起的，75% 的事故是由胎压低引起的。某汽车制造商为了车辆安全性，为轮胎配备了实时胎压检测装置。请为此设计一个轮胎压力测量装置，要求能够实时显示胎压值，胎压低于设定值时发出报警信号。

学习目标

【素质目标】

(1) 培养学生分析问题和解决问题的创新能力以及科学的思维方式。

(2) 培养学生友善待人、自信乐观的良好情感态度。

【知识目标】

(1) 掌握电容传感器的结构类型。

(2) 理解电容传感器的工作原理。

(3) 了解电容传感器检测与控制电路的类型及工作原理。

【能力目标】

(1) 能够完成对电容传感器检测与控制电路的组装与调试。

(2) 能够正确完成电容传感器的测量与数据分析。

任务分析

　　测量轮胎压力要用到压力传感器。压力传感器类型较多，而用于检测汽车轮胎内部气压的传感器，常见的是基于压电效应或电容效应来实现对轮胎压力的监测和预警。

　　基于电容效应的胎压传感器，其结构原理是利用两块固定面积的隔膜作为极板，这种电容元件能够存储电荷。轮胎内部的气体压力变化时，传感器上就会因弹性而改变极板之间的距离，因而电容元件上的电压也会发生相应的变化，通过检测电压变化就能实现对轮胎压力的检测。

　　电容压力传感器的优点是耗能低，小的输入电流即可工作，适合胎压检测。因此，本任务采用电容压力传感器来测量胎压。图 1.10.1 所示为常见的几种电容压力传感器实物。

图 1.10.1　电容压力传感器实物

任务实施

一、确定温度测控系统原理框图

1. 信号采集转换

胎压传感器集成在车轮电子系统内，如图 1.10.2 所示，它与气门连为一体，其外部由一个塑料壳构成，在塑料壳内的电路板上除了有压力传感器，还有温度传感器、加速度传感器、发送及接收单元、微控制器、电池等。加速度传感器是用以识别车轮是静止还是旋转，车轮静止时车轮电子系统处于静默模式，以提升电池的寿命。

车轮电子系统

图 1. 10. 2　车轮电子系统实物及安装位置

一般胎压监测传感器模块通过在 4 个轮胎里面各加装一个胎压监测传感器，对轮胎气压和温度进行实时监测，并将气压信号转换为电信号，通过无线发射装置将传感器采集的信息发射出来，可对轮胎高压、低压、高温进行及时报警，避免因轮胎故障引发交通事故。

图 1. 10. 3 是某型号的胎压监测仪。该胎压监测仪在显示轮胎压力及温度、胎压异常时红色背景亮，且带有补偿，工作温度范围宽、稳定性高、低漂移、抗电磁干扰能力强，能在高压、低压、高温、快速漏气时报警，根据轮胎位置设定标准压力值以防止爆胎。

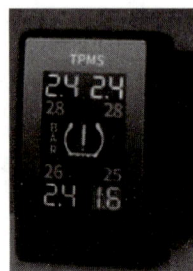

图 1. 10. 3　胎压监测仪

一体化的车轮电子系统器件使用方便，某公司产品的技术参数如表 1. 10. 1 所示。

表 1. 10. 1　某型号胎压传感器性能指标

产品重量：(28±2) g	工作温度：−40～+125 ℃	仓储温度：−40～+80 ℃
工作频率：433.92 MHz	发射功率：−10 dBm	设计寿命：10 年
电池电压：3 V	低频频率：125 kHz	防护等级：IP69
压力范围：100～450 kPa	检测精度：±5 kPa(−20～+90 ℃)	

2. 数据处理

压力传感器、加速度传感器和温度传感器等采集信息后，经过车轮电子系统内部电路的放大、A/D 转换、微处理器的计算，然后送入无线发射模块，将数据以无线电波的形式发送至车载仪表进行处理。

3. 显示与报警

车内微处理器实时处理并显示胎压等数据，在异常状态时发出监测和预警信号。

根据分析，设计如图 1. 10. 4 所示的车轮电子系统原理框图。

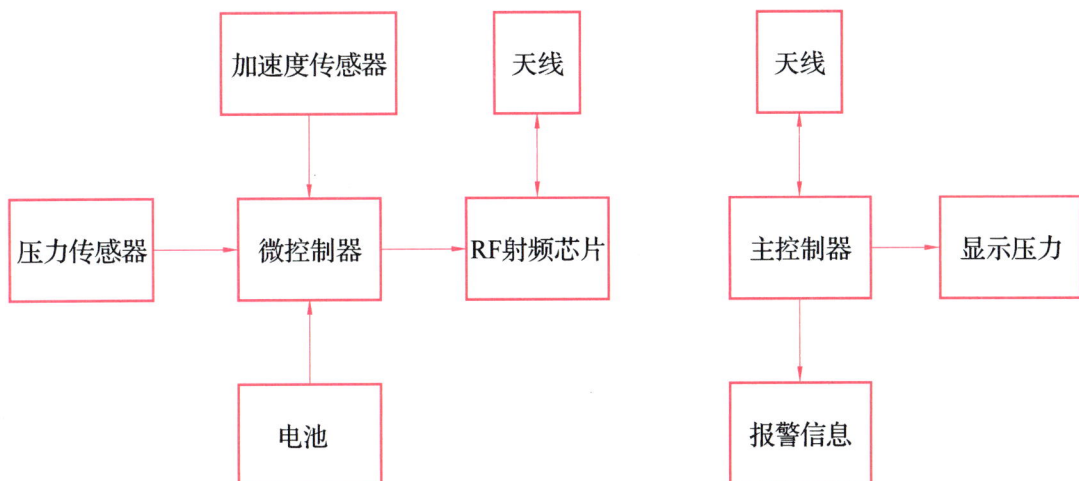

图 1.10.4　车轮电子系统原理框图

二、电路设计

电容传感器测量压力的原理框图如图 1.10.5 所示。首先胎压施加到电容传感器后，使电容受压产生的位移量转换为电容变化量，经检测变换电路输出变化的电压，该电压经放大输出电压 U_o，电压表可以测量该电压，或经单片机处理来求取电压与压力之间的关系。

图 1.10.5　电容传感器测量压力的原理框图

胎压测量电路的核心部分是图 1.10.6 所示的二极管环路充放电电路。

环形充放电电路由 VD_3、VD_4、VD_5、VD_6 二极管，C_4 电容、L_1 电感和 C_{X1}、C_{X2}（差动式电容传感器）组成。

当高频激励电压（$f > 100$ kHz）输入到 a 点，由低电平 E_1 阶跃到高电平 E_2 时，电容 C_{X1}、C_{X2} 两端电压均由 E_1 充到 E_2。充电电荷一路由 a 点经 VD_3 到 b 点，再对 C_{X1} 充电到 O 点（地）；另一路由 a 点经 C_4 到 c 点，再经 VD_5 到 d 点对 C_{X2} 充电到 O 点，此时，VD_4 和 VD_6

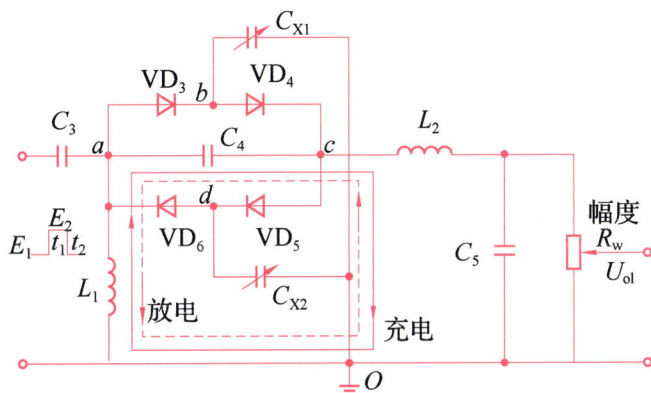

图 1.10.6　二极管环路充放电电路

由于反偏而截止。在 t_1 充电时间内，由 a 点到 c 点的电荷量为 $Q_1 = C_{X2}(E_2 - E_1)$。

当高频激励电压由高电平 E_2 返回低电平 E_1 时，电容 C_{X1}、C_{X2} 均放电。C_{X1} 经 b 点、

VD_4、c 点、C_4、a 点、L_1 放电到 O 点；C_{X2} 经 d 点、VD_6、L_1 放电到 O 点。在 t_2 时间内由 c 点到 a 点的电荷量为 $Q_2 = C_{X1}(E_2 - E_1)$。

当然，Q_1、Q_2 是在 C_4 的电容值远远大于传感器 C_{X1}、C_{X2} 的前提下得到的结果。电容 C_4 的充放电回路如图 1.10.6 中实线、虚线箭头所示。在一个充放电周期内（$T = t_1 + t_2$），由 c 点到 a 点的电荷量为

$$Q = Q_2 - Q_1 = (C_{X1} - C_{X2})(E_2 - E_1) = \Delta C_X \Delta E$$

式中：ΔE 为激励电压幅值；ΔC_X 为传感器的电容变化量。由此可以看出，f、ΔE 一定时，输出平均电流 i 经电路中的电感 L_2、电容 C_5 滤波变为直流 I 输出，再经过 R_w 转换成电压输出 $U_{o1} = IR_w$。由传感器原理已知 ΔC 与 ΔX 位移成正比，所以通过测量电路的输出电压 U_{o1} 就可知 ΔX 位移，继而求取压力值。

三、电路仿真

利用 Multisim 软件画出电容传感器运算放大电路图，设置合适的参数，进行仿真测试。图 1.10.7 所示为电容传感器运算放大电路仿真及输入输出波形。

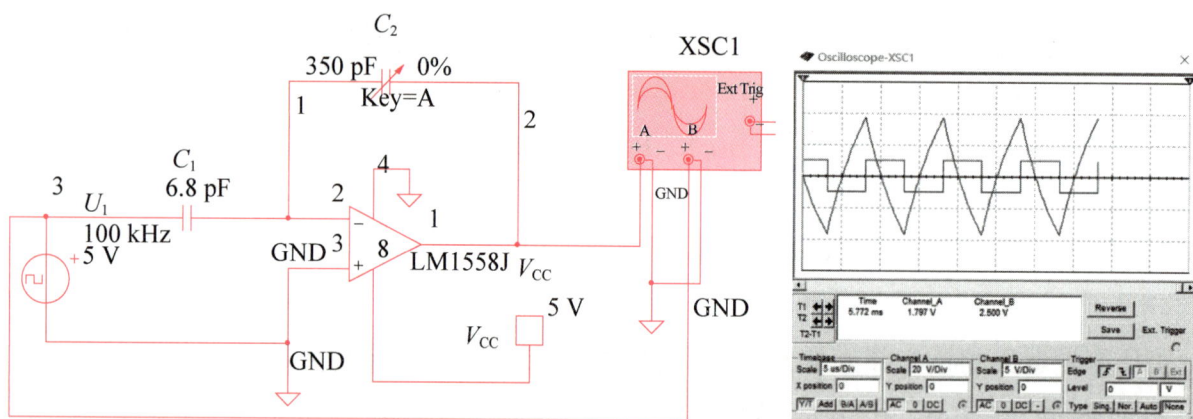

图 1.10.7　电容传感器运算放大电路仿真及输入输出波形

实训练习

电容传感器测位移实验

电容传感器受力发生变化后，两极板也会发生相对位移变化。本实训内容为测试差动电容式传感器的位移特性，目的是了解电容传感器的结构及特点，理解电容传感器的测量装置及电路构成，掌握其原理，即电容器极板间距离改变则其电容值也随之变化，也就是将被测物体的位移变化转换为电容值的变化，并通过电路测量出来。

本实训用到电容传感器、测量电路模块、测微头、数显直流电压表、直流稳压电源、绝缘护套等。

实训内容与操作步骤如下。

（1）将图 1.10.8 中的电容传感器安装在电容传感器模块上，将传感器引线插入实训模块的插座中。

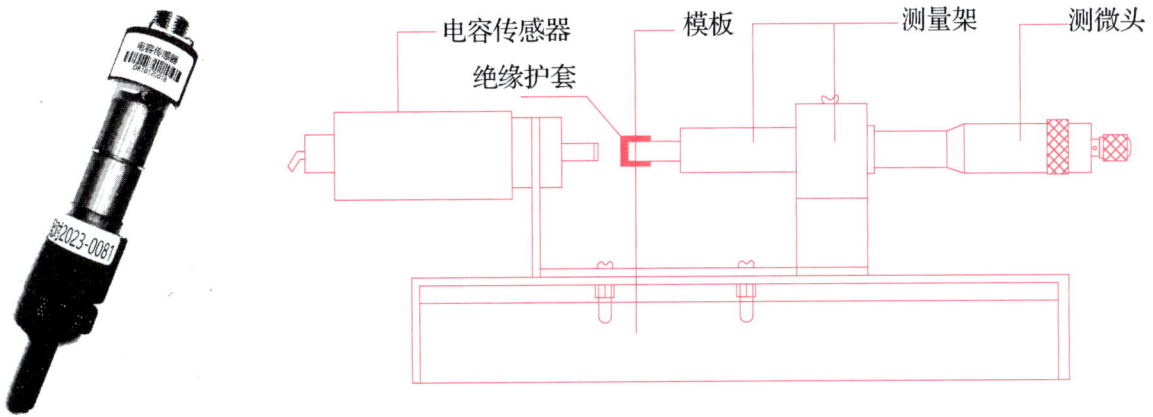

图 1.10.8　电容传感器及其测量位移装置结构示意图

（2）将电容传感器接到模块电路中，模块电路的输出 U_o 接到直流电压表。

（3）将图 1.10.9 所示的电容传感器测量位移电路模块接入 ±15 V 电源，合上实训台电源开关，将电容传感器调至中间位置，调节 R_w，使数显直流电压表显示为 0（电压表选择 2 V 挡），且 R_w 确定后不能改动。

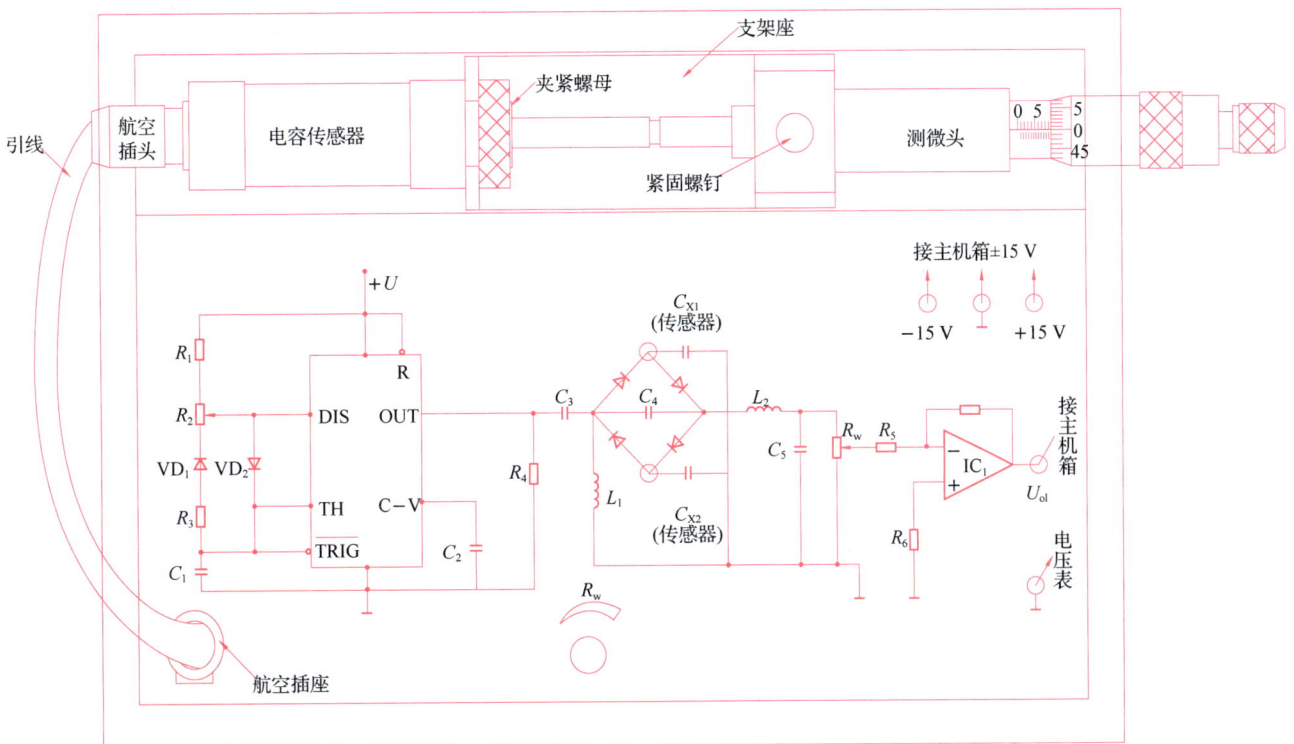

图 1.10.9　电容传感器测量位移电路模块

（4）旋动测微头，推进电容传感器的共享极板（下极板），每隔 0.2 mm 记下位移量 x 与输出电压值 U_o 的变化，填入表 1.10.2 中。

表 1.10.2　电容传感器测量位移记录表

x/mm									
U_o/mV									

（5）根据表 1.10.2 所列数据画出输出电压与位移的特性曲线，尝试计算电容传感器的系统灵敏度和非线性误差。

任务评价与反馈

完成任务后，请将评价记录到表 1.10.3 中。

表 1.10.3　任务评价表

项目	配分	评分标准	自评	互评	师评	平均
选用测位移的传感器	15	能正确选用测位移的传感器				
画系统原理框图	15	能认真绘制完整的系统原理框图				
电容传感器测量位移	25	①正确连接电路（5分） ②正确识读电压表读数（5分） ③能操作并准确识读位移值读数（5分） ④完成测量并完整记录数据（5分） ⑤数据分析图准确（5分）				
电路仿真	15	正确绘制仿真电路并实现仿真功能				
学习态度	10	按时认真学习、遵守操作规范				
安全文明操作	10	安全文明使用仪器设备，爱护公物				
6S 管理规范	10	遵守操作规范				
合计						

任务知识讲解

电容传感器是以各种结构的电容器作为敏感元件，将被测量转换成电容量变化的转换器件。电容传感器广泛应用于位移、角度、振动、速度、压力、成分分析、介质特性、流体计量等方面的测量。

一、结构及原理

1. 结构原理

两个相互靠近的导体，中间夹一层不导电的绝缘介质，就构成了电容器。当电容器的两个极板之间加上电压时，电容器就会储存电荷。电容器的电容量在数值上等于一个导电极板上的电荷量与两个极板之间的电压之比，即 $C = Q/U$。电容器电容量的基本单位是法拉（F）。C 表示电容量的大小，在电路图中还通常用字母 C 表示电容元件。

图1.10.10所示的平行极板即构成平板型电容器。当忽略边缘效应时，其电容量为

$$C = \frac{\varepsilon A}{d} = \frac{\varepsilon_0 \varepsilon_r A}{d} \qquad (1.10.1)$$

式中：A 为两极板互相遮盖的有效面积；d 为两极板间的距离；ε 为两极板间介质的介电常数；ε_r 为两极板间介质的相对介电常数；ε_0 为真空中的介电常数，$\varepsilon_0 = 8.85 \times 10^{-12}$ F/m。

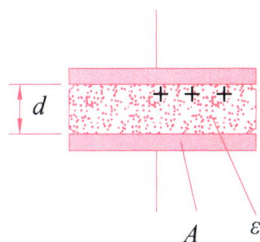

图1.10.10　平板电容器结构原理

由式（1.10.1）可知，在 A、d、ε 这3个参量中，改变其中任何一个量，均可使电容量 C 改变，即电容量 C 是 A、d、ε 的函数，这就是电容传感器的基本工作原理。

2. 电容传感器等效电路

电容传感器的传输线存在电感、电阻，极板间也存在着寄生电容和漏电阻。其等效电路如图1.10.11所示。

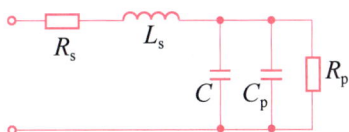

图1.10.11　电容传感器等效电路

在图1.10.11中，C 为传感器电容值，R_p 为极板间漏电阻和介质损耗电阻，R_s 包含导线、极板间和金属支座等损耗电阻，L_s 为电容器及引线电感，C_p 为寄生电容。

3. 结构类型

在实际应用中，根据电容传感器的工作原理，一般可分成以下3种类型。

（1）改变两极板间的距离 d。

（2）移动极板，以改变极板相互覆盖的面积 A。

（3）改变极板间的介质，使介电常数 ε 发生变化。

如果被测量的变化是由两极板间介质引起的，则适合使用变介电常数式，因此要清楚常用介质的介电常数值。表1.10.4列出了几种常用气体、液体、固体的相对介电常数。

表 1.10.4　几种介质的相对介电常数

介质名称	相对介电常数 ε_r	介质名称	相对介电常数 ε_r
真空	1	玻璃釉	3~5
空气	略大于 1	SiO_2	38
其他气体	1~1.2	云母	5~8
变压器油	2~4	干的纸	2~4
硅油	2~3.5	干的谷物	3~5
聚丙烯	2~2.2	环氧树脂	3~10
聚苯乙烯	2.4~2.6	高频陶瓷	10~160
聚四氟乙烯	2	低频陶瓷、压电陶瓷	1 000~10 000
聚偏二氟乙烯	3~5	纯净的水	80

除上面几种外，差动式电容传感器也很常用。图 1.10.12 所示为差动式电容压力传感器结构示意图及实物，受压膜片电极位于两个固定电极之间，构成两个电容器，分别为 C_1 和 C_2。假设在压力的作用下一个电容器的容量 C_1 增大，则 C_2 相应减小；反之亦然。测量结果由差动式电路输出。

图 1.10.12　差动式电容压力传感器结构示意图及实物

它的固定电极是在凹曲的玻璃表面上镀金属层而制成。过载时膜片受到凹面的保护而不致破裂。差动式电容压力传感器比单电容式的灵敏度高、线性度好，但加工较困难，难以保证对称性，而且不能实现对被测气体或液体的隔离，因此不宜工作在有腐蚀性或杂质的流体中。

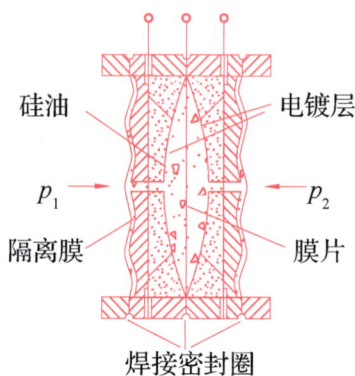

二、测量转换电路

电容传感器将被测物理量转换为电容变化后，其输出量较小，不能直接用于显示仪表，所以采用测量转换电路将其转换为幅值较大的电压、电流或频率信号。电容传感器的测量转换电路种类很多，下面是常用的测量转换电路。

1. 运算放大器电路

电容放大器是一种用于放大信号的电子电路，其基本原理是利用电容的电荷存储特性来实现信号的放大，电容器在接通电源时会形成正、负两极，正极蓄积正电荷，负极蓄积负电荷，当电荷上升或下降时，电容器也会向电路输入或输出相应的电荷。

在电容放大器中，信号通过输入端口进入电容，然后经过放大器内部的放大模块进行放大，最终传递到输出端口。

图 1.10.13 所示为电容运算放大器电路，常用于电荷放大等。该电路主要包括输入电容、放大器电路、输出电容。

输入电容是电容放大器的第一个组成部分。它将输入信号传递到放大器电路中。输入电容的大小决定了电容放大器的输入阻抗。输入电容越大，输入阻抗越小。

放大器电路是电容放大器的核心部分，它将输入信号放大，并将放大后的信号传递到输出电容中。放大器电路通常由一个放大器和一些电阻、电容等元件组成。

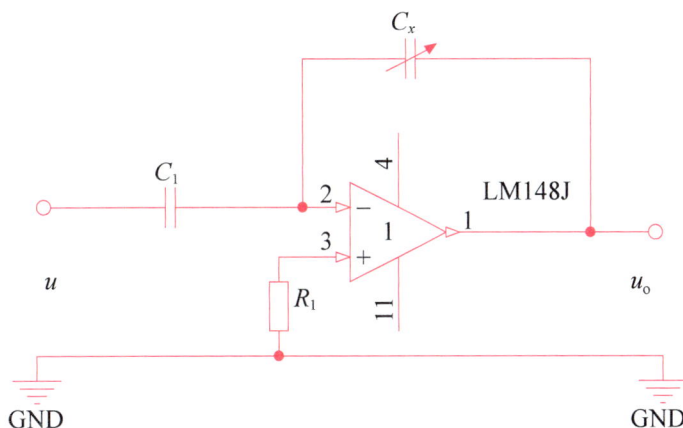

图 1.10.13　电容运算放大器电路

输出电容是电容放大器的最后一个组成部分，它将放大后的信号传递到输出端口。输出电容的大小决定了输出电压的大小。该电容运算放大器电路的输出为

$$u_o = - u \frac{C}{C_x} \qquad (1.10.2)$$

电容放大器的特点是具有高输入阻抗和低输出阻抗，在输入信号较小的情况下能够实现较大的增益，在信号处理方面有着广泛的应用。

2. 桥式电路

图 1.10.14 所示为电容传感器的桥式单臂接法的测量转换电路，高频电源经变压器接到电容桥路的一个对角线上，电容 C_1、C_2、C_3、C_x 构成电桥的四臂，C_x 为电容传感器，交流电桥平衡时有

$$\frac{C_1}{C_2} = \frac{C_x}{C_3}, \quad \dot{U}_o = 0 \qquad (1.10.3)$$

当改变 C_x 时，$\dot{U}_o \neq 0$，有输出电压。

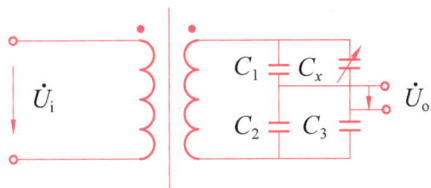

图 1.10.14　电容传感器的桥式单臂接法的测量转换电路

图 1.10.15 所示为电容传感器的桥式差动接法电路，接有差动电容传感器。其空载输出电压可表示为

$$\dot{U}_{\mathrm{o}} = \frac{C_{x1} - C_{x2}}{C_{x1} + C_{x2}} \frac{\dot{U}}{2} = \frac{(C_0 \pm \Delta C) - (C_0 \mp \Delta C)}{(C_0 \pm \Delta C) + (C_0 \mp \Delta C)} \frac{\dot{U}}{2} = \pm \frac{\Delta C}{C_0} \frac{\dot{U}}{2} \qquad (1.10.4)$$

式中：C_0 为传感器的初始电容值；ΔC 为差动电容的差值。

该线路的输出还应该经过相敏检波电路才能分辨 U_{o} 的相位。

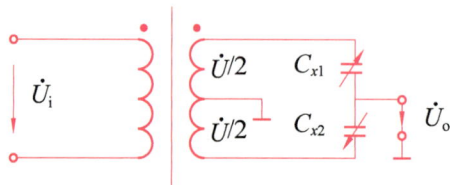

图 1.10.15 电容传感器的桥式差动接法电路

3. 调频电路

这种电路是将电容传感器作为 LC 振荡器回路的一部分，或作为晶体振荡器的石英晶体的负载电容。当电容传感器工作时，电容 C_x 发生变化，从而使振荡器的频率 f 产生相应的变化。由于振荡器的频率受电容传感器电容的调制，就实现了 C/f 的变换，故称其为调频电路。图 1.10.16 所示为 LC 振荡器调频电路框图。

图 1.10.16 LC 振荡器调频电路框图

调频振荡器的频率由下式决定，即

$$f = \frac{1}{2\pi\sqrt{L_0 C}} \qquad (1.10.5)$$

式中：L_0 为振荡回路的固定电感；C 为振荡回路的电容，$C = C_x + C_1 + C_c$，即 C 包括传感器电容 C_x、谐振回路的微调电容 C_1 和传感器电缆分布电容 C_c。

振荡器输出的高频电压是一个受被测量控制的调频波，频率的变化在鉴频器中变换为电压幅度的变化，经过放大器输出后可用于仪表指示，还可以将频率信号直接送到计数器进行测量。该电路抗干扰能力强，能取得高电平的直流信号（伏特数量级），缺点是振荡频率受电缆分布电容的影响大。直接将振荡器装在电容传感单元部分，可以克服电缆电容的影响。

此外，电容传感器的检测电路还有脉冲宽度调制电路和双 T 形电路等。

4. 脉冲宽度调制电路

脉冲宽度调制电路（PWM）是利用电容的充放电使电路输出脉冲的占空比随电容量而变化，通过低通滤波器得到被测量变化的直流信号。脉冲宽度调制电路及输出信号波形如图 1.10.17

所示，它由比较器 A_1、A_2、双稳态触发器及电容充放电回路组成。C_1、C_2 为差动式电容传感器。当双稳态触发器的 Q 端输出为高电平时，A 点通过 R_1 对 C_1 充电。而 Q 端输出为低电平时，电容 C_2 通过二极管 VD_2 迅速放电。

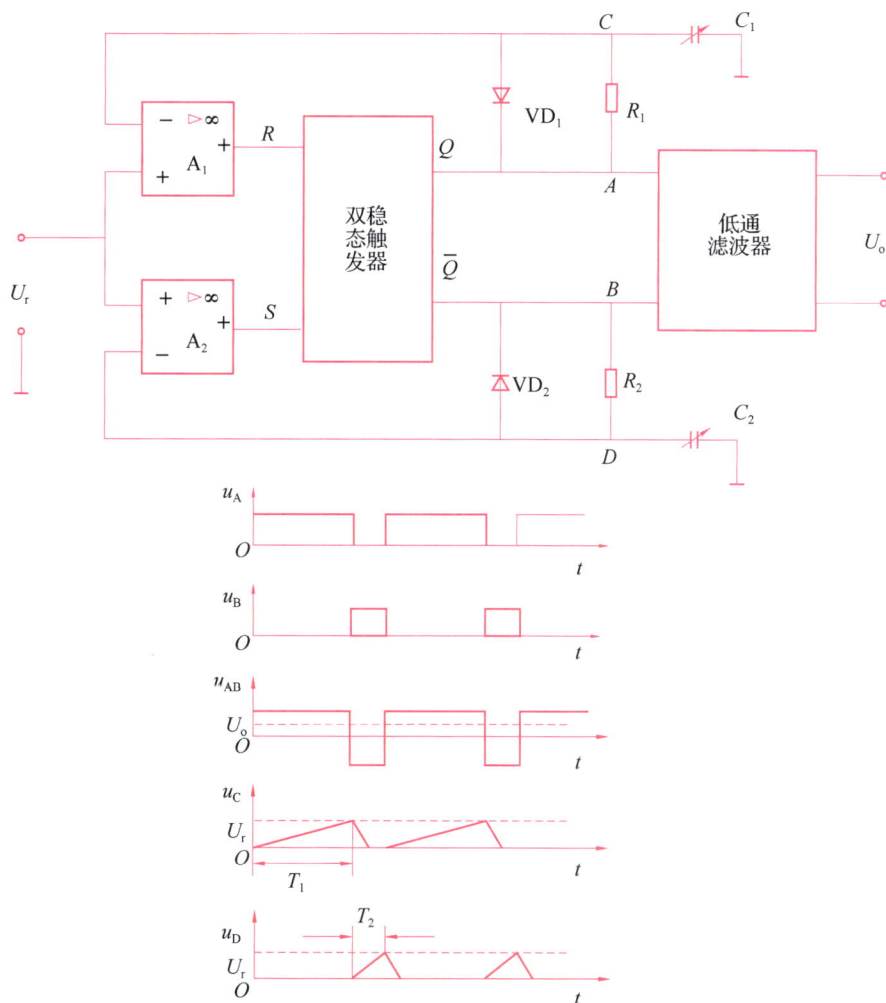

图 1.10.17　脉冲宽度调制电路及输出信号波形

D 点被钳制在低电平，直至 C 点电位高于参考电压 U_r 时，比较器 A_1 产生一置零脉冲，触发双稳态触发器翻转，A 点成为低电位，B 点成为高电位。此时 C_1 经二极管 VD_1 迅速放电，C 点被钳制在低电平，而同时 B 点高电位经 R_2 向 C_2 充电。当 D 点电位上升至 U_r 时，比较器 A_2 产生高电平脉冲，使触发器又翻转一次，则 A 点成为高电位，B 点成为低电位，重复上述过程。如此周而复始，在双稳态触发器的两输出端产生了宽度受 C_1、C_2 调制的脉冲波形。A、B 两点间的平均电压为零，但当 C_1、C_2 值不相等时，如 $C_1 > C_2$，则 C_1 的充电时间大于 C_2 的充电时间。

脉冲宽度调制电路能获得线性输出，双稳态输出信号一般为 100 kHz～1 MHz 的矩形波，经过滤波器即能获得直流输出；电路采用直流电源，虽然要求电压稳定度较高，但比高稳定度的稳频、稳幅的交流电源容易获得直流输出。

5. 双 T 形电路

图 1.10.18 所示为电容传感器双 T 形测量电路，该电路具有结构简单、灵敏度高、动态响应快、过载能力强，能在高低温及强辐射环境中正常工作，但要求信号源必须是稳幅稳频和高幅高频的对称方波。

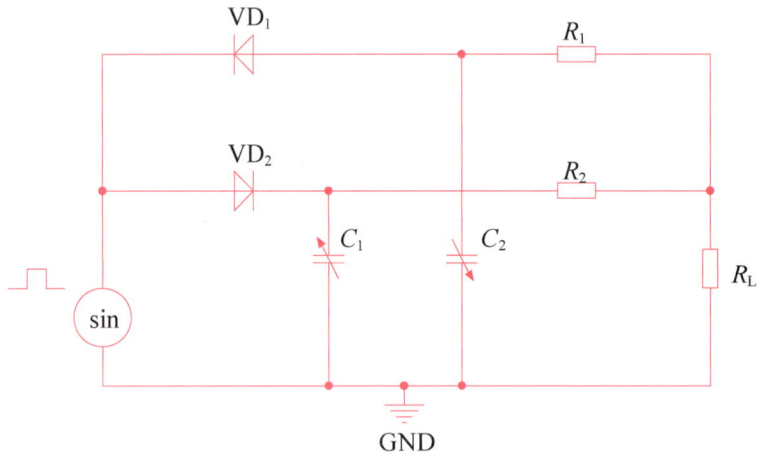

图 1.10.18　电容传感器双 T 形测量电路

三、典型应用

电容传感器利用改变极板间距和极板相对面积，可以对直线位移或转角、压力、振动等物理量进行测量。而改变介电常数的方法则可以检测密闭容器中的液位、不导电松散物质的料位、非导电材料的厚度、非金属材料涂层等。电容传感器因高灵敏度、低耗能、响应速度快等，广泛应用于航空、汽车、机械、冶金、环保等领域。

电容传感器的特点及应用

1. 医疗及消费电子产品领域

电容式压力传感器在医疗领域应用广泛。它可以测量人体的血压、心率等生理参数，帮助医生进行诊断和治疗。通过使用电容式压力传感器，医生可以更准确地判断患者的健康状况，以采取相应的治疗措施。它还被广泛应用于消费电子，如智能手机的触摸屏和电容式触摸按键就是利用电容传感器实现的，有些电子秤采用了电容传感器。

2. 工业及机器人控制领域

电容传感器在工业领域中有着广泛应用，如测量流体的压力、温度、流量等，并且可以监测机器的运行状态，实现机器的智能化控制。电容传感器的应用范围广泛，可以用于各种工业及机械行业领域，如工业自动化、机器人控制、压力机、注塑机等工业过程控制。这些应用使工业领域更加智能化，能够实现自动化生产，提高生产效率和产品质量。

3. 汽车、航空领域

由于电容传感器具有高灵敏度、高阻抗、低振动等优点，故广泛应用于各种汽车零部件中，如发动机、变速器、悬挂系统、刹车系统、油门踏板的力度测量等，还应用于测量轮胎压力、制动系统的压力等参数，从而提高汽车的安全性能和燃油效率。电容传感器还可用于飞机上的监测仪器、机载仪表、气动测试等。

4. 在环境监测领域

电容式压力传感器可以用于测量与空气质量有关的烟气排放、水质、土壤质量等参数，从而实现环境监测和污染治理，以保护环境和人类健康，如硅膜盒电容式气压传感器具有测量范围宽、滞差极小、重复性好及无电热效应及稳定等优点，已广泛应用于自动气象站。其主要部件为变容式真空硅膜盒。

5. 距离和位置的测量

电容传感器在距离和位置测量方面有着广泛应用。它可以实现很多物理量的检测，如弯曲强度、厚度、液位、料位、偏心度、同心度、形变、磨损和振动等。电容传感器能高精度测量物体的形状和位置，从而对工业生产进行测控，提高生产效率和产品质量。图 1.10.19 所示为电容液位计，敏感元件主要由内极板、绝缘套、屏蔽管构成，内极板与屏蔽管构成电容传感器。

此外，电容传感器还广泛应用于电容式手机指纹传感器及指纹锁等。图 1.10.20 就是一款电容式指纹采集识别传感器模块实物。

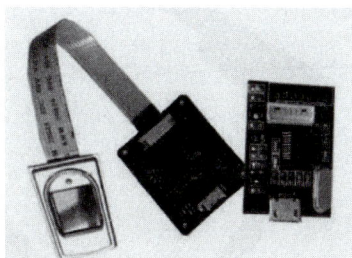

图 1.10.19　电容液位计　　　图 1.10.20　电容式指纹采集识别传感器模块实物

知识拓展
驻极体话筒

习　题

一、填空题

(1) 电容传感器有_____、_____和_____3 种结构类型。

(2) 差动电容器中一个电容_____时，另一个的电容值增大。

(3) 电容传感器的特点是_____。

(4) 电容传感器可以测量的物理量有_____、_____、_____、_____。

(5) 驻极体话筒实质是_____传感器类型的。

(6) 驻极体话筒的结构由_____和_____两部分构成。

(7) 驻极体话筒的信号输出有_____和_____两种。

(8) 用电容传感器测量固体或液体物位时，应该选用_____型。

二、简答题

拿到一只驻极体话筒，如何来判别它的漏极 D 和源极 S？

传感器信号检测方法

本模块为传感器信号检测方法，主要包括以下内容：一是传感器输出信号放大电路的类型及其工作原理，如桥式放大电路、差分放大路等；二是传感器输出信号的模拟量与数字量的相互转换，并举例说明了 A/D 电路与 D/A 电路的应用方法；三是传感器输出信号处理或检测电路的类型，以实训形式重点分析了 I/U 和 f/U 电路的组成及其工作原理，并对传感器信号的抗干扰技术进行了较为深入的分析。

任务一　传感器输出信号的放大

任务描述

传感器的输出信号具有种类多、信号微弱、易衰减、非线性、易受干扰等不利于处理的特点，所以对传感器的信号处理是传感器技术的一个重要环节。传感器输出信号的放大作为传感器信号处理的重点、难点问题，一直困扰着很多传感器技术应用的设计者、调试者、使用者。

本任务通过两个典型的放大电路，即电桥放大电路、差分放大电路，理解信号放大电路的构成及其工作原理。

学习目标

【素质目标】

(1)培养学生乐于钻研、求真务实、爱岗敬业的态度。

(2)提升专业素养，培养创新思维和解决问题的能力。

【知识目标】

(1)理解传感器输出信号放大的方法及放大电路的类型。

(2)掌握信号放大电路的结构及工作原理。

(3)了解各放大电路的特点及典型应用领域。

【能力目标】

(1)掌握差分放大电路的调零方法和步骤。

(2)能够完成电阻式位移传感器测试电路的接线、数据测量及分析。

任务分析

　　传感器的输出信号一般很微弱(如电压信号通常为 $\mu V \sim mV$ 级、电流信号为 $nA \sim mA$ 级)，其输出信号的形式也是各式各样的(如电阻、电流、电压、电荷、频率、数字等)，需要进行放大或变换以提高信噪比，从而保证电路系统的稳定性和准确性。

　　常见的放大电路有电桥放大电路、差分放大电路、高输入阻抗放大器、电荷放大器、仪表放大器、隔离放大器、比例放大器等。

　　差分放大电路具有电路对称性的特点，能有效地稳定静态工作点，以放大差模信号、抑制共模信号为显著特征，广泛应用于直接耦合电路和测量电路的输入级。

　　本任务以应变式位移传感器为例，通过电桥放大电路与差分放大电路，了解信号放大的概念及方法，理解放大电路的特点、结构及工作原理。

任务实施

一、电路设计

　　结合应变式位移传感器及放大电路的特点，设计应变式位移传感器半桥、全桥性能比较电路，如图 2.1.1 所示，主要由调零电桥、应变式电桥电路、差分放大器、数字电压表等部分构成，分别作为传感器的信号输入、数据的测量与转换、输出及显示。

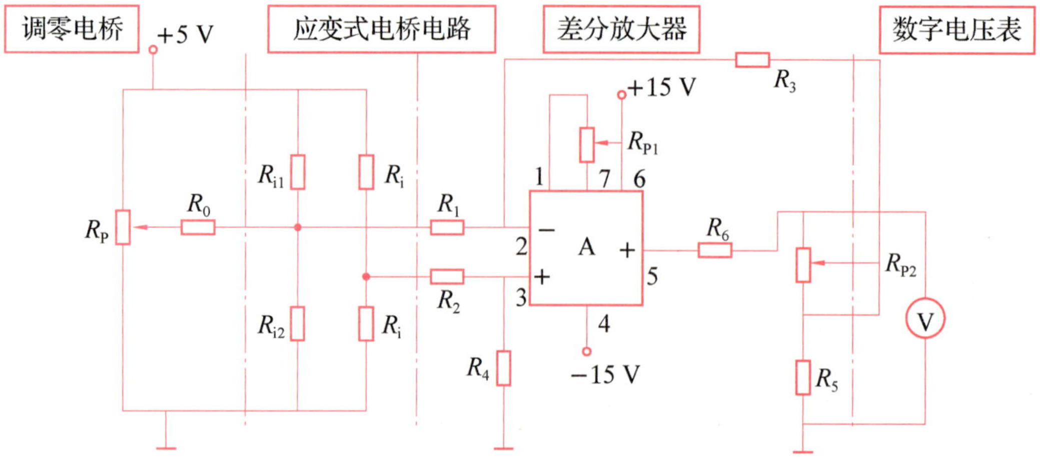

图 2.1.1　应变式位移传感器半桥、全桥性能比较电路

二、电路仿真

利用 Multisim 软件画出电路图，设置参数，进行仿真试验。需要注意的是，应分别设置合适电阻值参数作为半桥、全桥电路的输入。因本书中有相关的仿真电路，此处不再画出。

实训练习

本任务实训的内容是利用实训室应变式位移传感器模块及工具，探究半桥、全桥放大电路随位移变化时输出的特性曲线、灵敏度和非线性误差等问题，对比分析不同电桥放大电路的性能。其中还涉及差分放大电路的使用和调零问题，旨在通过这两个典型放大电路，了解信号放大的概念及方法，理解电桥放大电路和差分放大电路的特点、结构及工作原理。

一、工件及材料准备

工件及材料准备如表 2.1.1 所示。

表 2.1.1　工件及材料准备

序号	名称	型号与规格	图片	数量	备注
1	应变式位移传感器			1 个	

序号	名称	型号与规格	图片	数量	备注
2	电阻传感器电路板			1个	
3	差分放大电路板			1个	
4	直流稳压电源	+5 V		1个	实训箱内配置
		+15 V			
		−15 V			
5	数字电压表	2 V/20 V		1个	
6	位移台架			1个	
7	螺旋测微器				
8	数字万用表				

二、应变式位移传感器半桥和全桥放大电路的性能测试

1. 认识和检测电阻应变式传感器

（1）观察电阻应变式传感器实物，找出其中的敏感元件（悬臂梁）、转换元件（应变片）、测量杆。

（2）检测电阻应变式传感器的好坏。在应变片没有受力变形的情况下，用数字万用表分别测量每个应变片的电阻值 R，若 4 个应变片的电阻值基本相等，则传感器是好的；若 4 个应变片的电阻值差异较大，则传感器是坏的，不可进行实训。

2. 实训准备

（1）检查连接线质量。用数字万用表通断挡检测连接线的好坏，确保连接线的质量（注意：在检测过程中适当拉伸和弯折导线，以检出接触不良的导线）。

（2）检查直流稳压电源和电压表。接通电源线，打开电源开关，观察 ±15 V、±5 V 这 4 个直流电源指示灯是否亮。在确保直流电源指示灯正常的情况下，关断电源开关，将电压表量程开关置于 20 V 挡位置，用导线将 +15 V 直流电源输出与电压表输入连接起来。打开电源开关，观察电压表是否为 15 V 左右。注意观察电压表最后一位数字是否跳动频繁，若跳动频繁说明电压表稳定性差，最好更换。用同样方法检查其余直流稳压电源的好坏。

3. 安装位移台架与传感器

（1）固定好位移台架，将电阻应变式传感器置于位移台架上。

（2）调节螺旋测微器，使其指示 15 mm 左右。

（3）将螺旋测微器装入位移台架上部的开口处，旋转螺旋测微器测杆，使其与电阻应变式传感器的测杆适度旋紧，然后调节两个滚花螺母，使电阻应变式传感器上的两悬梁处于水平状态时，两滚花螺母正好固定在开口处上、下两侧，如图 2.1.2 所示（注意：此时螺旋测微器从正面和侧面看都应处于垂直状态，并与传感器测杆轴线同轴）。

4. 差分放大器电路调零

（1）识读并分析应变式位移传感器半桥、全桥性能比较电路，如图 2.1.1 所示，其中差分放大电路在右半部分。

（2）如图 2.1.3 所示，用导线将试验箱面板上的 +15 V 和地端，分别接到差分放大器上。

图 2.1.2　安装示意图

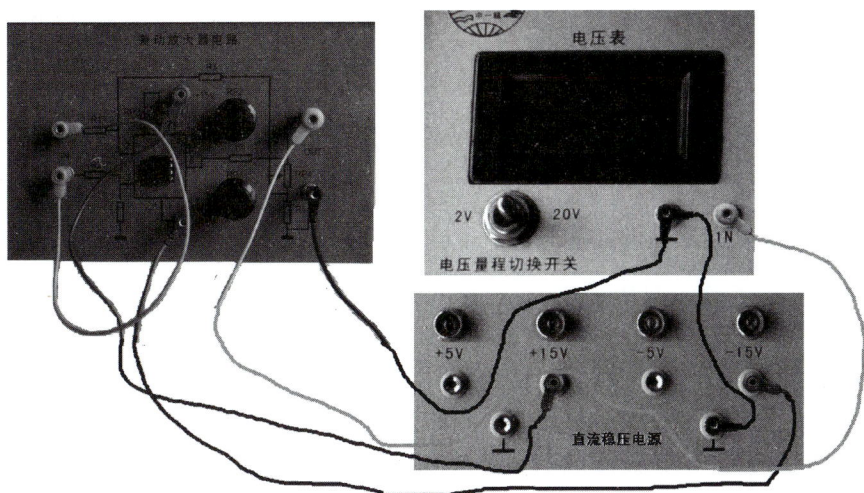

图 2.1.3　差分放大器电路调零接线

（3）将差分放大器倍数调整电位器 R_{P1} 的旋钮沿逆时针方向旋到终端（最大）位置。

（4）用导线将差分放大器的正负输入端连接起来，再将其输出端分别对应接到数字电压表的输入端（IN）和地端（⊥）。

（5）将面板上电压量程转换开关置于 20 V 挡。接通电源开关，通电稳定约 5 min。

（6）缓慢旋动差分放大器的调零电位器 R_{P2} 的旋钮，使数字电压表读数趋近于零，然后换到 2 V 挡，继续轻微旋动调零电位器 R_{P2} 的旋钮，使数字电压表指示趋近于零。至此差分放大器调零结束，整个实训过程中，不可再调节调零电位器 R_{P2}，根据实训要求可适当调节增益电位器 R_{P1}。

5. 半桥放大电路性能测试方法及步骤

（1）电路连接。按性能比较电路（图 2.1.1），将两个受力方向相反的应变片 R_i（传感器上插孔）和固定电阻 R_{i1} 和 R_{i2}（转换电路板上插孔）接入电桥，组成半桥性能测试电路，电路接线如图 2.1.4 所示。

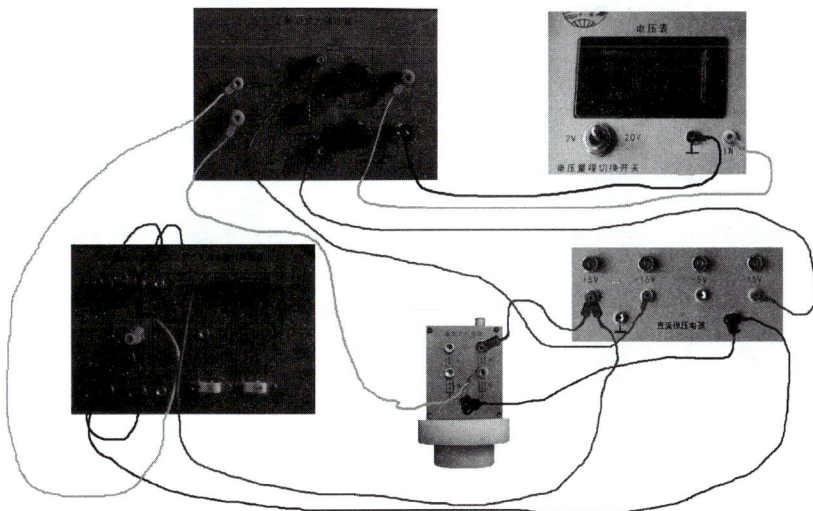

图 2.1.4　半桥性能测试电路接线

（2）系统调零。调节转换电路板上平衡电位器 R_P，使数字电压表指示接近于零，然后细微旋动螺旋测微器使电压表指示为零，此时螺旋测微器的读数视为系统零位。

（3）放大增益调整。上旋螺旋测微器 0.2 mm，观察电压表读数变化情况（若读数有明显变化，说明电路连接无问题；若读数无明显变化，说明电路连接有问题，需要重新检查电线和连接电路），调节差分放大电路板上增益电位器 R_{P1}，使读数约为 0.2 V，并将读数值记入表 2.1.2 中。

（4）上翘变形测量。继续上旋螺旋测微器 5 次，每次 0.2 mm，共 1 mm，观察电压表读数值并记入表 2.1.2 中。

（5）下弯变形测量。下旋螺旋测微器，使其回到初始位置。继续下旋螺旋测微器 5 次，每次 0.2 mm，共 1 mm，观察电压表读数值，并将位移量 x 和对应的输出电压值 U_o 记入表 2.1.2 中。

表 2.1.2 半桥性能测试数据记录表

x/mm											
U_o/mV						0					

6. 全桥放大电路性能测试方法及步骤

将 4 个应变片接入电桥中，即将固定电阻 R_{i1} 和 R_{i2} 换成应变片 R_i 组成全桥，其余接线与半桥性能测试电路接线相同，如图 2.1.5 所示。注意：相邻桥臂的应变片电阻受力方向必须相反，重复半桥性能测试步骤（2）～步骤（5），将测试结果记入表 2.1.3 中。

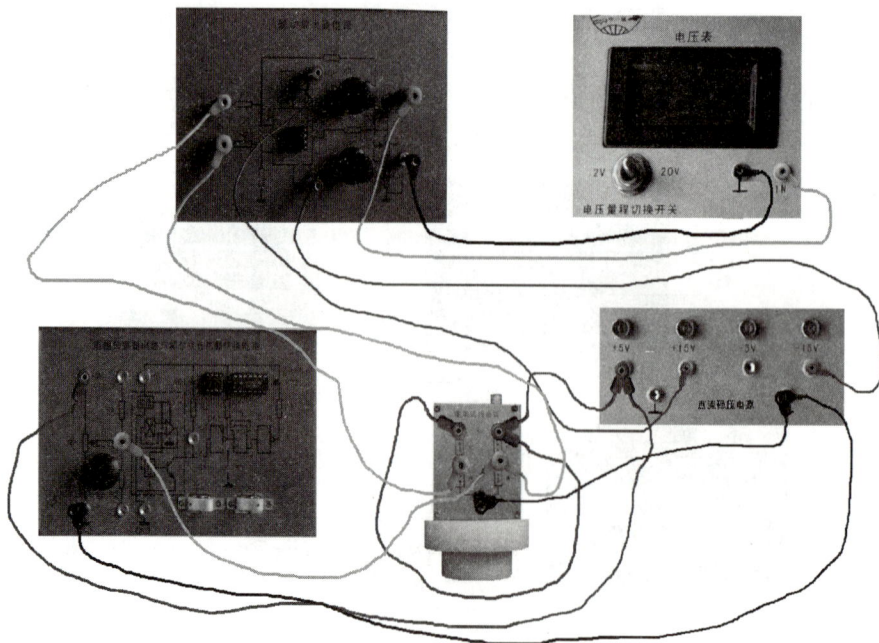

图 2.1.5 全桥性能测试电路接线

表 2.1.3 全桥性能测试数据记录表

x/mm								
U_o/mV					0			

7. 数据分析处理

根据表 2.1.2 和表 2.1.3 中的半桥、全桥放大电路性能测试的数据，画出输入输出特性曲线 $U_\text{o} = f(x)$，计算灵敏度和非线性误差，并对半桥电路和全桥电路性能进行比较。小组讨论，得出结论。

任务评价与反馈

完成任务后，请将评价记录到表 2.1.4 中。

表 2.1.4 任务评价表

项目	配分	评分标准	自评	互评	师评	平均
差分放大器调零	20	①能正确连接电路(5分) ②能正确识读电压表读数(5分) ③能掌握差分放大器的原理(5分) ④能完成差分放大器的调零(5分)				
半桥放大电路	25	①能正确连接电路(5分) ②能正确识读电压表读数(5分) ③完成测量并完整记录数据(10分) ④数据分析图准确(5分)				
全桥放大电路	25	①能正确连接电路(5分) ②能正确识读电压表读数(5分) ③完成测量并完整记录数据(10分) ④数据分析图准确(5分)				
学习态度	10	不缺勤、守纪律、专注严谨、精益求精				
安全文明操作	10	严格遵守安全规程、文明规范操作				
6S 管理规范	10	规范整理实训器材				
合计						

任务知识讲解

在测量控制系统中，放大传感器输出的微弱电压、电流或电荷信号的放大电路称为测量放大电路，也称仪用放大电路。其作用是对传感器输出的弱信号进行放大，以便去进行转换处理，推动指示器、记录器或控制机构。

信号放大电路的基本要求：输入阻抗应与传感器输出阻抗相匹配，稳定的放大倍数和稳定的增益，低噪声，低输入失调电压、电流以及低的漂移，足够的带宽和转换频率，高共模输入范围（如达几百伏）和高共模抑制比，可调的闭环增益，线性度好、精度高、成本低等。

电桥放大电路主要用于阻抗式传感器；差分放大电路主要用于电动势式和电位式传感器；高输入阻抗放大器主要用于电位、电动势和电荷式传感器；电荷放大器主要用于电荷式传感器；仪表放大器主要用于电位差和电动势差的放大；隔离放大器主要用于噪声、光电、磁电、电感等的隔离；比例放大器主要用于通用型放大器。

放大电路按照结构原理，可分为差动直接耦合式、调制式、自动稳定式；按照制造方式，可分为分立元件结构形式、通用集成运算放大器、单片集成测量放大器。

一、比例放大器

比例放大器为通用型放大器。图 2.1.6 所示为基本比例放大器，其传输特性满足

$$u_o = -\frac{R_2}{R_1}u_i \tag{2.1.1}$$

二、高输入阻抗放大电路

按要求讲，电路的接入应不影响原系统工作状态。但有些传感器（如电容式、压电式）的输出阻抗很高，可达 $10^6 \sim 10^8 \Omega$ 以上，这就要求其测量放大电路具有很高的输入阻抗，不至因为放大电路的接入使传感器输出信号大幅度下降。

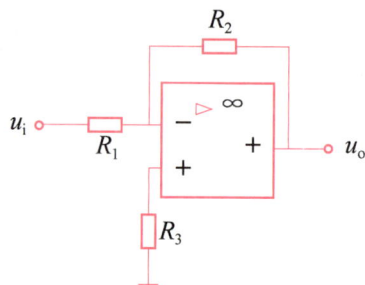

图 2.1.6　基本比例放大器

1. 同相放大电路

采用同相输入就具有很高输入阻抗。图 2.1.7 所示为同相放大电路，图 2.1.8 所示为跟随电路。

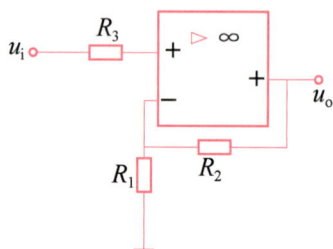

图 2.1.7　同相放大电路

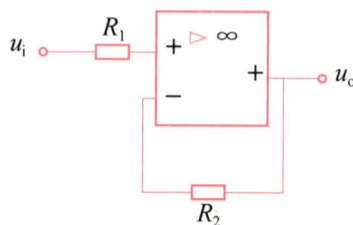

图 2.1.8　跟随电路

2. 交流放大电路

对于交流放大器需要为电容提供放电通道，它就会使输入阻抗大幅度下降。图 2.1.9 所示

为交流放大电路，图 2.1.10 所示为跟随电路。

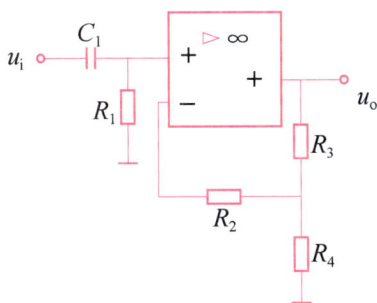

图 2.1.9　交流放大电路　　　　　图 2.1.10　跟随电路

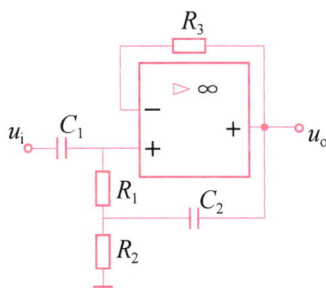

3. 自举式放大电路

自举式高输入阻抗放大电路也称为同相交流放大电路，是利用反馈使输入电阻的两端近似为等电位，减小向输入回路索取电流，从而提高输入阻抗的电路，如图 2.1.11 所示，应用于高输出阻抗(如电容式、压电式传感器)的测量放大电路中。此外，还有自举组合(电流补偿型)电路，这里不再介绍。

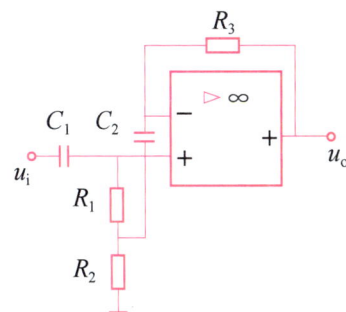

图 2.1.11　自举式放大电路

三、仪表放大器

传感器的工作环境往往是较复杂和恶劣的，在传感器的两条输出线上经常会产生较大的干扰信号(噪声)，有时是完全相同的干扰，称为共模干扰。运算放大器往往不能消除各种形式的共模干扰信号，这时就需用仪表放大器(简称 IA)。

仪表放大器一般是由 3 只高精度运算放大器及精密电阻一起组装而成的。其中两只高精度运算放大器参数对称，构成电路对称的差分输入级。整个组件输入阻抗高，共模抑制比高，噪声低，稳定性好。图 2.1.12 所示为通用 IA 的结构。经推导可得，通用 IA 的电压放大倍数为

$$A_u = \frac{u_o}{u_{i1} - u_{i2}} = -\left(1 + \frac{2R_1}{R_g}\right) \tag{2.1.2}$$

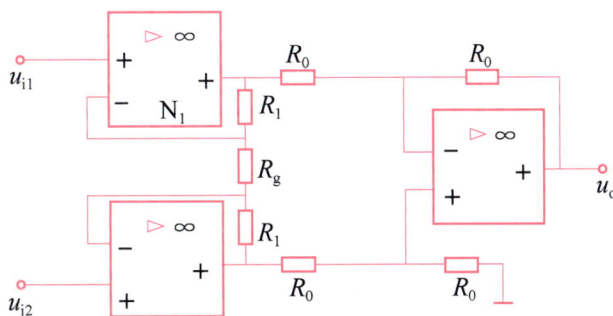

图 2.1.12　仪表放大器通用 IA 的结构

四、电荷放大器

电荷放大器是利用电容反馈原理将输入电荷量转换为电压信号，使放大器的输出电压正比于传感器的电荷信号。它是一种具有高增益的运算放大器，其主要特点是输出阻抗低，因此，可以将传感器的高输出阻抗转换为低输出阻抗，起到阻抗匹配的作用。

图2.1.13所示的电荷放大器常用于压电式传感器和CCD传感器。其中图2.1.13(a)所示为基本原理图，图2.1.13(b)所示为等效电路。当放大器的电压放大倍数 $A \gg 1$ 时，经推导可得

$$u_o \approx -\frac{Q}{C} \qquad\qquad (2.1.3)$$

由式(2.1.3)可得，电荷放大器的输出电压仅与输入电荷量和反馈电容有关，电缆电容等其他因素可忽略不计，这是电荷放大器典型的特点。

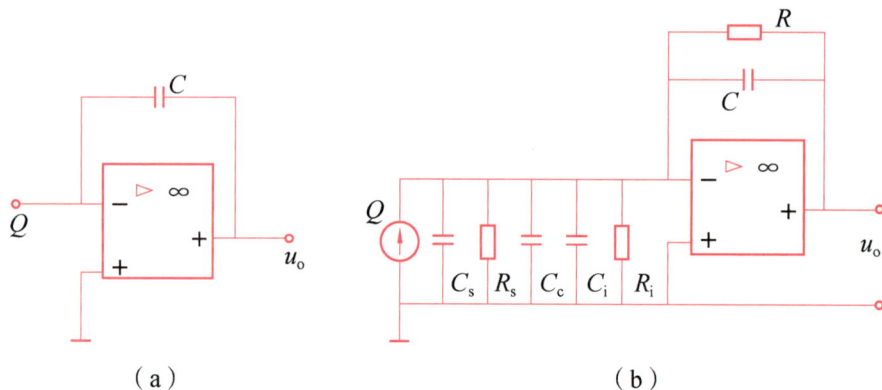

图2.1.13 电荷放大器电路

(a)基本原理图；(b)实际等效电路

此外，还有带隔离的放大电路等。这些放大电路都用到了集成运放，应注意对其电源、输入和输出进行保护。

隔离放大电路

知识拓展
差分放大电路

习 题

一、填空题

(1) 常见的测量放大电路的类型有 _____ 、_____ 、_____ 、_____ 、_____ 、_____ 和 _____ 。

(2) 测量放大电路的类型，按照结构原理来分可分为 _____ 、_____ 、_____ ；按照制造方式来分可分为 _____ 、_____ 、_____ 。

（3）集成运放的安全保护有3个方面：_____、_____和_____。

（4）电荷放大器的输出电压与_____有关，_____等其他因素可忽略不计，这是电荷放大器典型的特点。

二、简答题

（1）信号放大电路的基本要求是什么？

（2）简述差分放大电路共有几种类型，分别具有哪些特点。

（3）利用网络资源，查阅资料，试简述信号放大电路还有哪些应用领域。

任务二　A/D、D/A 电路的应用

任务描述

在实际的检测电路中，经常会将模拟信号转换成数字信号进行传输、存储、处理，也经常将数字信号转换成模拟信号来控制执行器件的动作。

本任务是设计简单的阶梯波产生电路和一个模拟信号转换为数字信号的电路，要求实现以下功能：合理选用集成数/模转换芯片，设计产生8个阶梯波的电路；合理选用集成模/数转换电路设计模拟电压转换成8位数字信号的电路，用8个LED显示。

学习目标

【素质目标】

（1）提高不同电子信号的综合处理意识，增强对现实问题的客观认识和逻辑思维能力。

（2）提升对新知识技能的探索精神和求知欲，培养对新知识的获取能力，对技术资料的解读和应用能力，增强自学能力、独立思考判断能力和信心。

（3）培养不怕失败、挑战困难、精益求精的工匠精神和勇攀科学高峰的勇气。

【知识目标】

（1）掌握 A/D 和 D/A 转换的概念及其基本工作原理，掌握其主要参数指标。

（2）熟悉1~2种 A/D 和 D/A 转换器件并掌握其典型的应用方法，掌握 D/A 和 A/D 信号转换的方法。

（3）掌握 A/D 和 D/A 转换外围电路的设计。

【能力目标】
(1)能识别 A/D、D/A 转换器件并能理解其工作意义。
(2)能应用 A/D、D/A 转换器件的工作特性和应用方法进行电路设计。

任务分析

一、D/A 转换器输出阶梯波电路原理框图

本任务设计有 8 个阶梯波形产生的电路，需要使用 D/A 转换电路。D/A 转换器是核心元件，需要按顺序给其输入 3 位二进制数 000~111，使其输出 8 个数值不同但差值基本相等的电流，再用运放将电流转化成电压即可，图 2.2.1 所示为阶梯波形电路原理框图。

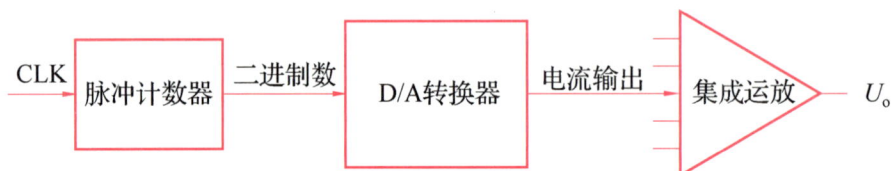

图 2.2.1　阶梯波形电路原理框图

二、A/D 转化器输出 8 位数字信号电路原理框图

设计模拟电压转换成 8 位数字信号的电路需要使用 A/D 转换器，一般分为 4 个步骤进行，即取样、保持、量化和编码。前两个步骤在取样-保持电路中完成，后两步则在 A/D 转换器中完成。

模拟电压转换成 8 位数字信号的电路比较简单，选择适当的 A/D 转换器可以输出 8 位转换结果，其框图如图 2.2.2 所示，在此用电位器模拟传感器输出电压信号，该信号可用作 A/D 转换器件的模拟输入量。

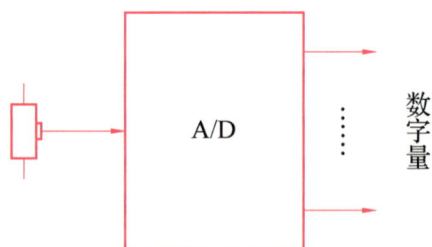

图 2.2.2　模拟电压转换为数字信号的电路框图

任务实施

一、阶梯波电路设计

阶梯波电路包括三部分电路，即计数器、D/A 转换器和运算放大器。

1. 计数器设计

可采用触发器设计，也可采用集成电路设计，如 74LS161 或 74LS160。集成二进制计数器 74LS161 是一个模为 16 的计数器，有效状态是 0000～1111，它具有控制端和异步清零、同步预置数功能，具体功能描述如功能表 2.2.1 所示。图 2.2.3（a）是其引脚排列，图 2.2.3（b）是逻辑功能示意图。

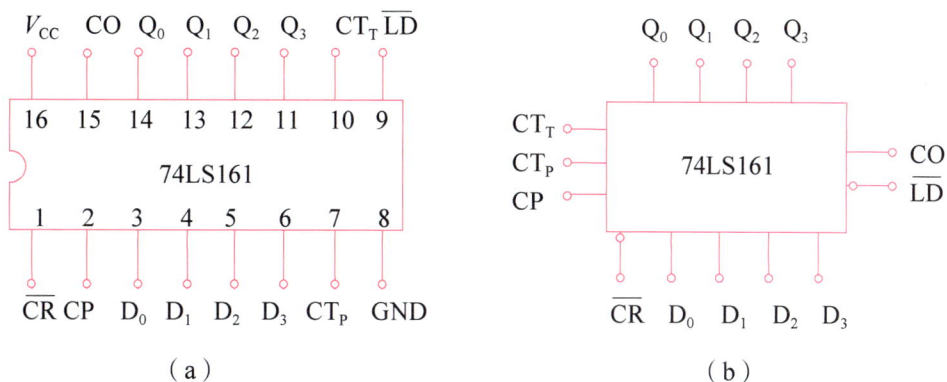

图 2.2.3　74LS161 外观图和逻辑图

（a）引脚排列；（b）逻辑符号

表 2.2.1　74LS161 的功能表

输入									输出			
$\overline{CR}$	$\overline{LD}$	CT_P	CT_T	CP	D_3	D_2	D_1	D_0	Q_3	Q_2	Q_1	Q_0
0	×	×	×	×	×	×	×	×	0	0	0	0
1	0	×	×	1	d_3	d_2	d_1	d_0	d_3	d_2	d_1	d_0
1	1	0	1	×	×	×	×	×	保持			
1	1	×	0	×	×	×	×	×	保持			
1	1	1	1	↑	×	×	×	×	计数			

因此，可以用 74LS161 获得如图 2.2.4 所示的计数器电路。

2. D/A 转换电路设计

选用 DAC0800 系列的 D/A 转换电路，它是 8 位电流输出型 D/A 转换器，转换建立时间为 100 ns，满量程误差为 ±1 LSB，温度范围内的非线性度为 ±0.1%，具有互补电流输出，可在简单的电阻负载下实现 20 V_{p-p} 的差分输出电压，如图 2.2.5（a）所示。DAC0800 系列可以直接与 TTL、CMOS、

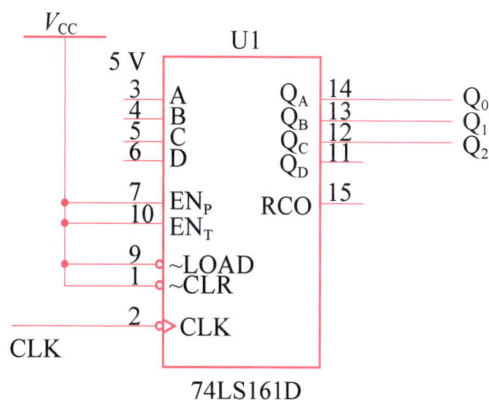

图 2.2.4　计数器电路

PMOS 等器件的接口相连，电源范围是±4.5~±18 V；功耗低，在±5 V时为 33 mW。

（a）　　　　　　　　　　　（b）

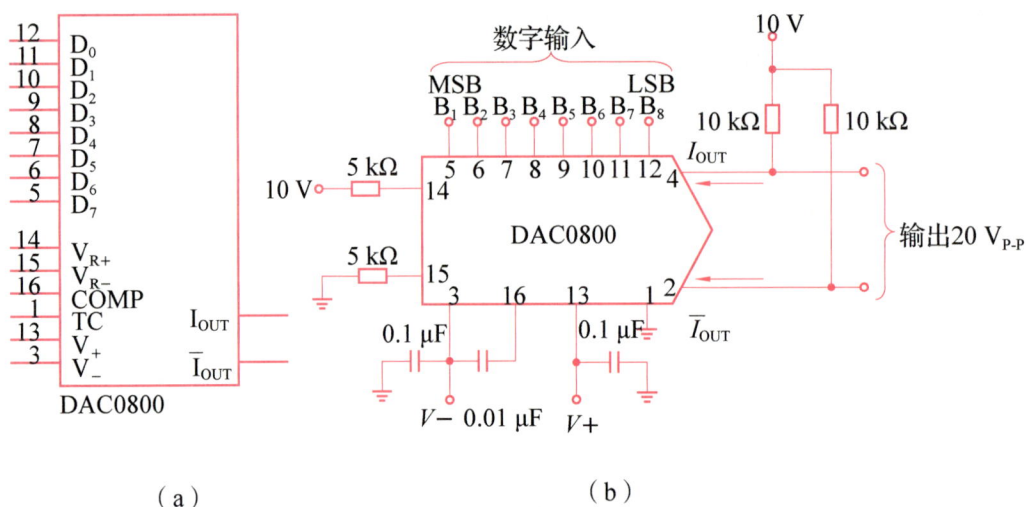

图 2.2.5　DAC0800 引脚排列及其外围电路示意图

$D_0 \sim D_7$ 为 8 位二进制数据输入端；V_{R+} 和 V_{R-} 为参考电源；TC 是数据锁存允许信号（即片选信号），低电平有效，是数据锁存进数据寄存器的控制信号；I_{OUT} 和 $\bar{I}_{OUT}$ 是模拟电流输出（或 I_{OUT1}、I_{OUT2}）。DAC0800 的电路如图 2.2.5（b）所示，输出电压可达 $20V_{p-p}$。

D/A 转换电路设计如图 2.2.6 所示。

$$U_o = -\frac{V_{REF}}{2^8} \sum_{i=0}^{7} d_i \cdot 2^i \qquad (2.2.1)$$

3. 输出电路设计

输出电路需要使用运算放大器将输出的电流信号转换成电压信号，本任务采用 AD706 集成运放，其电路如图 2.2.7 所示。

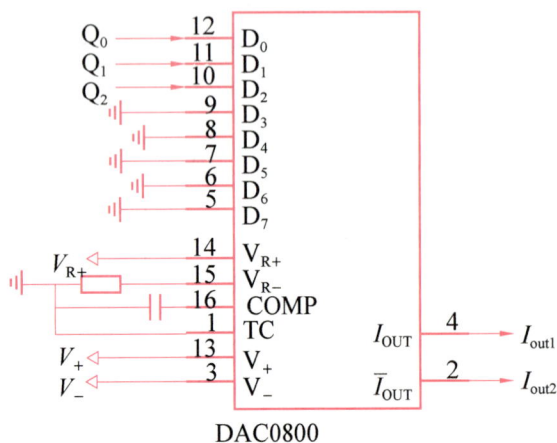

图 2.2.6　D/A 转换电路设计　　　　　　图 2.2.7　运算放大器电路

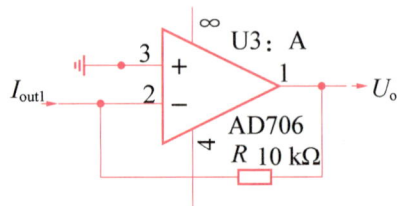

二、模拟电压信号转换成8位数字信号电路设计

该部分设计用可变电阻的电压模拟传感器输出，如光敏电阻、压感传感器等输出的电压值。A/D 转换器选用集成 ADC0808，它是 8 位逐次逼近型 A/D 转换器，包含 8 路多路开关，以及与单片机兼容的逻辑控制 CMOS 器件，转换精度为 1/2LSB。8 路模拟开关的通断由地址锁存器和译码器控制，可以在 8 个通道中任意访问一个通道的模拟信号。图 2.2.8 是 ADC0808 的实物外观和引脚排列。

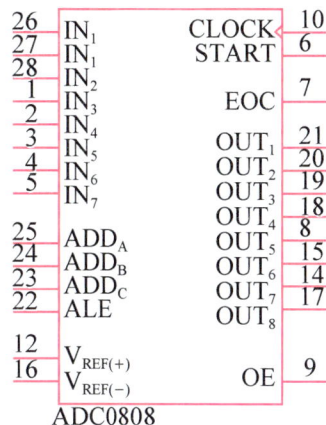

图 2.2.8　ADC0808 的实物和引脚排列
（a）实物图；（b）引脚排列图

采用 ADC0808 设计的模拟电压转换成 8 位数字信号的电路如图 2.2.9 所示，这是单纯使用一路输入进行转换的工作电路，但是需要在恰当的时机输入正确的脉冲信号，如地址锁存信号（此处可以接高电平）、转换启动信号（可以接高电平）。使用一般要与单片机连接，并由单片机发出地址锁存允许、启动转换等信号，同时转换完成的 EOC 信号反馈给单片机，表明 A/D 转换结束。

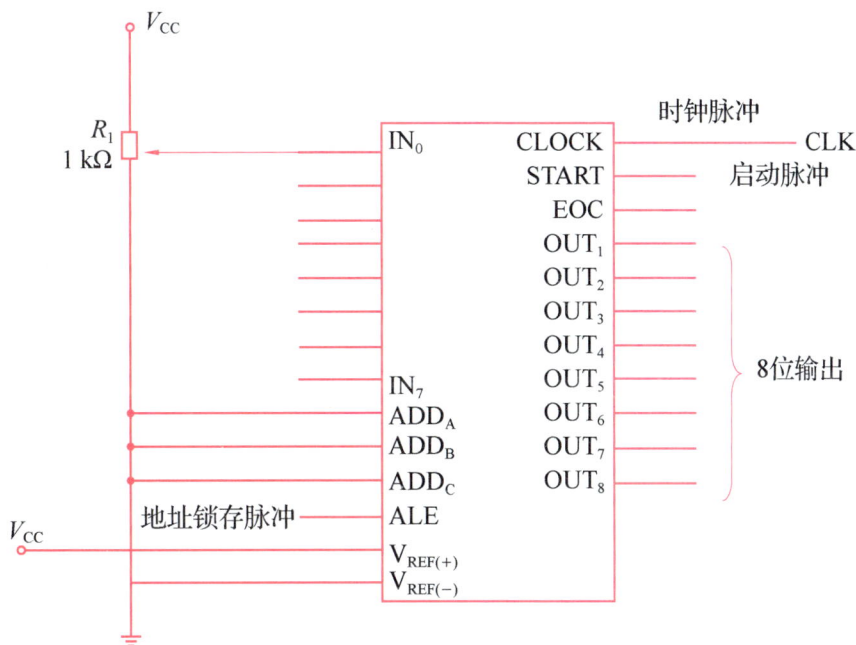

图 2.2.9　ADC0808 转换模拟电压信号电路

三、电路仿真

1. 阶梯波形产生电路的仿真

在 Multisim 中提供了虚拟仿真的 DAC 模型，可以直接进行仿真，如图 2.2.10 所示。工作产生的波形如图 2.2.11(a)所示。在 Multisim 10 中可以仿真出阶梯波形，但是计数器每提供两个二进制代码，DAC 输出一个阶梯，所以波形中阶梯的数目少一半。若将电路中的 Q_D 与 DAC 的 D_3 连接，可以提供 0000~1111 共 16 个代码，输出的波形是 8 阶的，如图 2.2.11(b)所示。

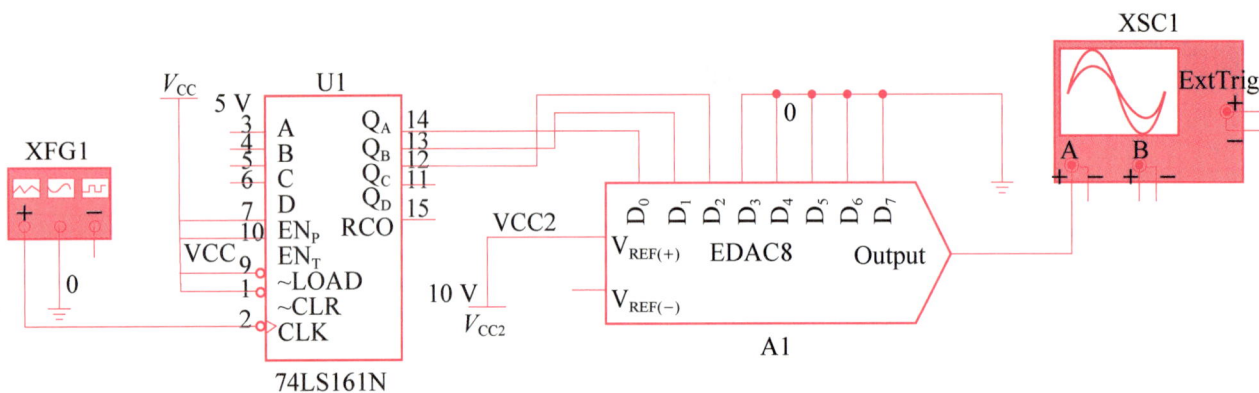

图 2.2.10　Multisim 中阶梯波形电路仿真电路

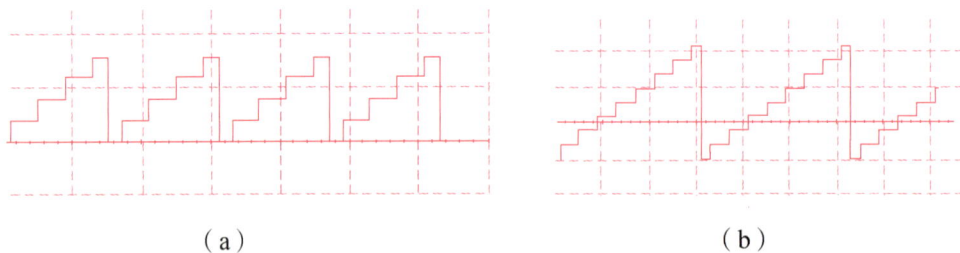

（a）　　　　　　　　　　　　　　（b）

图 2.2.11　阶梯波电路输出波形

读者可在 Proteus 软件中仿真测试此电路，仿真电路如图 2.2.12 所示，输出波形如图 2.2.13 所示。

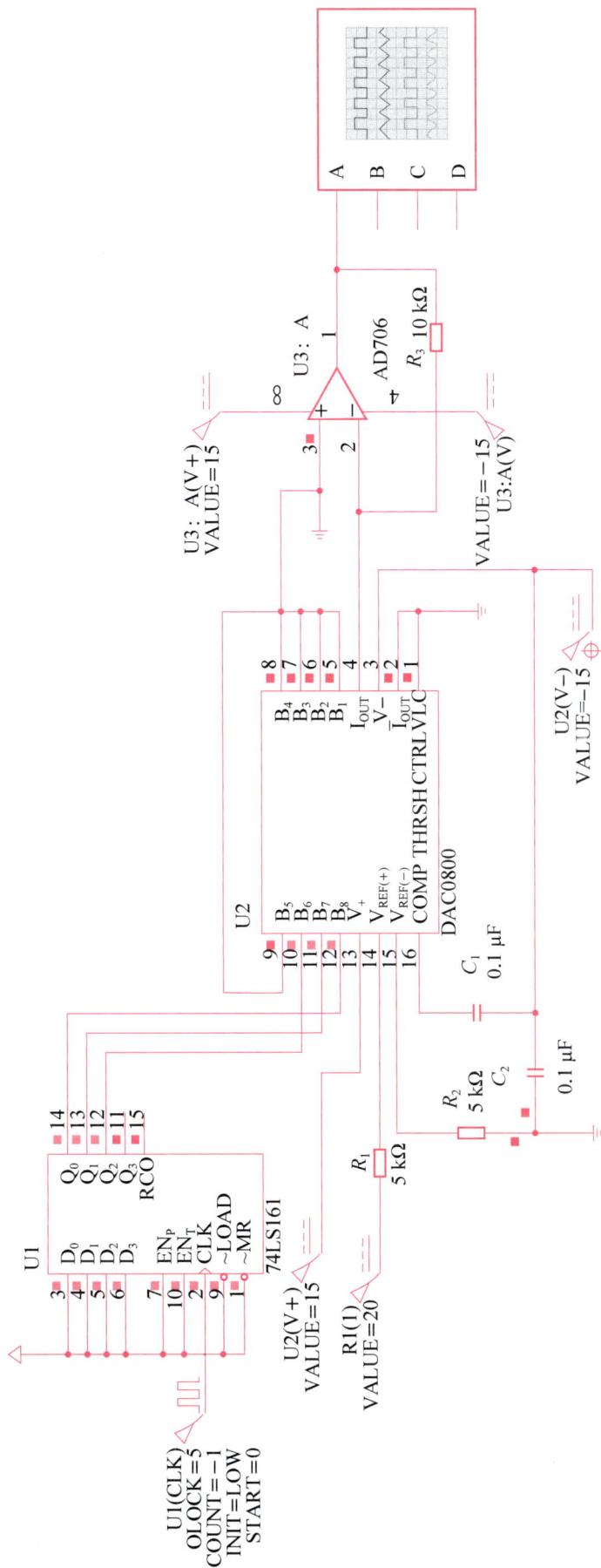

图2.2.12　DAC0800构成的阶梯脉冲仿真电路

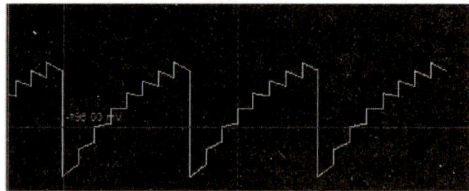

图 2.2.13　DAC0800 实现的阶梯脉冲发生电路输出波形

2. 模拟电压信号转换成 8 位数字信号电路仿真

在 Mulitisim 软件中，提供了 ADC 的简单仿真模块，如图 2.2.14 所示，连接简单的外围电路，即可对输入的模拟信号进行转换。用可调电阻分压来模拟传感器输出的电压信号（如光敏电阻或应变片电阻等输出的电压值），输出用 LED 棒来显示编码情况，灯亮为 1，灯灭为 0。仿真时将 J1 调至 0 位，按 A 键可调整阻值，改变输入电压后，将 J1 调至 1 位，OE＝1，即可输出转换的数字结果。根据

$$\frac{V_m}{V_{in}} = \frac{D_m}{D_{out}} \tag{2.2.2}$$

由于满量程 V_m 是 5 V，转换的最大值 D_m 是 255，输入电压 V_{in} 是 4 V，可以计算出 D_{out}＝204，转换成二进制是 11001100，与图 LED 显示相同。

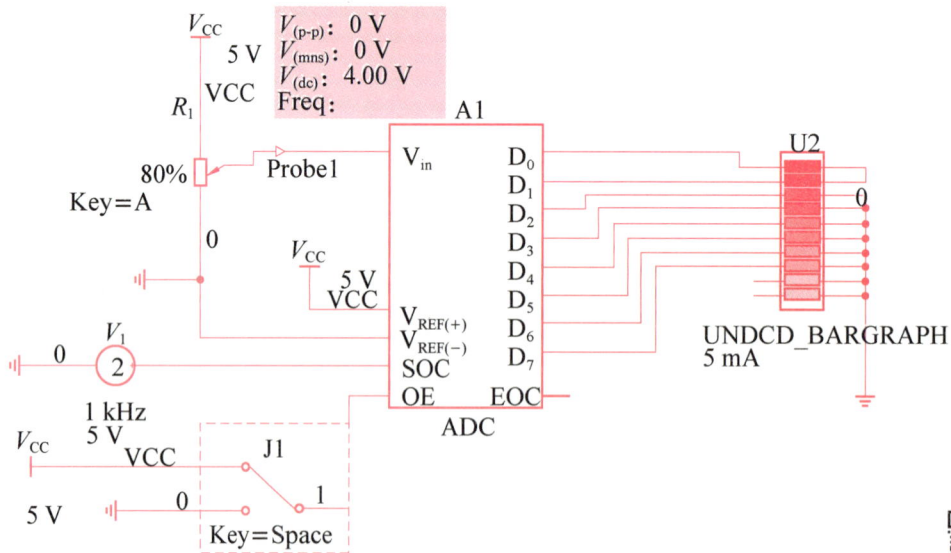

图 2.2.14　ADC 的 Multisim 仿真电路

PROTEUS 仿真
电路及工作波形

实训练习

请读者选择学习过的温度传感器或光敏传感器作为实训对象，其采集的模拟数据经放大后作为 ADC 的输入电压信号，代替图 2.2.14 中的可调电阻，输入到 ADC0808 的 26 号引脚

IN_0，进行测量并记录到数据表 2.2.2 中。测量完毕后画出其特性曲线，分析数据的线性度。

表 2.2.2 A/D 转换测量数据记录表

实际测量	实测 1	实测 2	实测 3	实测 4	实测 5
输入电压					
输出数字量					

任务评价与反馈

完成任务后，请将评价记录到表 2.2.3 中。

表 2.2.3 任务评价表

项目	配分	评分标准	自评	互评	师评	平均
选用 A/D 转换器件	10	能合理地选用 A/D 转换器件				
选用 D/A 转换器件	10	能合理地选用 D/A 转换器件				
D/A 转换测量	25	①正确连接电路(5分) ②正确识读电压表读数(5分) ③正确操作并识读 D/A 转换数值(5分) ④完成测量并完整记录数据(5分) ⑤数据分析图准确(5分)				
A/D 转换测量	25	①正确连接电路(5分) ②正确识读电压表读数(5分) ③正确操作并识读 A/D 转换数值(5分) ④完成测量并完整记录数据(5分) ⑤数据分析图准确(5分)				
学习态度	10	不缺勤、守纪律、专注严谨、精益求精				
安全文明操作	10	严格遵守安全规范，文明规范操作				
6S 管理规范	10	规范整理实训器材				
合计						

任务知识讲解

随着数字技术的飞速发展，在现代测量系统、通信等领域，广泛采用了数字计算机技术。由于系统的实际监测或控制对象往往是模拟量(如温度、压力、位移、图像等)，要使计算机或数字仪表能识别、处理这些信号，必须首先将模拟信号转换成数字信号；而经计算机分析、处理后输出的数字量也往往将其转换为模拟信号才能驱动执行机构。这样，就需要能在模拟信号与数字信号之间起桥梁作用的电路，即 A/D 转换器和 D/A 转换器。将模拟信号转换成数字信号的电路，称为模/数转换器（简称 A/D 转换器或 ADC）；将数字信号转换为模拟信号的电路称为数/模转换器（简称 D/A 转换器或 DAC）；A/D 转换器和 D/A 转换器已成为信息系统中不可缺少的接口电路。其工作示意如图 2.2.15 所示。

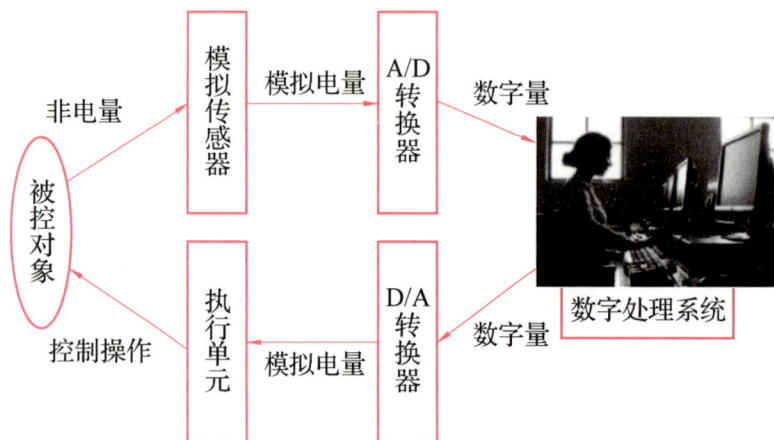

图 2.2.15　典型数字控制系统框图

为确保处理结果的精确度，A/D 转换器和 D/A 转换器必须具有足够的转换精度；如果要实现快速变化信号的实时控制与检测，A/D 转换器与 D/A 转换器还要求具有较高的转换速度。转换精度与转换速度是衡量 A/D 转换器与 D/A 转换器的重要技术指标。随着集成技术的发展，现已研制和生产出许多单片的和混合集成型的 A/D 转换器和 D/A 转换器，它们具有越来越先进的技术指标。

一、D/A 转换器

1. D/A 转换器的原理

D/A 转换器由 5 个部分组成，即数码寄存器、模拟开关、权电阻网络、基准电源和运算放大器。数字量是用代码按数位组合起来表示的，对于有权码，每位代码都有一定的位权。为了将数字量转换成模拟量，必须将每一位代码按其位权的大小转换成相应的模拟量，然后将这些模拟量相加，即可得到与数字量成正比的总模拟量，从而实现数字量到模拟量的转换。数字量以串行或并行方式输入并存储于数字寄存器中，数字寄存器输出的各位数码，分别控制对应位的模拟电子开关，使数码为 1 的位在位权网络上产生与其权值成正比的电流值，再由求和电路将各位权值相加，即得到数字量对应的模拟量。这就是组成 D/A 转换器的基本原理。

D/A 转换器有权电阻网络、$R-2R$ 倒 T 形电阻网络、权电流型。图 2.2.16 是权电阻网络型 D/A 转换器电路，图中 $S_{n-1} \sim S_0$ 是 n 个电子开关，受输入代码 $d_{n-1} \sim d_0$ 控制，当该位的值为"1"时，开关将电阻接至参考电压源 V_{REF}；当该位为"0"时，开关将电阻接地。D/A 转换器是利用电

阻网络和模拟开关，将二进制数转换为与之成比例的模拟量，n 位二进制数转换结果可以写成

$$U_o = -i_\Sigma \frac{R}{2} = -\frac{R}{2} \sum_{i=0}^{n-1} I_i = -\frac{V_{REF}}{2^n} \sum_{i=0}^{n-1} d_i \cdot 2^i \qquad (2.2.3)$$

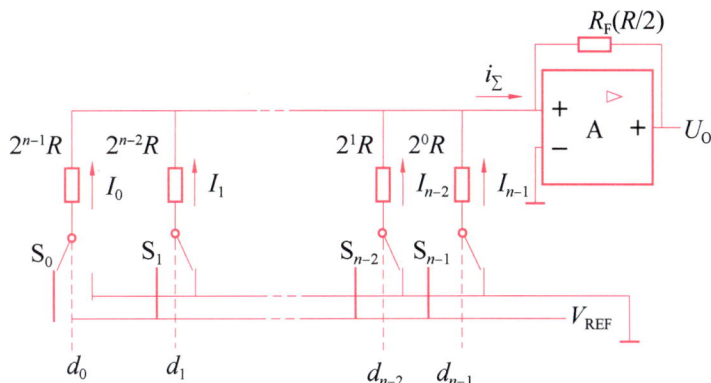

图 2.2.16　权电阻网络型 D/A 转换器电路

2. D/A 转换器的主要参数

1）分辨率

分辨率是指数字量变化一个最小量时模拟信号的变化量与满度输出电压之比。分辨率又称精度，通常以数字信号的位数来表示，位数越多，分辨率越高。

2）转换精度

转换精度是指转换器实际能达到的精度，用实际输出的模拟电压与理论输出的模拟电压间的最大误差来表示。要获得较高精度的转换结果，除正确选用 D/A 转换器外，还要选用低漂移、高精度的求和运算放大器。转换误差用最低位数字量为 1 其余位为 0 时的输出电压值 U_{LSB} 的倍数表示。一般要求转换误差小于 $U_{LSB}/2$。

3）转换速度

D/A 转换器的转换速度用建立时间 t_S 和转换速率 S_R 两个参数表示。

建立时间是将一个数字量转换为稳定模拟信号所需的时间，也可以认为是转换时间。D/A 转换器中常用建立时间来描述其速度，而不是 A/D 转换器中常用的转换速率。一般地，电流输出型 D/A 转换器建立时间较短，电压输出型 D/A 转换器的建立时间则较长。

二、A/D 转换器原理

在 A/D 转换中，因为输入的模拟量在时间上是连续的，而输出的数字信号是离散量，所以进行转换时只能在一系列选定的瞬间（即瞬间坐标轴上的一些规定点）对输入的模拟信号采样，然后再把这些采样值转换为输出的数字量，采样原理如图 2.2.17（a）所示。以 f_s 作为采样信号频率，以 f_{imax} 表示输入 U_i 信号的最大频率，为了保证能从采样信号将原来的被采样信号恢复，必须满足

$$f_s > 2f_{imax} \qquad\qquad (2.2.4)$$

采样信号频率要大于待转换信号最高频率的 2 倍，才能从采样后的信号恢复出原先的信号。在实践中，采样和保持用一个电路完成，图 2.2.17(b) 是一种采样保持电路。

数字信号不仅在时间上是离散的，而且数值大小的变化也不连续。任何一个数字量的大小只能是某个规定的最小数量单位的整数倍。因此，在进行 A/D 转换时也必须把采样电压化为这个最小单位的整数倍。这个转化过程就叫作"量化"，所取的最少数量单位叫作量化单位，用"Δ"表示，数字信号最低有效位的 1 代表的数量大小就等于 Δ。把量化的结果用代码（二进制或二-十进制）表示出来，就是"编码"。

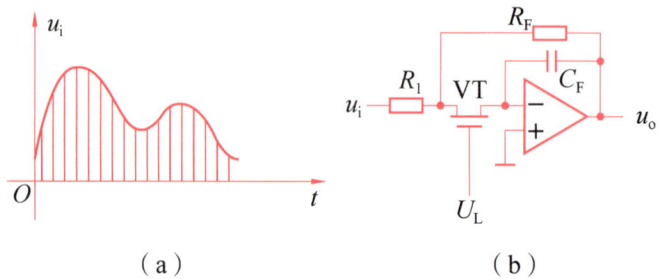

图 2.2.17 采样保持电路原理示意图
(a) 采样原理示意图；(b) 采样保持电路

知识拓展
DAC0832 与 ADC0804

习 题

一、填空题

(1) 在很多计算机控制系统中，外部的被检对象提供的信号是模拟信号，此时，需要将这些模拟信号转换成_____信号后，计算机才能接收和识别；计算机发出的控制信号是_____信号，而很多被控对象识别模拟信号，此时要将_____信号转换成模拟信号进行使用。

(2) 将模拟信号转换成数字信号的电路，称为_____，简称_____转换器或_____；将数字信号转换为模拟信号的电路称为_____，简称_____或_____。_____与_____是衡量 A/D 转换器与 D/A 转换器的重要技术指标。

(3) D/A 转换器由 5 个部分组成，即数码寄存器、_____、_____、基准电源和运算放大器。D/A 转换器有_____、_____形电阻网络、权电流型。

(4) D/A 转换器的分辨率又称_____，通常以数字信号的_____来表示，位数越多，分辨率越_____。用实际输出的模拟电压与理论输出的模拟电压间的最大误差来表示 D/A 转换器的_____，一般要求转换误差小于_____。

(5) 模拟信号转换为数字信号，分为_____、_____、量化和编码 4 个步骤。为了保证能从采样信号将原来的被采样信号恢复，必须满足_____（以 f_s 作为采样信号频率，以 f_{imax} 表示输入被采样信号的最大频率）。

(6) 常用的 ADC 有_____、_____、并行比较型/串并行型、Σ-Δ 调制型、电容阵列逐次比较型及压频变换型。

（7）A/D 转换器的主要参数有_____、_____、量化误差、偏移误差、满刻度误差、线性度。

二、简答题

（1）ADC 和 DAC 的区别是什么？各有什么特点和应用场景？

（2）DAC0808 上的地址端起什么作用？如何实现 8 路模拟信号的输入？

任务三 传感器信号检测与抗干扰技术

任务描述

本任务是检测电流转换为电压信号及频率信号转换为电压信号的电路性能，同时学习传感器信号的检测方法及传感器信号的抗干扰技术。

学习目标

【素质目标】

（1）培养学生的科学探究精神和创新能力。

（2）培养学生积极主动的学习态度和安全实践意识。

【知识目标】

（1）掌握传感器输出信号的检测处理类型及传感器输出信号的处理方式。

（2）熟练掌握 I/U 电路的工作原理。

（3）理解 U/f 控制电路的工作原理及芯片 LM331 的功能。

【能力目标】

（1）能够完成对 I/U 电路的接线、数据测量及分析。

（2）能够完成 f/U 控制电路的接线、数据测量及分析。

（3）掌握常见的传感器信号抗干扰技术。

任务分析

由于传感器种类繁多，如电阻式、电容式、电感式、开关型、频率型、智能型等，其输出信号的形式也是各式各样的，如电阻值、电流、电压、电荷、频率、数字等，且传感器输出的信号通常是动态的。有的传感器输出信号形式复杂，同是压力传感器，应变片随压力变化输出的是电阻值，压电片随压力变化输出的是电荷量。

传感器输出信号后，有的需要将电流转换为电压，有的需将电压转换为电流，还有的需将电压或电流转换为频率信号，所以传感器接口电路较多，在实际检测系统中使用何种电路，应该根据现场需求设定。下面将对 I/U、f/U 转换电路进行设计并测试其效果。

■ 任务实施 ✍

传感器输出信号处理类型较多，本任务就两类典型的信号转换电路进行检测，即 I/U 转换电路和 f/U 转换电路。因实现此功能的电路较多，设计思路不同，故不必再进行原理框图的设计。

一、电路设计

1. I/U 转换电路

在传感器检测系统及控制设备中，常遇到电流输出的情况，对电流信号进行数字化测量时，首先需要将电流转换成电压，然后由数字电压表进行测量，或者经 A/D 转换后送微处理器进行计算及控制等。

电流与电压转换电路，简称 I/U 转换电路。转换的方法较多，典型做法是利用无源器件电阻来实现的无源 I/U 转换，是用一个电阻对电流采样，同时用一个电容进行滤波，并加上输出限幅等保护措施，如图 2.3.1（a）所示。对于 0~10 mA 输入信号，可取 $R_1 = 100\ \Omega$，$R_2 = 500\ \Omega$，且 R_2 为精密电阻，这样当 I 为 0~10 mA 电流时，输出的 U 为 0~5 V；对于 4~20 mA 输入信号，可取 $R_1 = 100\ \Omega$，$R_2 = 250\ \Omega$，且 R_2 为精密电阻，这样当输入电流为 4~20 mA 时，输出的 U 为 1~5 V。

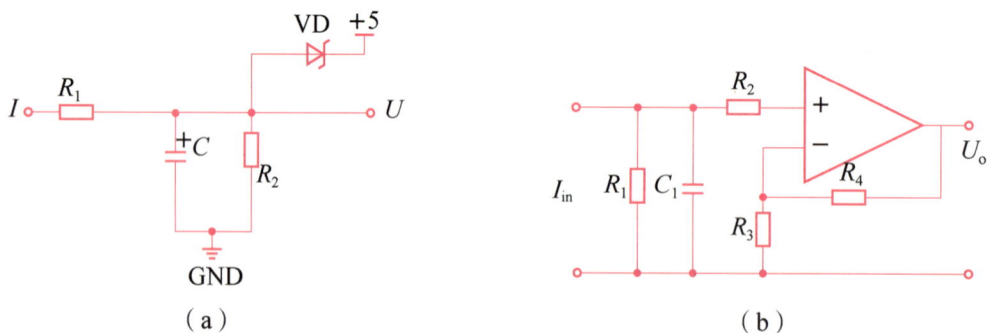

图 2.3.1 I/U 转换原理图
（a）无源 I/U 电路；（b）有源 I/U 电路

如果电流信号不是 4~20 mA 的标准信号，而是电流较小的信号，则还可以后加集成运放电路继续对转换完成的电压信号继续放大，这类称为有源 I/U 转换电路，如图 2.3.1（b）所示。

该电路的转换效果可以通过仿真电路进行观测，本任务中还将对该电路进行实训测量与评价。实际测试电路性能时，可以使用电流源提供的范围为 0~20 mA 的电流。有兴趣的读者可以自己搭建电路进行实测，常用运算放大器可考虑的型号有 OPA656、OPA657、OPA659、OPA129 等，还有大量的其他芯片可以采用。

电流转换为电压的电路还有其他的设计方法和思路，此处不再赘述。

2. f/U 转换电路

有些传感器直接输出的是脉冲信号，为了转换成国际电工委员会（IEC）使用的统一标准信号，需要对传感器输出的脉冲信号进行 f/U 转换。

f/U 常用集成转换器件如 LM331，其外部接线如图 2.3.2 所示，最高脉冲频率可转换到 10 kHz。LM331 的知识在任务实训中用到，图 2.3.2 所示为用该芯片实现的 f/U 转换原理。

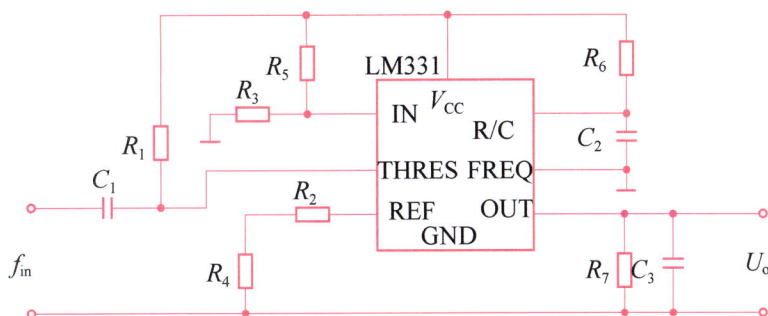

图 2.3.2 f/U 转换原理

二、电路仿真

在进行实训前，先对相关电路进行仿真测试，以了解电路的功能与特点。因在仿真软件中没有 LM331 芯片，所以本任务只针对 I/U 电路进行仿真。正确选择恒流源、电阻、电容、集成运算放大器、电源及电压表等，搭建图 2.3.3 所示电路，设置合适的电路参数，单击"运行"按钮，进行电路仿真。图 2.3.3 所示为 I/U 仿真电路。

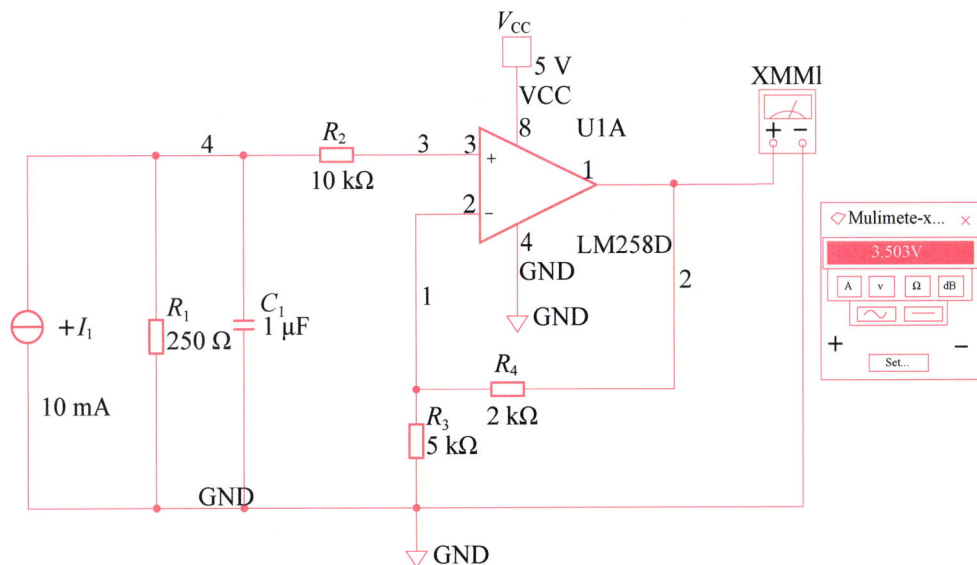

图 2.3.3 I/U 仿真电路

■ 实训练习

实训的内容是测量 I/U、f/U 转换电路的输入输出值，并分析输入输出特性。目的是理解 I/U、f/U 信号转换的电路原理与应用效果。本实训用到了电压源、信号转换电路模块、频率信号源或转动源、频率计、电流表、电压表、示波器等，如图 2.3.4 所示。

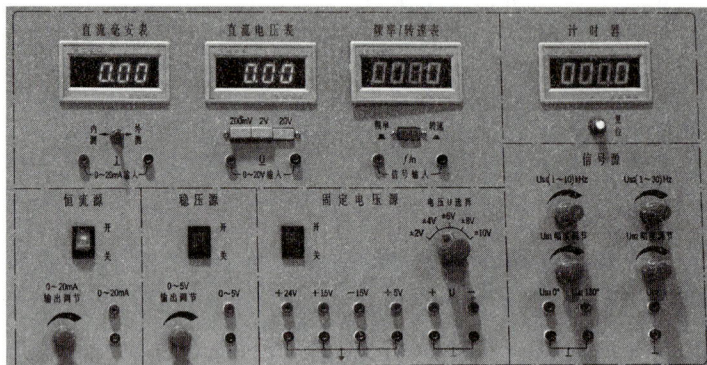

图 2.3.4　实训用电压源、测量仪表及信号源等

一、I/U 转换实训操作

（1）按照图 2.3.5 所示，将 I/U 转换电路的输入端、电流表、直流毫安表三者按照串联方式接线。

（2）将实训台电源的 ±15 V 直流稳压电源接入信号转换模块的电源端子。

（3）检查接线无误后，接通电源。

（4）在 I/U 转换的输入端输入 0~20 mA，用直流电压表测量输出的电压值，每隔 1 mA 记录一次试验数据，填入表 2.3.1 中。

图 2.3.5　I/U 转换测量接线图

表 2.3.1　I/U 转换测量数据表

I/mA	0	1	2	3	4	5	6	7	8	9	10	11	12	13	14	15	16	17	18	19	20
U_o/V																					

（5）测量结束后，切断电源，整理仪器设备。

（6）根据试验所得数据做 I/U 转换，计算其非线性误差。

二、f/U 转换实训操作

(1)f/U 转换所需的频率信号可以由信号源提供，也可以按照图 2.3.6 所示，采用霍尔传感器或者光电传感器采集电动机的转速信号，由不同电压供电时电动机的转速或频率信号也跟着改变的原理，将此频率信号送入 f/U 转换电路的输入端。由信号源提供的频率信号更加方便，调节输出值更加随意。f/U 转换电路的输出端接至直流电压表以显示模块的转换结果。输入的频率信号即霍尔传感器采集自转动源电动机的频率信号接至频率表，以便显示其频率值。

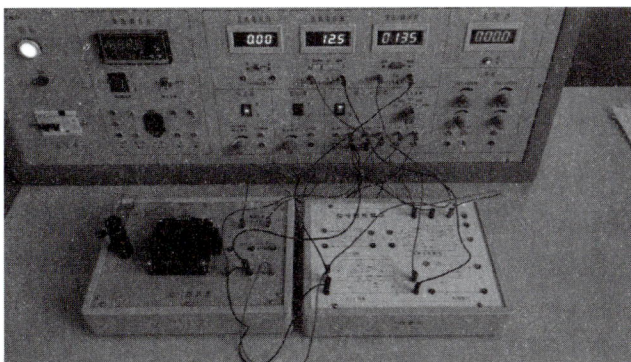

图 2.3.6　f/U 转换测量接线

(2)将实训台电源的 ±15 V 直流稳压电源接入信号转换模块的电源端子。

(3)检查接线无误后，接通电源。

(4)改变直流电动机的输入电压值，调节转动源转速，用直流电压表测量 f/U 转换输出的电压值，用频率计测量电动机的转动频率信号，将试验数据填入表 2.3.2 中。

表 2.3.2　f/U 转换测量数据记录表

转动源电压/V	4	5	6	8	10	12	15	16	20	24
转动频率 f/Hz										
输出电压 U_o/mV										

(5)测量结束后，切断电源，整理仪器设备。

(6)根据试验所得数据做 f/U 转换，计算其非线性误差。

本实训中采用了调节电动机转速以输出频率信号的方式，来给 f/U 转换电路提供输入信号，最好是采用连续可调的直流稳压电源，这样可以间隔相同的电压来输出脉冲信号，可以借此了解直流电动机的调压调速特性。更加理想的情况是，采用信号源输出的脉冲信号提供给 f/U 转换电路，这样可以设定每次增大固定的频率值，如间隔 20 Hz 记录一次测量数据，以更方便地研究 f/U 转换的线性度。

任务评价与反馈

完成任务后，请将评价记录到表 2.3.3 中。

表 2.3.3　信号转换实训评价表

项目	配分	评分标准	自评	互评	师评	平均
I/U 转换实训	25	①能正确连接电路(5 分) ②能正确识读电流表读数(5 分) ③能正确识读电压表读数(5 分) ④完成测量并完整记录数据(5 分) ⑤数据分析图准确(5 分)				
f/U 转换实训	25	①能正确连接电路(5 分) ②能正确识读频率表读数(5 分) ③能正确识读电压表读数(5 分) ④完成测量并完整记录数据(5 分) ⑤数据分析图准确(5 分)				
电路仿真	20	电路绘制完整，并实现了功能				
学习态度	10	不缺勤、守纪律、专注严谨、精益求精				
安全文明操作	10	严格遵守安全规范，文明规范操作				
6S 管理规范	10	规范整理实训器材				
合计						

任务知识讲解

LM331 是性价比较高的集成芯片，可用作精密频率电压转换器、A/D 转换器、线性频率调制解调、长时间积分器及其他相关器件。图 2.3.7 所示为 LM331 芯片实物及芯片引脚排列及名称。

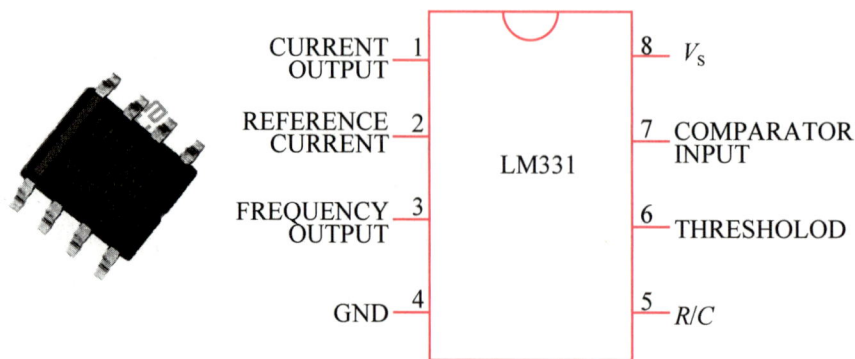

图 2.3.7　LM331 芯片实物及芯片引脚排列及名称

LM331 采用了新的温度补偿能隙基准电路，在整个工作温度范围内和低到 4.0 V 电源电压下都有极高的精度。LM331 的动态范围宽，可达 100 dB；线性度好，最大非线性失真小于 0.01%，工作频率低到 0.1 Hz 时尚有较好的线性；变换精度高，数字分辨率可达 12 位；外接电路简单，只需接入几个外部元件就可构成 U/f 或 f/U 等变换电路，并且容易保证转换精度。

LM331 的内部电路组由输入比较器、定时比较器、RS 触发器、输出驱动管、复零晶体管、能隙基准电路、精密电流源电路、电流开关、输出保护管等部分组成，输出驱动管采用集电极开路形式，可以灵活改变输出脉冲的逻辑电平，以适配 TTL、DTL 和 CMOS 等不同的逻辑电路。LM331 采用双电源或单电源供电，工作在 4.0～40 V 之间，输出高达 40 V。图 2.3.8 所示为 f/U 变换原理电路。

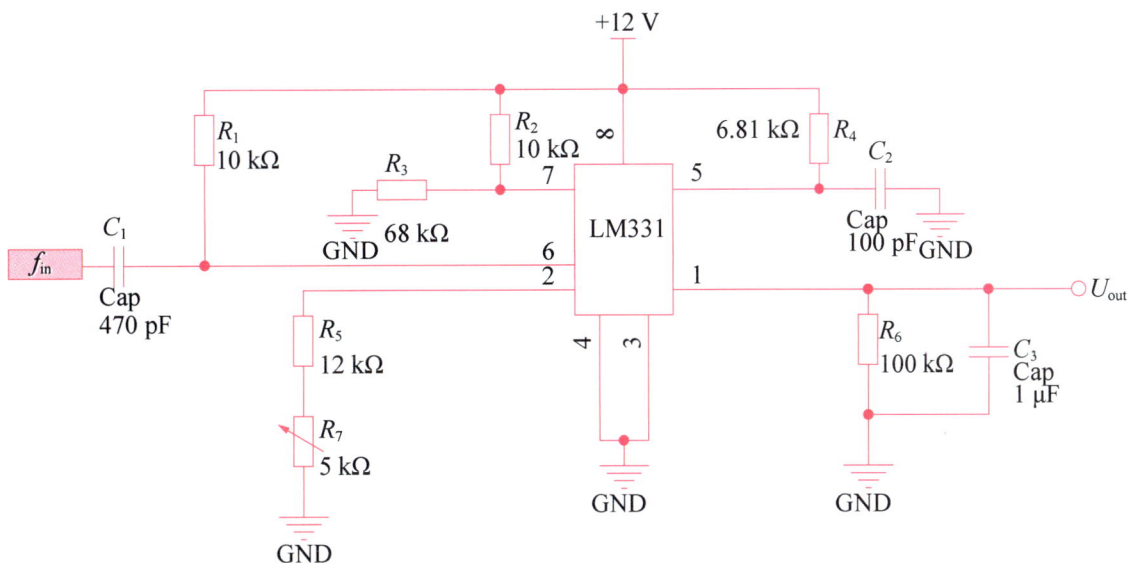

图 2.3.8 f/U 变换原理电路

LM331 配合传感器用于人员不宜进入的测量场合，传感器信号经运算放大器放大后输出 0～10 V 电压，由 LM331 进行 U/f 变换为脉冲信号，然后通过长双绞线传输到测量室，其间通过光电耦合器转换，除掉线路衰减或干扰，从而提高测量精度。

当前 12 位以上的 A/D 转换器的价格仍较昂贵，用 U/f 变换器来代替 A/D 转换器，在要求速度不太高的场合是较好的选择。用该芯片实现 A/D 转换的方法是：从传感器来的毫伏级电压信号经低温漂运算放大器放大至 0～10 V 后，加到 U/f 变换器 LM331 的输入端，再将得到的频率信号输入到单片机的计数器，根据分辨率的要求利用软件处理，最后得到 A/D 转换的结果。图 2.3.9 所示为由 LM331 等组成的检测原理框图。

图 2.3.9 LM331 等组成的检测原理框图

知识拓展
传感器输出信号的抗干扰

习 题

一、判断题(正确的填入字母"T",错误的填入字母"F")

(1)发现某检测缓慢信号的仪表输入端存在 50 Hz 的差模干扰,应采取在输入端串接低通滤波器措施。　　　　　　　　　　　　　　　　　　　　　　　　　　(　　)

(2)检测仪表附近存在一个漏感很大的 50 Hz 电源变压器时,该仪表的机箱和信号线必须用低频磁屏蔽。　　　　　　　　　　　　　　　　　　　　　　　　　　(　　)

(3)飞机上的仪表接地端必须接飞机的金属构架及蒙皮。　　　　　　　　　　(　　)

(4)经常看到数字集成电路的 VDD 端(或 VCC 端)与地线之间并联一个 0.01 μF 的独立电容器,这是为了滤除模拟电路对数字电路的干扰信号。　　　　　　　　　　(　　)

(5)触摸某检测仪表机箱有麻电感,必须采取将机箱接大地措施。　　　　　　(　　)

(6)对电磁耦合和静电耦合量化分析可得到结论:采用绞线或屏蔽导线可以减少电磁耦合与静电耦合,从而减小干扰的影响。　　　　　　　　　　　　　　　　　(　　)

二、简答题

(1)传感器输出信号有何特点?

(2)传感器接口电路类型有哪些?分别完成什么功能?

(3)LM331 芯片有何功能?它能否代替 AD 芯片来使用?

(4)干扰三要素是什么?干扰信号来源有哪些?

(5)什么是电磁干扰?采用什么方法可以减小干扰影响?

传感器应用电路的组装与调试

本模块通过实施真实、完整的工作任务，来讲述温度、湿度、光敏、力敏、磁敏传感器应用电路的装配、焊接、调试、故障检修和使用电子仪器仪表进行测量的方法，学会选用与检测热敏电阻、湿敏传感器、光敏电阻、电阻应变式传感器、金属探测传感器、干簧管、霍尔传感器、集成运放、数字集成电路、模拟开关芯片、光电耦合器、双向晶闸管、蜂鸣器、数字显示表等元器件，掌握电路装调操作技能及电路应用能力，提高分析问题、解决问题、处理问题的综合能力和应变能力，以及规范操作、安全意识、心理素质等职业素养。

任务一　温度传感器应用电路的组装与调试

任务描述

使用电烙铁、焊锡丝、松香等工具和材料，焊接一套4位数字温度计。焊接完成后，正确使用可调直流稳压电源、万用表、函数信号发生器、示波器对电路进行调试，实现该电路的基本功能，满足相应的技术指标，按要求完成电压、波形等数据的测量，并做好记录。

学习目标

【素质目标】

(1)培养学生爱岗敬业、精益求精的工匠精神。

(2)提升学生质量意识、绿色环保意识、安全意识。

【知识目标】

(1)会选用与检测色环电阻、热敏电阻、三极管等元器件。

(2)会识读4位数字温度计电路的原理图、装配图。

(3)理解4位数字温度计电路的工作原理。

【能力目标】

(1)能根据电路原理图、装配图按照工艺要求在PCB板上组装电路。

(2)会使用常用电工电子工具及测量仪器进行4位数字温度计电路调试。

任务分析

4位数字温度计电路如图3.1.1所示,STC15W404AS为16脚贴片封装的新型单片机芯片,温度的变化可以改变热敏电阻R_x的阻值,从而引起P10的电压变化,这个变化的电压经单片机芯片内部模/数转换并计算后从数码管上显示出温度值。调节R_{P1}可以校准温度值,三极管$VT_1 \sim VT_4$为4位数码管提供公共驱动电流,$R_1 \sim R_{12}$均为限流电阻。

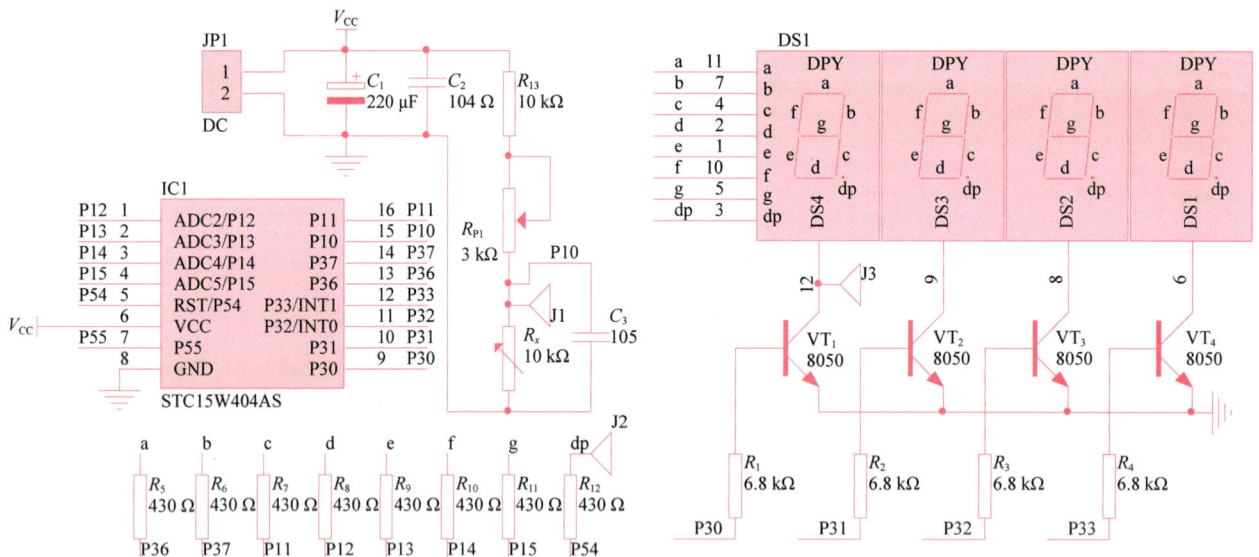

图3.1.1 4位数字温度计电路

任务实施

一、安装焊接操作

1. 清点元器件、检查仪器仪表

根据表3.1.1所列元器件材料清单,从元器件袋中选择合适的元器件。清点元器件数量,

目测元器件有无缺陷,并按要求做好标记。通电检查工作台可调直流稳压电源模块、外置函数信号发生器和外置示波器是否完好,检查两根电源连接线是否完好。如有问题应及时举手示意教师处理,如不声明则视为元器件齐全、仪器仪表完好。检查完毕后断开工作台可调直流稳压电源开关。

表 3.1.1 元器件材料清单

序号	名称	型号规格 (标称值)	元件标号	数量	清点结果	检测结果
1	电解电容	220 μF/10 V	C_1	1		
2	瓷片电容	0.1 μF	C_2	1		
3	独石电容	1 μF	C_3	1		
4	4 位共阴数码管	3461AS	DS1	1		
5	单片机	STC15W404AS	IC1	1		
6	1/4 W 色环电阻	6.8 kΩ	$R_1 \sim R_4$	4		
7	1/4 W 色环电阻	430 Ω	$R_5 \sim R_{12}$	8		
8	1/4 W 色环电阻	10 kΩ	R_{13}	1		
9	可调电阻	3 kΩ	R_{P1}	1		
10	热敏电阻	10 kΩ	R_x	1		
11	三极管	8050	$VT_1 \sim VT_4$	4		
12	电路板	双面		1		

2. 检测元器件

用万用表测量等方法检测元器件的性能,目测 PCB 板有无缺陷,如没有问题,则在清单后面的"清点结果"和"检测结果"栏中打勾做出标记,如有问题则举手示意教师处理。

3. 焊前预处理

根据需要,使用辅助工具,对元器件引脚进行焊接前的镀锡、成形等预处理。

4. 识读技术文件

正确识读整机电路原理图、PCB 板图,明确各元器件的安装位置及极性。

5. 电路装配焊接

按照图 3.1.1 所示电路原理图在 PCB 板上装配、焊接元器件,装配焊接要符合工艺要求。

PCB 板上插装有元器件引脚的焊盘都需要焊接，如图 3.1.2 所示。

本任务焊接遵循"先小后大、先轻后重、先里后外、先低后高"原则。焊接单片机如图 3.1.3 所示。

（1）焊接贴片芯片 IC1，注意芯片方向，带标记引脚号为"1"。

（2）按图 3.1.4 所示焊接色环电阻 $R_1 \sim R_{13}$ 和热敏电阻 R_x。注意色环电阻的读数方向，阻值不确定时利用万用表进行测量。

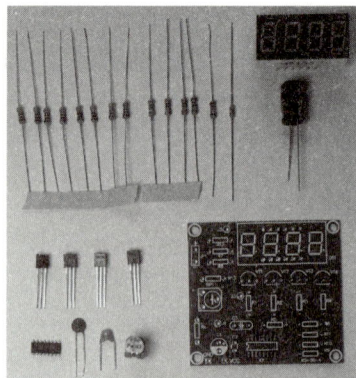

图 3.1.2　4 位数字温度计元件一览

图 3.1.3　焊接单片机

图 3.1.4　焊接色环电阻和热敏电阻

（3）如图 3.1.5 所示，依次焊接瓷片电容 C_2、独石电容 C_3、电位器 R_{P1} 和三极管 $VT_1 \sim VT_4$。注意三极管的极性，带型号平面朝向自己，自左至右引脚顺序为 E（发射极）、B（基极）、C（集电极），三极管半圆形外形要与电路板丝印层半圆相对应。

（4）如图 3.1.6 所示，依次焊接 4 位共阴数码管 DS1、电解电容 C_1 和电源线。注意电解电容的极性，长引脚为正极；焊接电源线时，注意电源极性，红线为正极，剥去绝缘外皮露出铜线长度 5 mm 为宜，不宜过长，进行镀锡预处理后再焊接，禁止出现毛刺，以免引起短路。

图 3.1.5　焊接瓷片电容、独石电容、电位器和三极管

图 3.1.6　焊接 4 位共阴数码管、电解电容和电源线

二、电路调试

工作台上方设有提示牌，若提示牌为绿色的"允许通电测试"状态，学生可以进行电路通电测试，若提示牌为红色的"禁止通电测试"状态，学生进行电路通电测试前必须举手示意教师，在教师检查同意后方可进行。

电路供电电源可以使用工作台上的可调直流稳压电源模块或直流电源输出模块的+5 V电源。

1. 电源的调整与测量（学生在本操作前不需要举手示意教师）

工作台上可调直流稳压电源的输出端子先不接两根电源线，闭合可调直流稳压电源的电源开关，使可调直流稳压电源工作于稳压状态，调整可调直流稳压电源的输出电压，使可调直流稳压电源显示屏上显示的输出电压为 5 V，用万用表测量可调直流稳压电源的输出电压，将测量结果记录在表 3.1.2 中。操作完毕后，断开可调直流稳压电源的开关。选择工作台上直流电源输出模块+5 V电源的学生，除了不需要调整电源输出电压，其他操作参考以上要求。

表 3. 1. 2　电源电压记录表（根据选择限填一项）

选择可调直流稳压电源		选择直流电源输出模块时，万用表实际测量的电压值
可调直流稳压电源显示屏显示的电压值	万用表实际测量的电压值	

2. 观察现象

电路通电调试前，举手示意教师检查试验前的准备工作。电路装配焊接完毕后，工作台各直流电源处于断电状态。两根电源线在工作台侧接相应直流电源的接线端子，在电路板侧接 PCB 接线端子 JP1。

获得电路通电许可后，对电路进行通电调试。用热烙铁或热手靠近热敏电阻适当加热，观察数码管显示的变化情况并记录。

3. 进行电位测试

按表 3.1.3 所示进行电位测试。

表 3. 1. 3　电位测试记录表

测试对象	J1 点电位	J2 点电位	C_2 两端电压	VT_4 的 E 极电位
测量值/V				

4. 波形测量

用示波器测量 IC1 第 9 脚（也可以测量 R_1 的下端）波形，绘制形状相对稳定的波形，并测试、记录信号周期值和峰–峰值，完成表 3.1.4 的填写。

表 3.1.4　波形测试记录表

IC1 第 9 脚的波形	波形参数值	
	V_{pp}（峰–峰值）	Prd（周期）

5. 温度校准

将制作的 4 位数字温度计与测温仪置于同一测试环境中，调节 R_{P1} 对温度计进行校准，使温度计与测温仪显示值一致，测量 J1 点电位，并记录温度值及电位值。

三、教师记录电路工作情况

保持示波器显示要求的测量波形，学生举手向教师示意，教师示意"记录完毕"后，按要求做好工作台整理。

四、安全文明生产

任务实施过程中学生要严格遵守安全用电操作规范和仪器设备的操作规程，若提示牌为红色的"禁止通电测试"状态，学生进行电路通电测试前必须举手示意教师。学生应着装整齐，规范操作，工位整洁，不损坏工具、设备，不浪费耗材。任务实施完成后按顺序关断电源，整理工位，将工具放回原位。

任务评价与反馈

完成实训任务后，请将评价记录到表 3.1.5 中。

表 3.1.5　任务评价表

项目	配分	评分标准	自评	互评	师评	平均
安装焊接操作	40	①能按要求清点、检测元器件(5分) ②能正确进行焊前预处理(5分) ③能正确插装元件,不出现错装、漏装、倒装情况(10分) ④焊点无虚焊、漏焊、连焊、不光滑、不干净、毛刺、孔洞、气泡等现象,大小适中(10分) ⑤元件安装高度符合工艺要求,引线修剪一致、合适,电路板清洁、美观,不破坏铜箔(10分)				
电路调试	45	①电源电压调整、测量、记录正确(10分) ②能正确连接电路(5分) ③按要求获得电路通电许可后通电(5分) ④数码管显示的变化情况记录正确(5分) ⑤电位测量、记录正确(5分) ⑥波形测量、记录正确(10分) ⑦温度校准、记录正确(5分)				
教师记录电路工作情况	5	示波器正确显示要求的测量波形				
安全文明生产	10	①严格遵守安全用电操作规范和仪器设备的操作规程(5分) ②着装整齐,工位整洁,不损坏工具、设备,不浪费耗材(2分) ③任务实施完成后按顺序关断电源,整理工位,将工具放回原位(3分)				
合计						

任务知识讲解

一、焊接工具与材料

1. 电烙铁的种类

电烙铁按加热方式分,可分为外热式电烙铁、内热式电烙铁,内热式电烙铁用得较多。

电烙铁按功能分,可分为普通电烙铁、调温电烙铁、恒温电烙铁,用得较多的是普通电烙铁、调温电烙铁。普通电烙铁一般用于焊接普通元件如电阻、电容、线材等,调温电烙铁用于焊接较精密元件,如 IC 之类元器件。

2. 普通电烙铁

（1）规格与温度：30 W 电烙铁的最高温度约为 310 ℃，40 W 电烙铁的最高温度约为 370 ℃，60 W 电烙铁的最高温度约为 470 ℃。

（2）构造：普通电烙铁主要由手柄、烙铁头、加热管、电源线组成，如图 3.1.7 所示。普通电烙铁可以通过调节烙铁头的长度来控制温度，以达到所要的温度，只是调节范围比较窄，调节不方便、不直观。

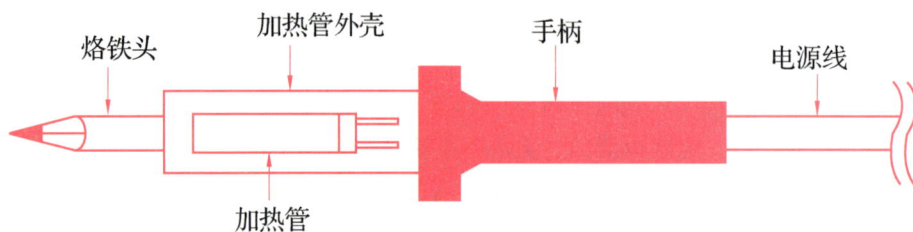

图 3.1.7　普通电烙铁

3. 调温电烙铁

调温电烙铁可调整温度范围在 200~480 ℃，它主要由烙铁架、海绵、电源主机、电源线、焊接手柄构成，如图 3.1.8 所示。

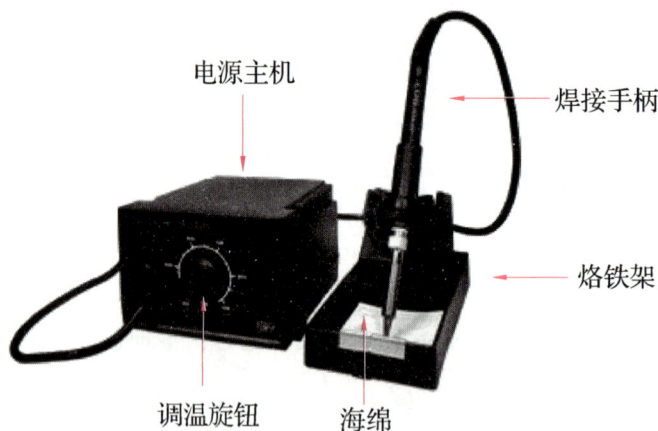

图 3.1.8　调温电烙铁

4. 电烙铁的握法

电烙铁的握法包括反握法、正握法、握笔法，如图 3.1.9 所示。

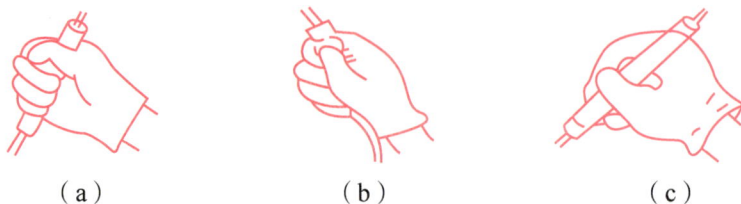

（a）　　　　　　　　（b）　　　　　　　　（c）

图 3.1.9　电烙铁的握法

（a）反握法；（b）正握法；（c）握笔法

电烙铁拿法有 3 种。反握法动作稳定，长时间操作不易疲劳，适合大功率电烙铁的操作。正握法适合中等功率电烙铁或带弯头电烙铁的操作。一般在工作台上焊接 PCB 板等焊件时多采用握笔法。

5. 其他焊接工具

其他焊接工具包括尖嘴钳、斜口钳、剥线钳、老虎钳、镊子、螺丝刀、吸锡器、试电笔等。

6. 焊接材料

焊接材料种类分焊锡丝、焊锡条、助焊剂、锡膏。焊锡丝用于手工焊接，焊锡条用于波峰焊接，助焊剂用于波峰焊接或手工焊接中多引脚元器件如 IC 等，锡膏用于焊接 SMD 元器件。

焊锡丝一般有两种拿法。焊接时，一般左手拿焊锡丝，右手拿电烙铁。进行连续焊接时采用图 3.1.10(a)所示的拿法，这种拿法可以连续向前送焊锡丝。图 3.1.10(b)所示的拿法在只焊接几个焊点或断续焊接时适用，不适合连续焊接。

助焊剂是一种焊接的辅助材料，其作用主要是去除氧化膜、防止氧化、减小表面张力，使焊点美观。常用的助焊剂有松香、松香酒精助焊剂、焊膏、氯化锌助焊剂、氯化铵助焊剂等。

（a）　　　　　　　（b）

图 3.1.10　焊锡丝的拿法

（a）连续焊接时；（b）只焊几个焊点时

在电子电器制品焊接中，常采用中心夹有松香助焊剂、含锡量为 61% 的 39 锡铅焊锡丝，也称为松香焊锡丝。

二、焊接步骤

1. 焊接前的准备工作

准备好电烙铁、镊子、斜口钳等工具，新烙铁需对烙铁头做搪锡处理。对电烙铁打开电源进行预热。海绵加水发泡，然后挤海绵里的水，以挤出 3~4 滴为宜，保持润湿状态，如图 3.1.11 所示，用其每 2 h 清洗一次烙铁头。准备好被焊件。

2. 元件分类、整形、插装

在手工装配时，按电路图或工艺文件将电阻器、电容器、电感器、三极管、二极管、变压器、插排线/座、导线、紧固件等进行归类。

图 3.1.11　海绵弄湿的方法

所有元器件引脚均不得从根部弯曲，一般应留 1.5 mm 以上。因为制造工艺的原因，根部容易折断。手工组装的元器件可以弯成直角，但机器组装的元器件弯曲一般不要成死角，圆弧半径应大于引脚直径的 1~2 倍。要尽量将有字符的元器件面置于容易观察的位置。可以借助镊子或小螺丝刀对引脚进行整形，如图 3.1.12 所示。

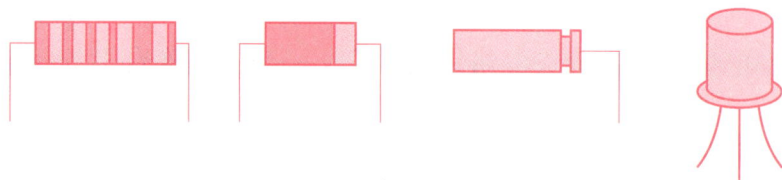

图 3.1.12　元件整形

元件插装方式分为直立式、俯卧式、混合式，如图 3.1.13 至图 3.1.15 所示。

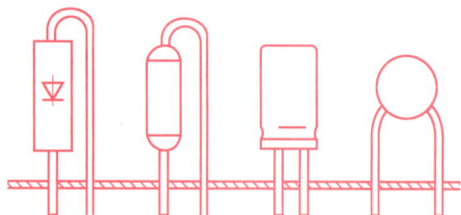

图 3.1.13　直立式

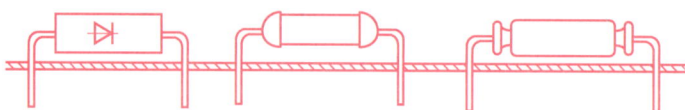

图 3.1.14　俯卧式

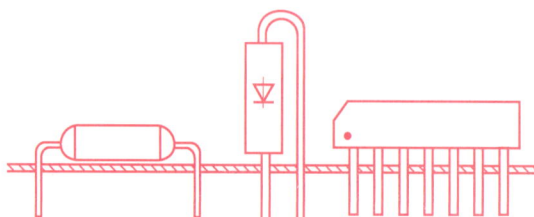

图 3.1.15　混合式

3. 焊接温度要求

焊接一般元器件如电阻、电容、IC 等，需将温度控制在 350~380 ℃。焊接大元器件焊点如大的接地点、线材等应将温度控制在 380~420 ℃。焊接温度过高，会烫伤元器件，严重时会损坏 PCB 板焊盘。焊接温度过低，则焊接困难，锡不流动造成连锡短路，无法形成合金。

4. 焊接步骤

焊接步骤如图 3.1.16 所示。

(1) 焊接位置：烙铁头应同时接触需要互相连接的两个焊件，有热容量大的零件或大面积铜箔时优先重点加热。烙铁头焊接角度：烙铁头一般倾斜 45°，避免因只与一个焊件接触或接触面太小的现象。接触压力：烙铁头与焊件接触时应施以适当压力，以不对焊件

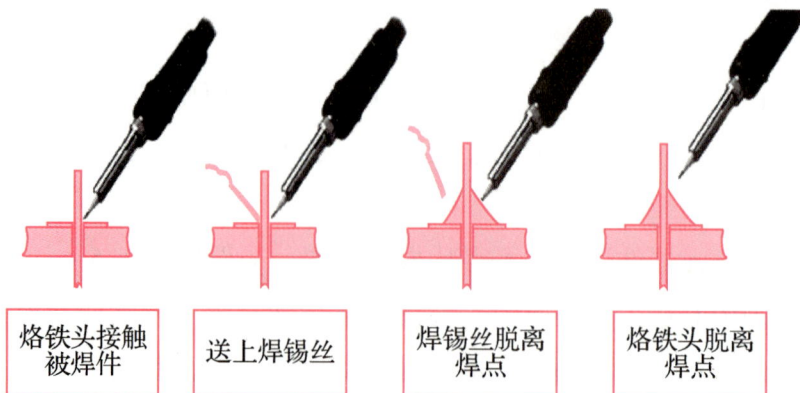

| 烙铁头接触被焊件 | 送上焊锡丝 | 焊锡丝脱离焊点 | 烙铁头脱离焊点 |

图 3.1.16　焊接步骤

表面造成损伤为原则。

（2）熔锡润湿：添加锡丝，锡丝放在烙铁头对侧处并填充焊料。焊料应填充在焊点离烙铁头加热部位最远的距离，可保证焊点四周均匀布满焊锡。供给数量：确保焊接润湿角度在15°～45°内，焊点圆滑且能看清焊点轮廓。

（3）当焊锡丝供给足后立即撤离锡丝。

（4）最关键的一步是：当焊点上的焊料接近饱满，助焊剂尚未完全蒸发，焊点最光亮，焊料流动性最强的时候，迅速撤去电烙铁。正确的方法是：将电烙铁迅速回带一下，同时轻轻旋转一下朝焊点45°方向迅速撤去，焊接时间大约为3 s，多层板或大焊盘可增加至5 s。

需要注意的是，避免一些错误的焊接方法，如图3.1.17所示。

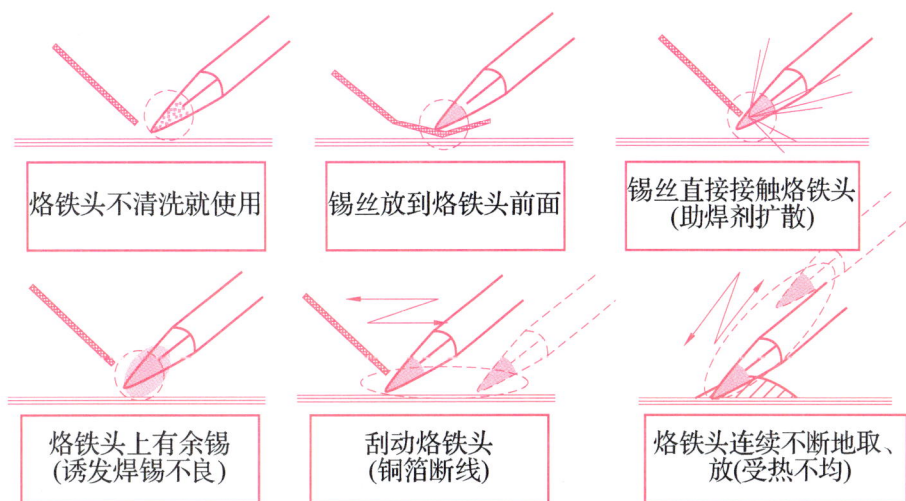

图 3.1.17　错误的焊接方法

三、焊接工艺原则和要求

（一）焊接的基本原则

（1）先小后大、先轻后重、先里后外、先低后高。

（2）先普通后特殊，即先焊分立元件，后焊集成块。

（3）对外连线要最后焊接。

（二）焊接工艺要求

1. 元件面

元件面所有插件都插装到位，如有翘起，应符合规定。不缺件的板子，不应有少件的情况；缺件的板子上应贴有标识，注明缺件的种类、数量，缺件的板子应单独放置。焊接的元件规格型号、位置、极性、方向正确无误，需要抬高的元件，高度符合规定要求。板面上应清洁、无脏污和元件脚等；板面无划伤、裂痕。需要保留焊孔的位置，应将焊孔留出。

2. 焊接面

焊接面的焊点应符合规定要求，无虚焊、漏焊、短路、拉尖等不良现象。对于双面板或多层板，金属化孔的垂直填充应符合要求。所有元件引脚的剪脚高度应符合规定要求。板面上应清洁、无脏污和元件脚等；板面无划伤、裂痕。标准焊点外观(截面)如图 3.1.18 所示。

3. 其他要求

(1)焊点有足够的机械强度：为保证被焊件在受到振动或冲击时不至脱落、松动，因此要求焊点要有足够的机械强度。

(2)焊接可靠，保证导电性能：焊点应具有良好的导电性能，必须要焊接可靠，防止出现虚焊。

(3)焊点表面整齐、美观：焊点的外观应光滑、圆润、清洁、均匀、对称、整齐、美观，充满整个焊盘，并与焊盘大小比例合适。

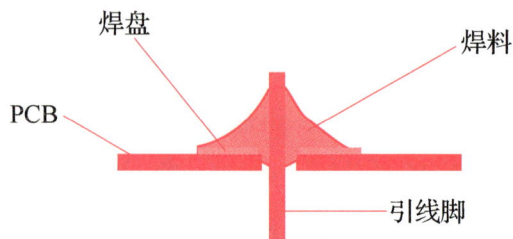

图 3.1.18　标准焊点外观(截面)

四、焊接的注意事项

(1)焊剂加热挥发出的化学物质是对人体有害的，一般电烙铁离开鼻子的距离至少不要小于 20 cm，通常以 30 cm 为宜。

(2)电烙铁用后一定要稳妥地放于烙铁架上，并注意导线等物不要碰电烙铁。

(3)由于焊锡丝成分中含有铅类重金属，因此操作时应戴手套或操作后洗手，以避免食入。

习　题

以 MCS-51 系列单片机为核心器件，设计一款数字温度计，采用数字温度传感器热电偶作为检测器件，进行单点温度检测，检测精度为±0.5 ℃。温度采用 4 位数码管显示，保留两位小数有效数字，试画出电路原理图。

知识拓展
常见不良焊点
及处理办法、拆焊

任务二　湿度传感器应用电路的组装与调试

任务描述

使用电烙铁、焊锡丝、松香等工具和材料，焊接一套环境湿度控制器。焊接完成后，正确使用可调直流稳压电源、直流稳压电源模块、万用表、示波器对电路进行调试，实现该电路的基本功能，满足相应的技术指标，按要求完成电压、电流、波形等数据的测量，并做好记录。

学习目标

【素质目标】

(1)培养学生崇尚劳动、团结协作的职业精神。

(2)树立学生标准意识、规范操作意识。

【知识目标】

(1)会选用与检测电阻、电容、湿敏电容、二极管、三极管、继电器等元器件。

(2)会识读环境湿度控制器电路的原理图和装配图。

(3)理解环境湿度控制器电路的工作原理。

【能力目标】

(1)能根据电路原理图、装配图按照工艺要求在 PCB 板上组装电路。

(2)会使用常用电工电子工具及测量仪器进行环境湿度控制器电路调试。

任务分析

环境湿度控制器电路如图 3.2.1 所示，电路主要由湿敏电容、湿度－频率转换电路、基准脉冲发生电路、频率比较电路和湿度控制输出电路组成。

湿敏电容 HS1101 和 TLC555 等组成湿度－频率转换电路，湿度－频率转换电路将湿度物理量转换为与湿度大小相对应的脉冲频率，湿度与脉冲频率的关系如表 3.2.1 所示；集成电路 U3 与外部 RC 元件组成基准脉冲发生器，经过 12 级分频后将信号输出；脉冲频率比较电路由 U2 和部分外围元件组成，频率比较电路接收来自湿度－频率转换电路和基准脉冲发生电路的信号，比较结果经 D 触发器锁存后输出驱动继电器 K1 吸合。

表 3.2.1　湿度与脉冲频率的关系

RH/%	0	10	20	30	40	50	60	70	80	90	100
f/Hz	7 351	7 224	7 100	6 976	6 853	6 728	6 600	6 468	6 330	6 186	6 033

对湿敏电容轻微哈气，使湿敏电容周围的相对湿度增大，湿度－频率转换电路输出频率降低，当脉冲频率低于设定值(对应相对湿度 90%RH)时，湿度控制电路启动输出(K1 吸合，LED1 点亮)，停止对湿敏电容哈气，湿敏电容脱湿后(脱湿时间约 20 s)，湿度控制电路停止输出(K1 断开，LED1 熄灭)。

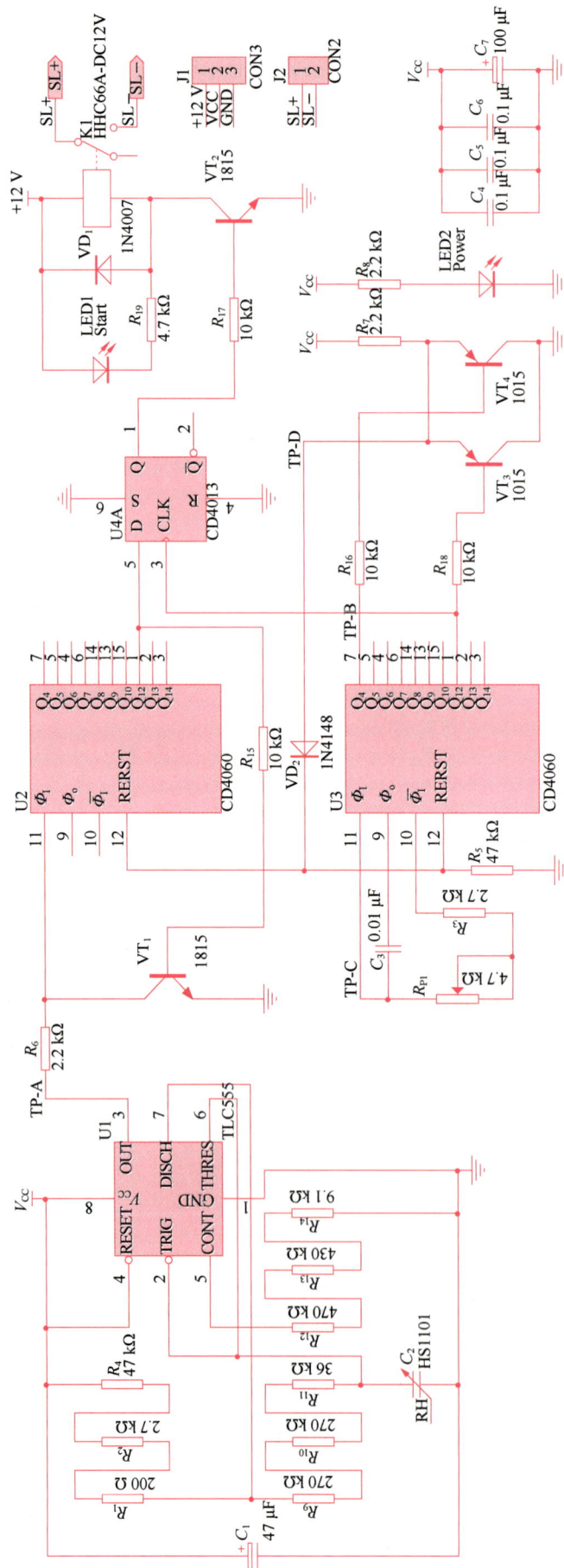

图3.2.1 环境温湿度控制器电路

任务实施

一、安装焊接操作

1. 清点元器件、检查仪器仪表

根据表 3.2.2 所列元器件材料清单，从元器件袋中选择合适的元器件。清点元器件数量，目测元器件有无缺陷，并按要求做好标记。通电检查工作台可调直流稳压电源模块、直流稳压电源模块和外置示波器是否完好，检查两根电源连接线是否完好。如有问题应及时举手示意教师处理，如不声明则视为元器件齐全、仪器仪表完好。检查完毕后断开工作台可调直流稳压电源和直流稳压电源模块开关。

表 3.2.2　元器件材料清单

序号	名称	型号规格（标称值）	元件标号	数量	清点结果	检测结果
1	1/4 W 色环电阻	200 Ω	R_1	1		
2	1/4 W 色环电阻	2.2 kΩ	R_6，R_8	2		
3	1/4 W 色环电阻	2.7 kΩ	R_2，R_3	2		
4	1/4 W 色环电阻	4.7 kΩ	R_{19}	1		
5	1/4 W 色环电阻	9.1 kΩ	R_{14}	1		
6	1/4 W 色环电阻	10 kΩ	R_{15}，R_{17}	2		
7	1/4 W 色环电阻	36 kΩ	R_{11}	1		
8	1/4 W 色环电阻	47 kΩ	R_4	1		
9	1/4 W 色环电阻	270 kΩ	R_9，R_{10}	2		
10	1/4 W 色环电阻	430 kΩ	R_{13}	1		
11	1/4 W 色环电阻	470 kΩ	R_{12}	1		
12	贴片电阻	2.2 kΩ	R_7	1		
13	贴片电阻	10 kΩ	R_{16}，R_{18}	2		
14	贴片电阻	47 kΩ	R_5	1		
15	精密电位器	4.7 kΩ	R_{P1}	1		
16	独石电容	0.01 μF	C_3	1		
17	独石电容	0.1 μF	$C_4 \sim C_6$	3		
18	电解电容	47 μF/16 V	C_1	1		
19	电解电容	100 μF/16 V	C_7	1		

序号	名称	型号规格 （标称值）	元件标号	数量	清点结果	检测结果
20	湿敏电容	HS1101	C_2	1		
21	三极管	1815	VT_1，VT_2	2		
22	三极管	1015	VT_3，VT_4	2		
23	二极管	1N4007	VD_1	1		
24	二极管	1N4148	VD_2	1		
25	发光二极管	5 mm	LED1，LED2	2		
26	集成芯片	TLC555	U1	1		
27	集成芯片	CD4060	U2，U3	2		
28	集成芯片	CD4013	U4	1		
29	IC 座	8P	U1	1		
30	IC 座	16P	U2，U3	2		
31	IC 座	14P	U4	1		
32	继电器	HHC66A-DC12V	K1	1		
33	接线端子	2P	J2	1		
34	接线端子	3P	J1	1		
35	电路板	双面		1		

2. 检测元器件

用万用表测量等方法检测元器件的性能，目测 PCB 板有无缺陷，如没有问题，则在清单后面的"清点结果"和"检测结果"栏中打勾做出标记，如有问题则举手示意教师处理。

3. 焊前预处理

根据需要，使用辅助工具，对元器件引脚进行焊接前的镀锡、成形等预处理。

4. 识读技术文件

正确识读整机电路原理图、PCB 板图，明确各元器件的安装位置及极性。

5. 电路装配焊接

按照图 3.2.1 所示电路原理图在 PCB 板上装配、焊接元器件（见图 3.2.2），装配焊接要符合工艺要求。PCB 板上插装有元器件引脚的焊盘都需要焊接。

本任务焊接遵循"先小后大、先轻后重、先里后外、先低后高"原则。

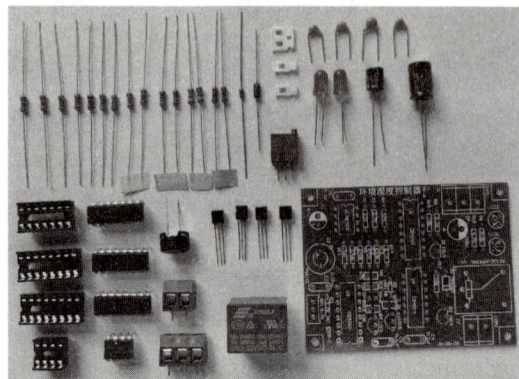

图 3.2.2　环境湿度控制器元件一览

（1）焊接贴片电阻 R_5、R_7、R_{16}、R_{18}，如图 3.2.3 所示。

（2）焊接色环电阻 $R_1 \sim R_4$、R_6、$R_8 \sim R_{15}$、R_{17}、R_{19} 和二极管 VD_1、VD_2，如图 3.2.4 所示。注意色环电阻的读数方向，阻值不确定时利用万用表进行测量。注意二极管的极性，有标记的一端为负极。

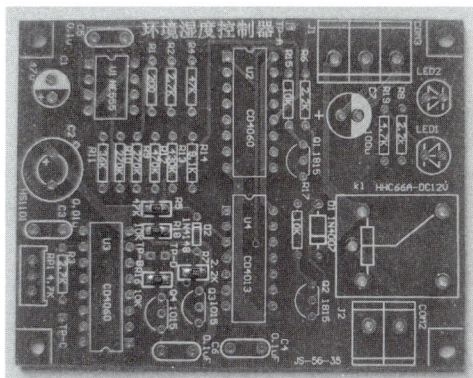

图 3.2.3　焊接贴片电阻

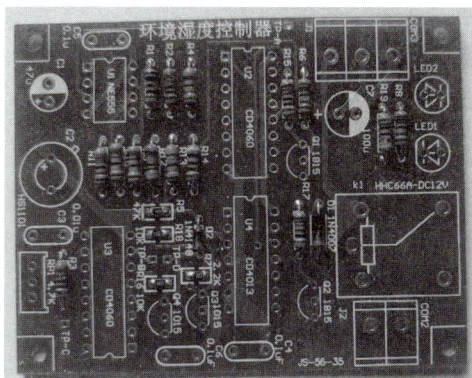

图 3.2.4　焊接色环电阻和二极管

（3）依次焊接独石电容 $C_3 \sim C_6$ 和 IC 座 U1 ~ U4。焊接 IC 座时，注意缺口方向应与电路板丝印层芯片外框缺口相对应，焊接完成后，安装集成芯片 U1 ~ U4，如图 3.2.5 所示，需要先对引脚进行整形再装入 IC 座，必须保证每只引脚均插入 IC 座中。注意芯片缺口方向应与 IC 座缺口方向相对应。

（4）依次焊接湿敏电容 C_2、发光二极管 LED1 ~ LED2、三极管 $VT_1 \sim VT_4$、精密电位器 R_{P1} 和电解电容 C_1、C_7，如图 3.2.6 所示。注意湿敏电容的极性，有黑胶的一端为正极；注意电解电容和发光二极管的极性，长引脚为正极；注意三极管的极性，带型号平面朝向自己，自左至右引脚顺序为 E（发射极）、B（基极）、C（集电极），三极管半圆形外形要与电路板丝印层半圆相对应。

图 3.2.5　焊接独石电容和 IC 座并安装集成芯片

图 3.2.6　焊接湿敏电容、发光二极管、三极管、精密电位器和电解电容

（5）依次焊接接线端子 J1、J2 和继电器 K1，如图 3.2.7 所示，注意电源端子接线端应朝外。

二、电路调试

工作台上方设有提示牌，若提示牌为绿色的"允许通电测试"状态，学生可以进行电路通电测试，若提示牌为红色的"禁止通电测试"状态，学生进行电路通电测试前必须举手示意教师，在教师检查同意后方可进行。

图 3.2.7　焊接接线端子和继电器

电路供电+12 V 电源可以使用工作台上的可调直流稳压电源模块或直流电源输出模块；+5 V 电源须使用工作台上的直流电源输出模块。

1. 电源的调整与测量(学生在本操作前不需要举手示意教师)

工作台上可调直流稳压电源的输出端子先不接两根电源线，闭合可调直流稳压电源的电源开关，使可调直流稳压电源工作于稳压状态，调整可调直流稳压电源的输出电压，使可调直流稳压电源显示屏上显示的输出电压为 12 V，用万用表测量可调直流稳压电源的输出电压，将测量结果记录在表 3.2.3 中。操作完毕后，断开可调直流稳压电源的电源开关。选择工作台上直流稳压电源输出模块+12 V 电源的学生，除了不需要调整电源输出电压，其他操作参考以上要求。

表 3.2.3　电源电压记录表

+12 V 电源(根据选择限填一项)		选择直流电源输出模块时，万用表实际测量的电压值	万用表实际测量+5 V 直流电源模块输出电压值
选择可调直流稳压电源			
可调直流稳压电源显示屏显示的电压值	万用表实际测量的电压值		

2. 功能调试

电路通电调试前，举手示意教师检查试验前的准备工作。电路装配焊接完毕后，工作台各直流电源处于断电状态。电源线在工作台侧接相应直流电源的接线端子，在电路板侧接 PCB 板接线端子 J1。获得电路通电许可后，对电路进行通电调试。

基准频率调整：调节 R_{P1} 可改变 RC 振荡频率，将 RC 振荡电路的振荡频率调整为 6 186 Hz（对应相对湿度 90%RH），如果把频率计的探头直接接入 RC 振荡电路，会严重引起振荡电路频率漂移，所以只能测量通过 4 级分频后的脉冲信号（TP-B 点），再通过 4 级分频后的信号为 6 186÷16≈386（Hz）。

对湿敏电容轻微哈气，使湿度增大，湿度转换电路输出频率降低，当 TP-A 点的频率小于 TP-C 点的频率时，观察继电器 K1 是否吸合。

3. 波形测量

利用仪器，检测 TP-A 点和 TP-B 点的输出频率，记录波形并填写表 3.2.4 和表 3.2.5。

（1）在电路正常工作时，测量 TP-A 点的波形。

表 3.2.4　波形测量记录表

TP-A：记录示波器波形	波形参数值
	时间挡位： 幅度挡位： 峰-峰值： 周期：

（2）K1 继电器吸合时，测量 TP-B 点的波形。

表 3.2.5　波形测量记录表

TP-B：记录示波器波形	波形参数值
	时间挡位： 幅度挡位： 峰-峰值： 周期：

4. 参数测量

（1）测量 K1 吸合时整机的总电流：＿＿＿＿＿＿。

（2）测量 K1 吸合时 LED1 的端电压：＿＿＿＿＿＿，测量 LED2 的端电压：＿＿＿＿＿＿。

（3）K1 释放时，测量 VT_1、VT_2 各脚电压，并将数值填入表 3.2.6 中。

表 3.2.6　电位测试记录表

三极管	VT$_1$			VT$_2$		
引脚	C	B	E	C	B	E
电位/V						

5. 电路原理和故障分析

(1)试分析 R_{P1} 开路时,电路会出现什么情况? 为什么?

(2)电路中由 R_{16}、R_{18}、R_7、VT$_3$、VT$_4$ 和 VD$_2$ 组成的电路的作用是什么? 如果不用该网络直接把信号送到 U2 和 U3 会出现什么情况?

三、教师记录电路工作情况

保持示波器显示 K1 吸合时 TP-B 点的测量波形,学生举手向教师示意,教师示意"记录完毕"后,按要求做好工作台整理。

四、安全文明生产

任务实施过程中,学生要严格遵守安全用电操作规范和仪器设备的操作规程,若提示牌为红色的"禁止通电测试"状态,学生进行电路通电测试前必须举手示意教师。学生应着装整齐,规范操作,工位整洁,不损坏工具、设备,不浪费耗材。任务实施完成后按顺序关断电源,整理工位,将工具放回原位。

任务评价与反馈 ✎

完成任务后,请将评价记录到表 3.2.7 中。

表 3.2.7　任务评价表

项目	配分	评分标准	自评	互评	师评	平均
安装焊接操作	40	①能按要求清点、检测元器件(5分) ②能正确进行焊前预处理(5分) ③能正确插装元件,不出现错装、漏装、倒装情况(10分) ④焊点无虚焊、漏焊、连焊、不光滑、不干净、毛刺、孔洞、气泡等现象,大小适中(10分) ⑤元件安装高度符合工艺要求,引线修剪一致、合适,电路板清洁美观,不破坏铜箔(10分)				

项目	配分	评分标准	自评	互评	师评	平均
电路调试	45	①电源电压调整、测量、记录正确(5分) ②能正确连接电路(5分) ③按要求获得电路通电许可后通电(5分) ④能正确进行基准频率调整,功能实现符合要求(5分) ⑤波形测量、记录正确(8分) ⑥参数测量、记录正确(10分) ⑦电路原理和故障分析正确(7分)				
教师记录电路工作情况	5	示波器正确显示要求的测量波形				
安全文明生产	10	①严格遵守安全用电操作规范和仪器设备的操作规程(5分) ②着装整齐,工位整洁,不损坏工具、设备,不浪费耗材(2分) ③任务实施完成后按顺序关断电源,整理工位,将工具放回原位(3分)				
合计						

任务知识讲解

一、时基电路 TLC555

TLC555 与 NE555 参数基本相同,但 TLC555 为 COMS 结构,具有温漂小、内部分布参数小等优点。

TLC555 是一块时基集成电路,可以构成多谐振荡器、单稳态触发器、施密特触发器等,是一块用途广泛的集成电路。

TLC555 集成电路引脚排列如图 3.2.8 所示,内部等效电路如图 3.2.9 所示。

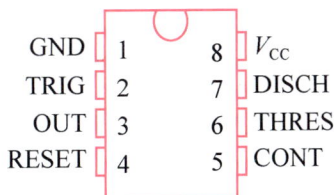

GND [1 　 8] V_{CC}
TRIG [2 　 7] DISCH
OUT [3 　 6] THRES
RESET [4 　 5] CONT

图 3.2.8　TLC555 集成电路引脚排列

TLC555 引脚功能简介

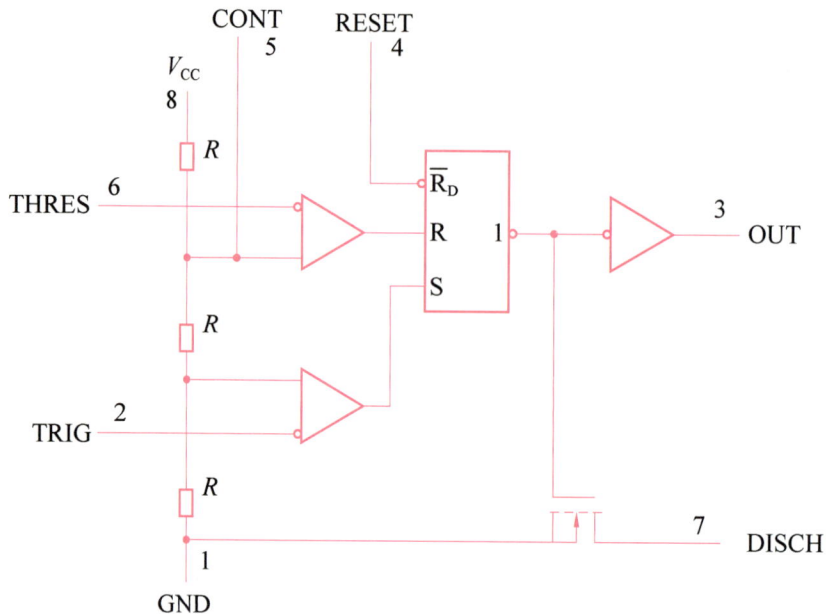

图 3.2.9　TLC555 内部等效电路

二、湿敏电容 HS1101

HS1101 湿敏电容传感器外形如图 3.2.10 所示，它具有测量精度高、互换性好、工作稳定等特点，HS1101 为容性器件，环境相对湿度在 55%RH 时，HS1101 的典型容量为 180 pF，湿度–容量曲线如图 3.2.11 所示。

图 3.2.10　HS1101 湿敏电容传感器外形

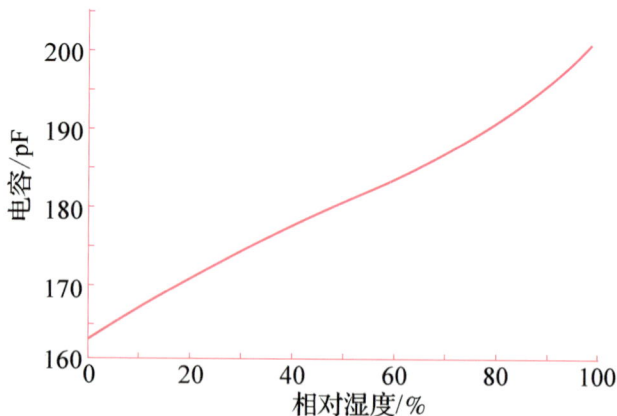

图 3.2.11　湿度–容量曲线

HS1101 典型应用电路如图 3.2.12 所示，此电路为典型的 555 非稳态电路，HS1101 作为电容变量接在 555 的 TRIG 与 THRES 两引脚上，引脚 7 用作电阻 R_4 的短路，等量电容 HS1101 通过 R_2 与 R_4 充电到阈值电压约 $0.67V_{CC}$，通过 R_2 放电到触发电平约 $0.33V_{CC}$，然后 R_4 通过引脚 7 短路到地，传感器由不同的电阻 R_4 与 R_2 充放电循环工作。

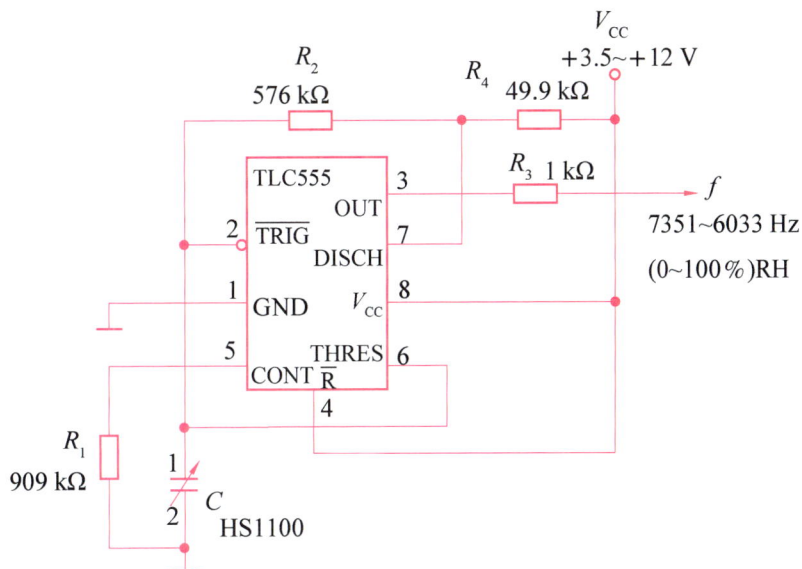

图 3.2.12 HS1101 典型应用电路

习 题

以 MCS-51 系列单片机为核心器件，设计一款环境温湿度测量仪，采用 DHT11 数字温湿度传感器为检测器件，进行单点温湿度检测，温湿度显示采用 LCD1602 字符型液晶模块，保留一位小数有效数字，试画出电路原理图。

CD4060 与 CD4013

知识拓展
DHT11 数字温湿度传感器

任务三　光敏传感器应用电路的组装与调试

任务描述

使用电烙铁、焊锡丝、松香等工具和材料，焊接一套声光控制电路。焊接完成后，正确使用交流电源、万用表、示波器对电路进行调试，实现该电路的基本功能，满足相应的技术指标，按要求完成电压、波形等数据的测量，并做好记录。

学习目标

【素质目标】

(1)培养学生坚持守正创新的从业理念。

(2)培养学生善沟通、能协调、高标准、重创意的专业素质。

【知识目标】

(1) 会选用与检测光敏电阻、可调电阻、稳压二极管、晶闸管、话筒、灯等元器件。

(2) 会识读声光控制电路的原理图和装配图。

(3) 理解声光控制电路的工作原理。

【能力目标】

(1) 能根据电路原理图、装配图按照工艺要求在 PCB 板上组装电路。

(2) 会使用常用电工电子工具及测量仪器进行声光控制电路调试。

任务分析

声光控制电路是由声音和光两者控制结合工作的电子开关，它将声音信号和光信号转化为电信号，经放大、整形后，输出一个开关信号去控制各类电器工作，在自动控制工业电器和家用电器方面均有广泛应用。声光控制延时灯是其中的典型代表，只有在天黑以后，当有人走过楼梯通道，发出脚步声或其他声音时，延时灯才会点亮，且经一段时间延时后会自动熄灭；而在白天或光线比较强时，即使有声音也不会点亮，从而实现了智能照明。因它具有节能环保、可靠等优点，越来越受到人们的喜爱。图 3.3.1 所示为几种不同外形的声光控制开关实物。

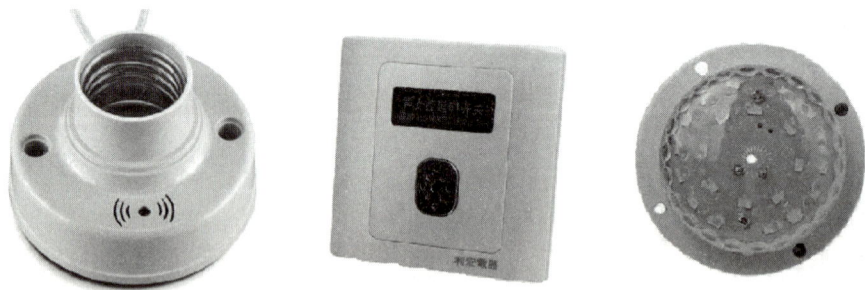

图 3.3.1　不同外形的声光控制开关实物

本任务声光控制电路如图 3.3.2 所示，电路由声光放大控制电路、缓冲延时电路、灯驱动电路、电源电路 4 部分组成。由 MK1、VT_1 等元器件构成声音信号的接收、放大电路，由 R_{G1}、R_{p2}、R_4 构成光控电路，上述两种信号同时控制与非门 U1A 的开和关。与非门 U1A、U1B 和 U1C、U1D 构成两级缓冲电路，分别对输入信号和延时信号进行缓冲、隔离和传输，VD_1、R_5、C_2 构成信号的整形、延时电路。VT_2 构成灯驱动电路，VD_2 是为保证 VT_2 能获得正极性控制信号而设置。$VD_3 \sim VD_7$、C_3、R_6、VZ 构成本电路的电源电路，其中 VD_3、C_3、R_6、VZ 为声光控制和与非门电路提供 6.2 V 的直流电源。

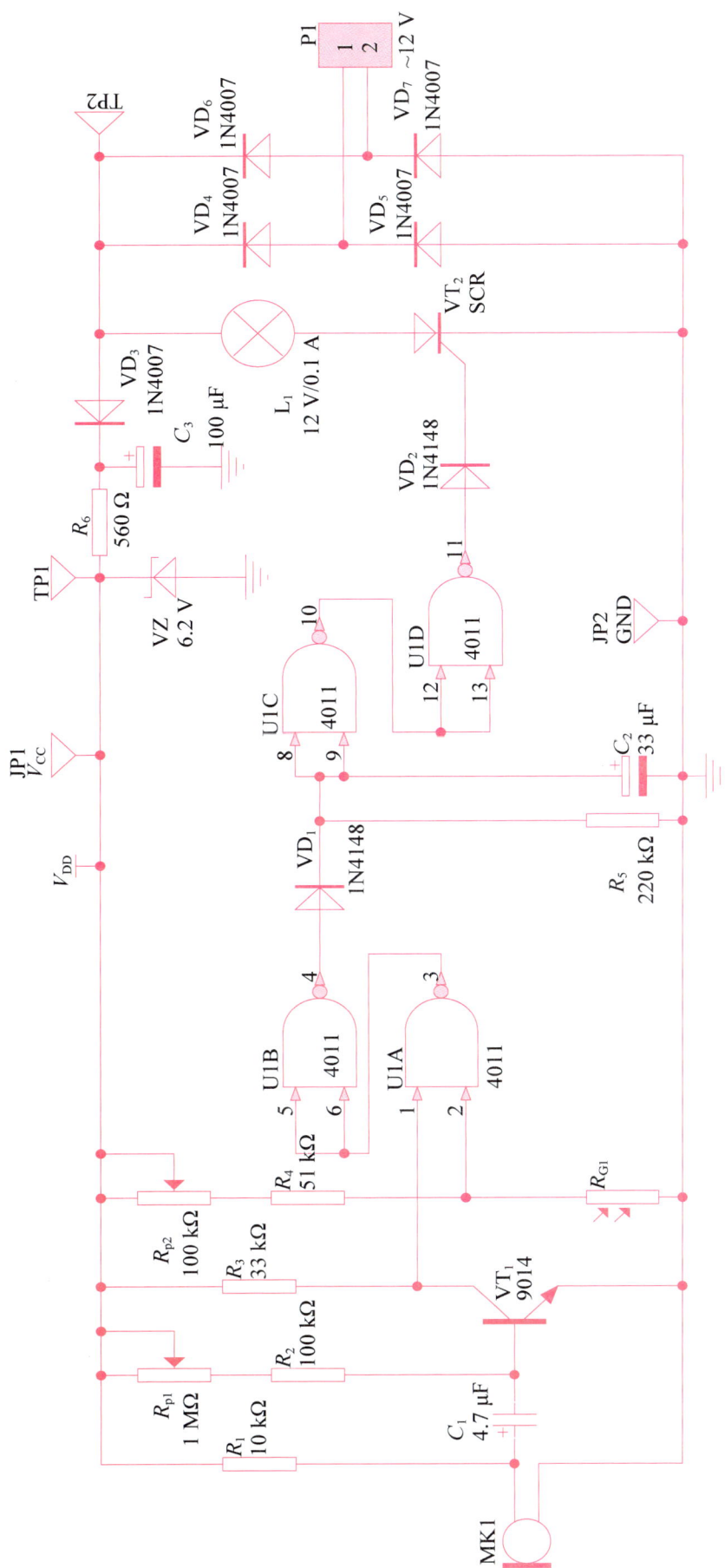

图3.3.2　声光控制电路

MK1 将接收到的声音信号转换为电信号，并由 VT$_1$ 进行放大，在电路的 U1A 的 1 脚获得较强且随声音变化的电信号，R_{G1} 在无光照射时其阻值较大，U1A 的 2 脚电位高，信号通过 U1A、U1B，经 VD$_1$ 整形、电容 C_2 充电，VD$_1$ 的负极电位升高，再经 U1C、U1D 的缓冲隔离，VD$_2$ 的正极获得高电位，VD$_2$ 导通，触发 VT$_2$ 导通，灯 L$_1$ 亮；MK1 未接收到声音信号时，电路中 U1A 的 1 脚无变化较强的电信号，VD$_1$ 截止，电容 C_2 放电延时后，VD$_1$ 的负极和 VD$_2$ 的正极变为低电位，VD$_2$、VT$_2$ 截止，灯 L$_1$ 灭；R_{G1} 受光照射时其阻值变小，U1A 的 2 脚电位变低(此时 U1A 关闭)，U1A 的 1 脚信号不能通过 U1A，VD$_1$ 截止，VD$_1$ 的负极和 VD$_2$ 的正极为低电位，VD$_2$ 截止，VT$_2$ 无触发信号而截止，灯 L$_1$ 熄灭。

■ 任务实施

一、安装焊接操作

1. 清点元器件、检查仪器仪表

根据表 3.3.1 所列元器件材料清单，从元器件袋中选择合适的元器件。清点元器件数量，目测元器件有无缺陷，并按要求做好标记。通电检查工作台交流电源模块和外置示波器是否完好，检查两根电源连接线是否完好。如有问题应及时举手示意教师处理，如不声明则视为元器件齐全、仪器仪表完好。检查完毕后断开工作台交流电源开关。声光控制电路元件如图 3.3.3 所示。

表 3.3.1　元器件材料清单

序号	名称	型号规格（标称值）	元件标号	数量	清点结果	检测结果
1	1/4 W 色环电阻	10 kΩ	R_1	1		
2	1/4 W 色环电阻	100 kΩ	R_2	1		
3	1/4 W 色环电阻	33 kΩ	R_3	1		
4	1/4 W 色环电阻	51 kΩ	R_4	1		
5	1/4 W 色环电阻	220 kΩ	R_5	1		
6	1/4 W 色环电阻	560 Ω	R_6	1		
7	光敏电阻	5 mm	R_{G1}	1		
8	3296 可调电阻	1 MΩ	R_{p1}	1		
9	3296 可调电阻	100 kΩ	R_{p2}	1		
10	电解电容	4.7 μF/25 V	C_1	1		

序号	名称	型号规格 (标称值)	元件标号	数量	清点结果	检测结果
11	电解电容	33 μF/25 V	C_2	1		
12	电解电容	100 μF/25 V	C_3	1		
13	二极管	1N4148	VD_1、VD_2	2		
14	二极管	1N4007	$VD_3 \sim VD_7$	5		
15	稳压二极管	6.2 V/0.5 W	VZ	1		
16	三极管	9014	VT_1	1		
17	单向晶闸管	1A 400V MCR100-6	VT_2	1		
18	灯	12 V/0.1 A	L_1	1		
19	灯座			1		
20	集成电路	CD4011	U1	1		
21	接线座	5.0 mm 2 脚	P1	1		
22	话筒		MK1	1		
23	IC 座	14 脚	U1	1		
24	单列排针			3		
25	排线	20 cm		2		
26	电路板	单面		1		

2. 检测元器件

用万用表测量等方法检测元器件的性能，目测 PCB 板有无缺陷，如没有问题，则在清单后面的"清点结果"和"检测结果"栏中打勾做出标记，如有问题则举手示意教师处理。

3. 焊前预处理

根据需要，使用辅助工具，对元器件引脚进行焊接前的镀锡、成形等预处理。

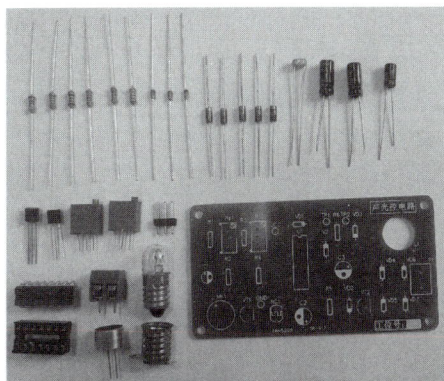

图 3.3.3 声光控制电路元件一览

4. 识读技术文件

正确识读整机电路原理图、PCB 板图，明确各元器件的安装位置及极性。

5. 电路装配焊接

按照图 3.3.2 所示电路原理图在 PCB 板上装配、焊接元器件，装配焊接要符合工艺要求。PCB 板上插装有元器件引脚的焊盘都需要焊接。

本任务焊接遵循"先小后大、先轻后重、先里后外、先低后高"原则。

（1）焊接色环电阻 $R_1 \sim R_6$、光敏电阻 R_{G1}、二极管 $VD_1 \sim VD_7$ 和稳压二极管 VZ，如图 3.3.4 所示。注意色环电阻的读数方向，阻值不确定时利用万用表进行测量；注意二极管的极性，有标记的一端为负极。

图 3.3.4　焊接色环电阻、光敏电阻、二极管和稳压二极管

（2）依次焊接 IC 座 U1、话筒 MK1、三极管 VT_1 和单向晶闸管 VT_2，如图 3.3.5 所示。焊接 IC 座时，注意缺口方向应与电路板丝印层芯片外框缺口相对应，焊接完成后，安装集成芯片 U1，需要先对引脚进行整形再装入 IC 座，必须保证每只引脚均插入 IC 座中，注意芯片缺口方向应与 IC 座缺口方向相对应；焊接话筒时，注意与外壳相连的引脚为负极；焊接三极管时，注意三极管的极性，带型号平面朝向自己，自左至右引脚顺序为 E（发射极）、B（基极）、C（集电极），三极管半圆形外形要与电路板丝印层半圆相对应；焊接晶闸管时，注意晶闸管的极性，带型号平面朝向自己，自左至右引脚顺序为 K（阴极）、G（门极）、A（阳极），晶闸管半圆形外形要与电路板丝印层半圆相对应。

图 3.3.5　焊接 IC 座、话筒、三极管和单向晶闸管

（3）依次焊接电位器 R_{p1} 和 R_{p2}、电解电容 $C_1 \sim C_3$、接线座 P1、单列排针和灯座，如图 3.3.6 所示。注意电解电容的极性，长引脚为正极；注意电源端子接线端应朝外；灯座焊接完成后，将灯安装至灯座中。

图 3.3.6　焊接电位器、电解电容、接线座、单列排针和灯座

二、电路调试

工作台上方设有提示牌，若提示牌为绿色的"允许通电测试"状态，学生可以进行电路通电测试；若提示牌为红色的"禁止通电测试"状态，学生进行电路通电测试前必须举手示意教师，在教师检查同意后方可进行。

1. 电源测量（学生在本操作前不需要举手示意教师）

电路供电电源使用工作台上的交流 12 V 电源输出模块，输出端子先不接两根电源线，闭合电源开关，用万用表测量模块的输出电压，并记录。操作完毕后，断开电源开关。

2. 电位测试

（1）测量 TP1、TP2 点直流电压值，并记录在表 3.3.2 中。

表 3.3.2　电位测试记录表

测试对象	TP1 点电压	TP2 点电压
测量值/V		

（2）调节 R_{p2} 使其阻值最小，在有声音输入且无光照射 R_{G1} 时，细调 R_{p1} 使 L_1 灯亮，且使声音灵敏度最高，测量 A、B、C 点（图 3.3.7）直流电压值，并记录在表 3.3.3 中。

图 3.3.7　A、B、C、D、E 点位置

表 3.3.3　电位测试记录表

测试对象	A 点电压	B 点电压	C 点电压
测量值/V			

（3）调节 R_{p2} 使电路在有声输入且无光照射 R_{G1} 时 L_1 灯亮，有声输入且有光照射 R_{G1} 时 L_1 灯灭。分别测量有、无光照射 R_{G1} 时，D 点（图 3.3.7）直流电压值并记录在表 3.3.4 中；分别测量 L_1 灯亮、灭时，E 点（图 3.3.7）、VT_2 阳极直流电压值并记录在表 3.3.4 中。

表 3.3.4　电位测试记录表

测量对象		测量值/V	分析各点电压变化的原因
D 点电压	有光照射 R_{G1}		
	无光照射 R_{G1}		
E 点电压	L_1 灯亮时		
	L_1 灯灭时		
VT_2 阳极电压	L_1 灯亮时		
	L_1 灯灭时		

3. 波形测量

用示波器测量 TP1、TP2 点电压波形，绘制出形状相对稳定的波形，并分别记录在表 3.3.5 和表 3.3.6 中。

表 3.3.5　波形测量记录表(一)

TP1 点电压波形	测量值记录	
	u/div	
	t/div	
	波形的周期	
	波形的幅度	

表 3.3.6　波形测量记录表(二)

TP2 点电压波形	测量值记录	
	u/div	
	t/div	
	波形的周期	
	波形的幅度	

4. 电路原理分析

(1)如果电路中 R_{G1} 与 R_{p2} 位置对换,电路工作状态如何?

(2)如果在电路 TP2 端输入直流电压,L_1 灯是否能正常工作?

三、教师记录电路工作情况

保持示波器显示 TP1 点电压的测量波形,学生举手向教师示意,教师示意"记录完毕"后,按要求做好工作台整理。

四、安全文明生产

任务实施过程中学生要严格遵守安全用电操作规范和仪器设备的操作规程,若提示牌为红色的"禁止通电测试"状态，学生进行电路通电测试前必须举手示意教师。学生应着装整齐，规范操作，工位整洁，不损坏工具、设备，不浪费耗材。任务实施完成后按顺序关断电源，整理工位，将工具放回原位。

■ 任务评价与反馈

完成任务后，请将评价记录到表 3.3.7 中。

表 3.3.7　任务评价表

项目	配分	评分标准	自评	互评	师评	平均
安装焊接操作	40	①能按要求清点、检测元器件(5分) ②能正确进行焊前预处理(5分) ③能正确插装元件，不出现错装、漏装、倒装情况(10分) ④焊点无虚焊、漏焊、连焊、不光滑、不干净、毛刺、孔洞、气泡等现象，大小适中(10分) ⑤元件安装高度符合工艺要求，引线修剪一致、合适，电路板清洁、美观，不破坏铜箔(10分)				
电路调试	45	①电源电压测量、记录正确(5分) ②能正确连接电路(5分) ③按要求获得电路通电许可后通电(5分) ④电位测量、记录正确，各点电压变化的原因分析正确(15分) ⑤波形测量、记录正确(10分) ⑥电路原理分析正确(5分)				
教师记录电路工作情况	5	示波器正确显示要求的测量波形				
安全文明生产	10	①严格遵守安全用电操作规范和仪器设备的操作规程(5分) ②着装整齐，工位整洁，不损坏工具、设备，不浪费耗材(2分) ③任务实施完成后按顺序关断电源，整理工位，将工具放回原位(3分)				
合计						

任务知识讲解

BH1750FVI 数字型光强度传感器

BH1750FVI 是一款数字型光强度传感器集成芯片，实物如图 3.3.8 所示，它能够通过 I^2C 接口与 MCU 连接，输出数字信号。该传感器采用亮度校准和温度校准的先进技术，可支持较大范围的光照强度变化，能够在各种光线条件下提供准确的光照测量结果。其超小的封装和低功耗特性，使它成为广泛应用于各种便携式智能设备、LED 照明以及室内智能家居与办公环境的理想选择。

图 3.3.8　BH1750FVI 传感器实物

一、原理介绍

BH1750FVI 内部结构框图如图 3.3.9 所示，由光敏二极管、运算放大器、ADC 采集、晶振等组成。外部光照被接近人眼反应的高精度光敏二极管 PD 探测到后，利用光生伏特效应将输入光信号转换成电信号，通过集成运算放大器将 PD 电流转换为 PD 电压，进入光窗的光越强，光电流越大，电压就越大，所以通过电压的大小就可以判断光照大小。需要注意的是，电压和光强是一一对应的，但不是成正比的，芯片内部做了线性处理，再由 ADC 采集电压，然后通过逻辑电路转换成 16 位二进制数存储在内部的寄存器中。OSC 为内部的振荡器提供内部逻辑时钟，通过相应的指令操作即可读取内部存储的光照数据。数据传输使用标准的 I^2C 总线，按照时序要求操作起来也非常方便。

BH1750FVI 传感器的特点

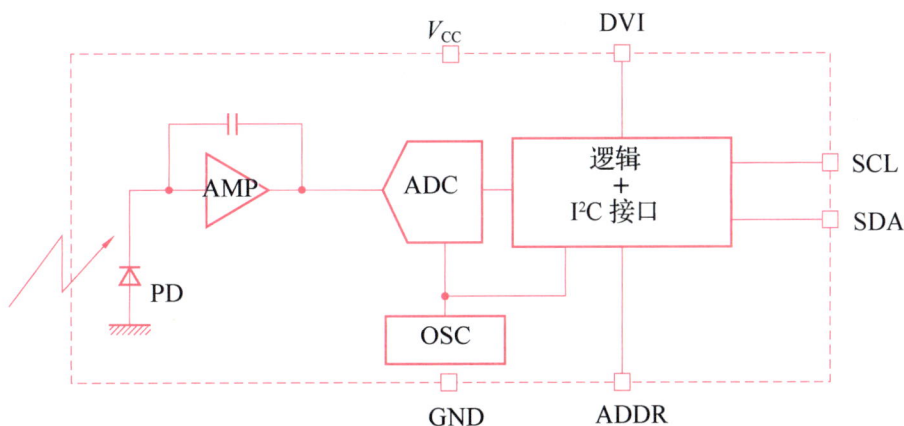

图 3.3.9　BH1750FVI 内部结构框图

BH1750FVI 引脚定义

二、接口说明

BH1750FVI 典型应用电路如图 3.3.10 所示。

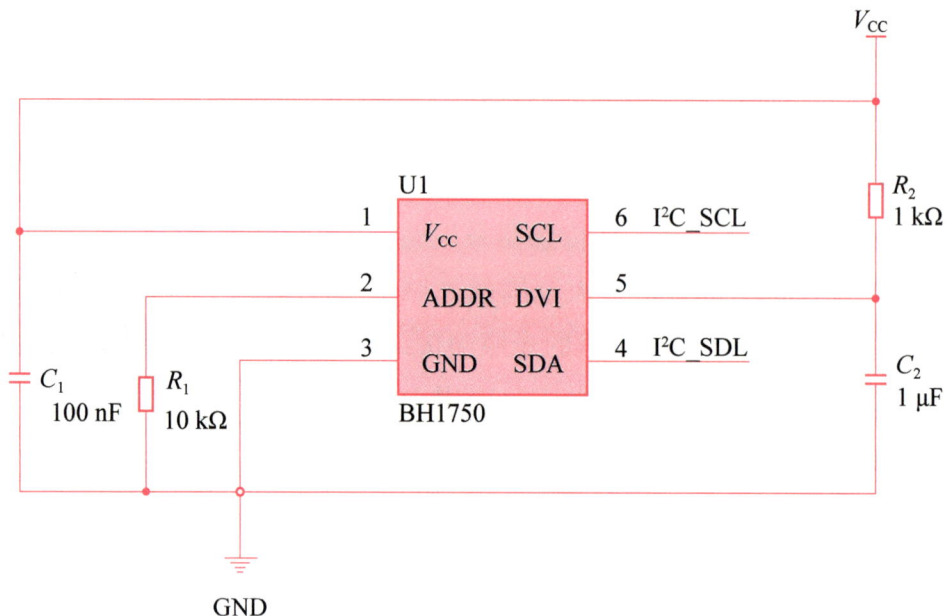

图 3.3.10　BH1750FVI 典型应用电路

习 题

以 MCS-51 系列单片机为核心器件，设计一款光照强度测量仪，采用数字型光强度传感器集成芯片 BH1750FVI 作为检测器件，进行单点光照强度检测。光照强度显示采用 LCD1602 字符型液晶模块，保留一位小数有效数字，试画出电路原理图。

知识拓展
单向晶闸管 SCR

任务四　磁敏传感器应用电路的组装与调试

任务描述

使用电烙铁、焊锡丝、松香等工具和材料，焊接一套磁性磁极检测应用电路。该电路可以检测磁铁的极性，可以分辨磁铁的南、北极（S 极和 N 极），并且对应极性排针输出低电平信号，可接到单片机用于其他控制用途或者接到继电器模块制作磁铁感应开关。焊接完成后，正确使用直流稳压电源、万用表等对电路进行调试，按要求在答题纸上做好记录。

学习目标

【素质目标】

(1)培养学生追求真理、勇攀高峰的科学精神。

(2)提升学生的团队合作精神和优质服务意识。

【知识目标】

(1)了解干簧管、霍尔传感器、数字集成电路的作用及典型电路原理。

(2)理解霍尔传感器检测与控制电路的工作原理。

【能力目标】

(1)会识别霍尔传感器等元器件。

(2)能够完成对磁敏传感器、数字集成电路等检测与控制电路的组装与调试。

任务分析

"磁极分辨器"的电路原理图如图 3.4.1 所示。当磁铁的南极靠近霍尔感应区时,亮蓝灯;当磁铁的北极靠近霍尔感应区时,亮红灯。具体功能为:检测到磁铁的南极时,蓝色指示灯亮,排针 S 输出低电平;检测到磁铁的北极时,红色指示灯亮,排针 N 输出低电平;无磁铁时,蓝色、红色指示灯均灭,排针 S 和排针 N 都输出高电平。

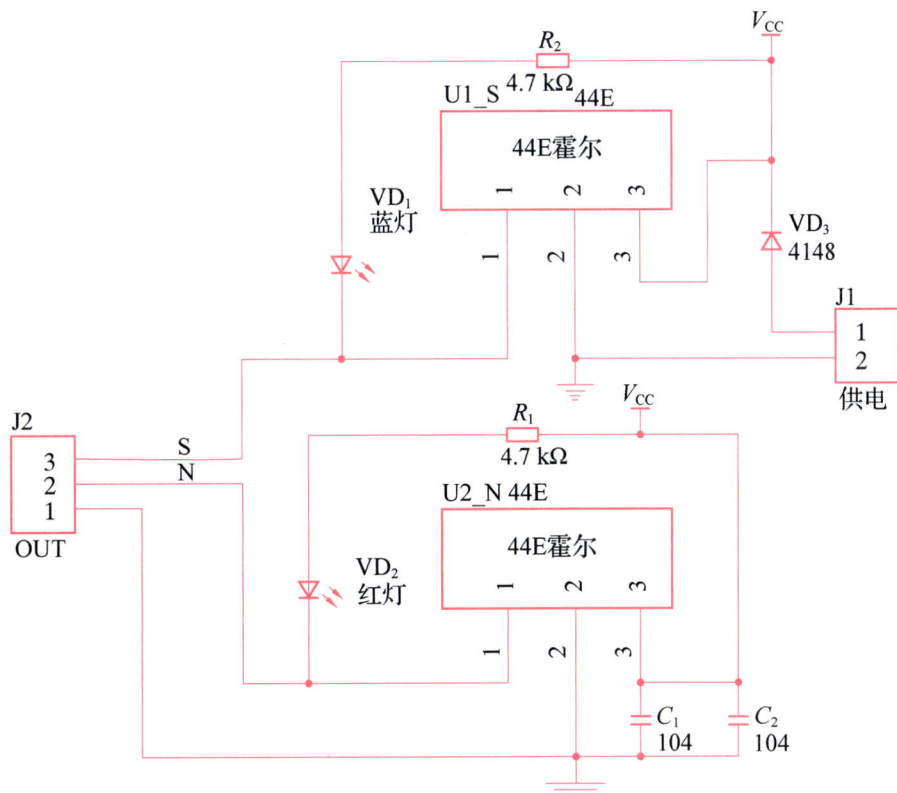

图 3.4.1　"磁极分辨器"的电路原理图

■ 任务实施

一、安装焊接操作

1. 清点元器件、检查仪器仪表

实训 15 min 内，根据表 3.4.1 所列元器件材料清单，从元器件袋中选择合适的元器件。清点元器件数量，目测元器件有无缺陷，并按要求做好标记。通电检查工作台直流稳压电源、示波器是否完好，检查电源连接线是否完好。如有问题应及时举手示意教师处理，如不声明则视为元器件齐全、仪器仪表完好。检查完毕后断开工作台直流稳压电源开关。

2. 检测元器件

用万用表测量等方法检测元器件的性能，目测 PCB 板有无缺陷，并按要求做出标记，如有问题则举手示意教师处理。

表 3.4.1 元器件材料清单

序号	名称	型号规格 (标称值)	数量	元件标号	清点结果	检测结果
1	色环电阻	4K7	2	R_1、R_2		
2	独石电容	104	2	C_1、C_2		
3	霍尔元件	44E	2	U1、U2		
4	直插发光二极管	5 mm 蓝发蓝	1	VD_1		
5	直插发光二极管	5 mm 红发红	1	VD_2		
6	二极管	1N4148	1	VD_3		
7	接线端子	2P	1	J1		
8	单排针	3P	1	J2		
9	PCB 板		1			

3. 焊前预处理

根据需要，使用辅助工具，对元器件引脚进行焊接前的镀锡、成形等预处理。

4. 识读技术文件

正确识读整机电路原理图、PCB 板图，明确各元器件的安装位置及极性。

5. 电路装配焊接

按照图 3.4.1 所示电路原理图，在 PCB 板上装配、焊接元器件，装配焊接要符合工艺要求。PCB 板上插装有元器件引脚的焊盘都需要焊接。如有集成电路，集成电路不允许直接焊接在电路板上，需要在相应位置先焊接集成电路插座后，再将集成电路安装在插座上。焊接后的电路板如图 3.4.2 所示。其中，V_{CC} 为供电电源正极，GND 为供电电源负极，OUT 为输出信号。

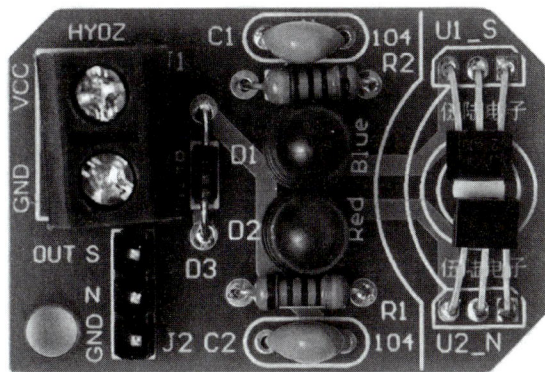

图 3.4.2 "磁极分辨器"焊接成品

二、电路调试

工作台上方设有提示牌，若提示牌为绿色的"允许通电测试"状态，学生可以进行电路通电测试；若提示牌为红色的"禁止通电测试"状态，学生进行电路通电测试前必须举手示意教师，在教师检查同意后方可进行。

电路供电电源可以使用工作台上的可调直流稳压电源模块或直流电源输出模块的+5 V 电源。

1. 可调直流稳压电源的调整与测量(学生在本操作前不需要举手示意教师)

工作台上可调直流稳压电源的输出端子先不接两根电源线，闭合可调直流稳压电源的电源开关，使可调直流稳压电源工作于稳压状态，调整可调直流稳压电源的输出电压，使可调直流稳压电源显示屏上显示的输出电压为 5 V，用万用表测量可调直流稳压电源的输出电压，将测量结果记录在表 3.4.2 中。操作完毕后，断开可调直流稳压电源的电源开关。选择工作台上直流电源输出模块+5 V 电源的学生，除了不需要调整电源输出电压，其他操作参考以上要求。

表 3.4.2 可调直流稳压电源电压记录表

可调直流稳压电源显示屏显示的电压值	万用表实际测量的电压值

2. 磁极分辨器电路调试

电路通电调试前，举手示意教师检查试验前的准备工作。电路装配焊接完毕后，工作台各直流电源处于断电状态。两根电源线在工作台侧接相应直流电源的接线端子，在电路板侧接 PCB 板接线端子 J1。

获得电路通电许可后，对电路进行通电调试，将测试结果填入表 3.4.3 中。

表 3.4.3 测试记录表

检测到磁铁北极	蓝色指示灯	红色指示灯	指针 S 输出电平	指针 N 输出电平
现象(结果)				
检测到磁铁南极	蓝色指示灯	红色指示灯	指针 S 输出电平	指针 N 输出电平
现象(结果)				

续表

无磁铁	蓝色指示灯	红色指示灯	指针 S 输出电平	指针 N 输出电平
现象(结果)				

三、教师记录电路工作情况

保持检测到磁铁北极的状态，学生举手向教师示意，教师示意"记录完毕"后，学生按要求做好工作台整理工作后离开实训室。注意：学生举手向教师示意应慎重，对电路最后的工作情况，教师只记录一次，在教师发出"记录完毕"指令后，学生须立即按要求做好工作台整理工作后离开实训室。

四、安全文明生产

实训过程中学生要严格遵守安全用电操作规范和仪器设备的操作规程，若提示牌为红色的"禁止通电测试"状态，学生进行电路通电测试前必须举手示意教师。学生应着装整齐，规范操作，工位整洁，不损坏工具、设备，不浪费耗材。实训结束后按顺序关断电源，整理工位，将工具放回原位。

■ 任务评价与反馈

完成任务后，请将评价记录到表 3.4.4 中。

表 3.4.4　任务评价表

项目	配分	评分标准	自评	互评	师评	平均
安装焊接操作	40	①能按要求清点、检测元器件(5 分) ②能正确进行焊前预处理(5 分) ③能正确插装元件，不出现错装、漏装、倒装情况(10 分) ④焊点无虚焊、漏焊、连焊、不光滑、不干净、毛刺、孔洞、气泡等现象，大小适中(10 分) ⑤元件安装高度符合工艺要求，引线修剪一致、合适，电路板清洁、美观，不破坏铜箔(10 分)				
电路调试	45	①电源电压测量、记录正确(5 分) ②能正确连接电路(5 分) ③按要求获得电路通电许可后通电(5 分) ④电位测量、记录正确，各点电压变化的原因分析正确(15 分) ⑤电路正常工作、红绿灯正确显示(10 分) ⑥电路原理分析正确(5 分)				

项目	配分	评分标准	自评	互评	师评	平均
教师记录电路工作情况	5	红灯、绿灯正确显示要求的检测结果				
安全文明生产	10	①严格遵守安全用电操作规范和仪器设备的操作规程(5分) ②着装整齐，工位整洁，不损坏工具、设备，不浪费耗材(2分) ③任务实施完成后按顺序关断电源，整理工位，将工具放回原位(3分)				
合计						

任务知识讲解

一、电路工作参数

(1)工作电压：直流 4.5~24 V。

(2)板子尺寸：33 mm×22 mm。

(3)OUT 输出电流：25 mA(最大)。

(4)检测距离：约 7 mm，强磁可达约 15 mm。

(5)工作温度：−40~+80 ℃。

二、焊接注意事项

(1)注意板子上的元件从体积小的开始焊接，然后再焊接体积大的。

(2)电烙铁温度建议在 350 ℃ 左右比较合适，电烙铁温度过高容易造成焊盘脱落。

(3)避免在同一个焊盘上焊接太久或者反复焊接、拆卸，这些操作可能会导致万用板焊盘掉落或者损坏器件。

(4)上锡要均匀，焊点要饱满，避免上锡过多容易与不相关的焊点造成连锡，上锡过少容易造成虚焊。

(5)每焊接完成一个器件之后都要反复与原理图做对比，确保焊接无误。

(6)焊接之后上电测试。如果焊接无误，一般都可以测试成功，如果出现不能正常运行的现象，首先要重点检查所有 V_{CC} 引脚是否有 5 V 电压、所有 GND 引脚是否全部接到电源的负极，焊接不能有任何一根错线，否则都会造成电路不能正常运行或者显示不正常。因为电源正负极接错烧坏，或者短路、虚焊，抑或元件焊接错位置等原因出现问题的概率很大，要根据自身的焊接基础来衡量，动手操作能力较弱的学生，出问题的概率就大些，不要不成功就马上怀疑电路板或者元件的问题。

知识拓展
干簧管及门窗
报警装置

任务五　力敏传感器应用电路的组装与调试

任务描述

使用电烙铁、焊锡丝、松香等工具和材料，焊接一套 HX711 电子秤应用电路。该电路采用 4 个独立键盘，具有去皮功能和微调校准功能，精度高，误差小。焊接完成后，正确使用直流稳压电源、万用表等对电路进行调试，按要求在答题纸上做好记录。

学习目标

【素质目标】

(1)通过电子秤电路，培养学生独立操作能力，提高在今后学习和工作中的竞争力。

(2)培养学生严谨的科学态度和整体协作能力。

【知识目标】

(1)了解电阻应变式传感器、HX711 的作用及典型电路原理。

(2)理解力敏传感器检测与控制电路的工作原理。

【能力目标】

(1)会识别及选用电阻应变式传感器、数码管等元器件。

(2)能够完成电阻应变式传感器等检测与控制电路的组装与调试。

任务分析

HX711 电子秤电路原理图如图 3.5.1 所示。该电路主要包括单片机模块、数码管显示模块、数码管驱动模块、HX711 模块、蜂鸣器模块、按键模块和压力传感器等。HX711 是一款专门为高精度电子秤而设计的 24 位 A/D 转换芯片，它具有集成度高、响应速度快、抗干扰能力强等优点。该电路选用 STC89C52 作为主控芯片，STC89C52 单片机支持 ISP 下载功能，在调试程序时会比较方便。

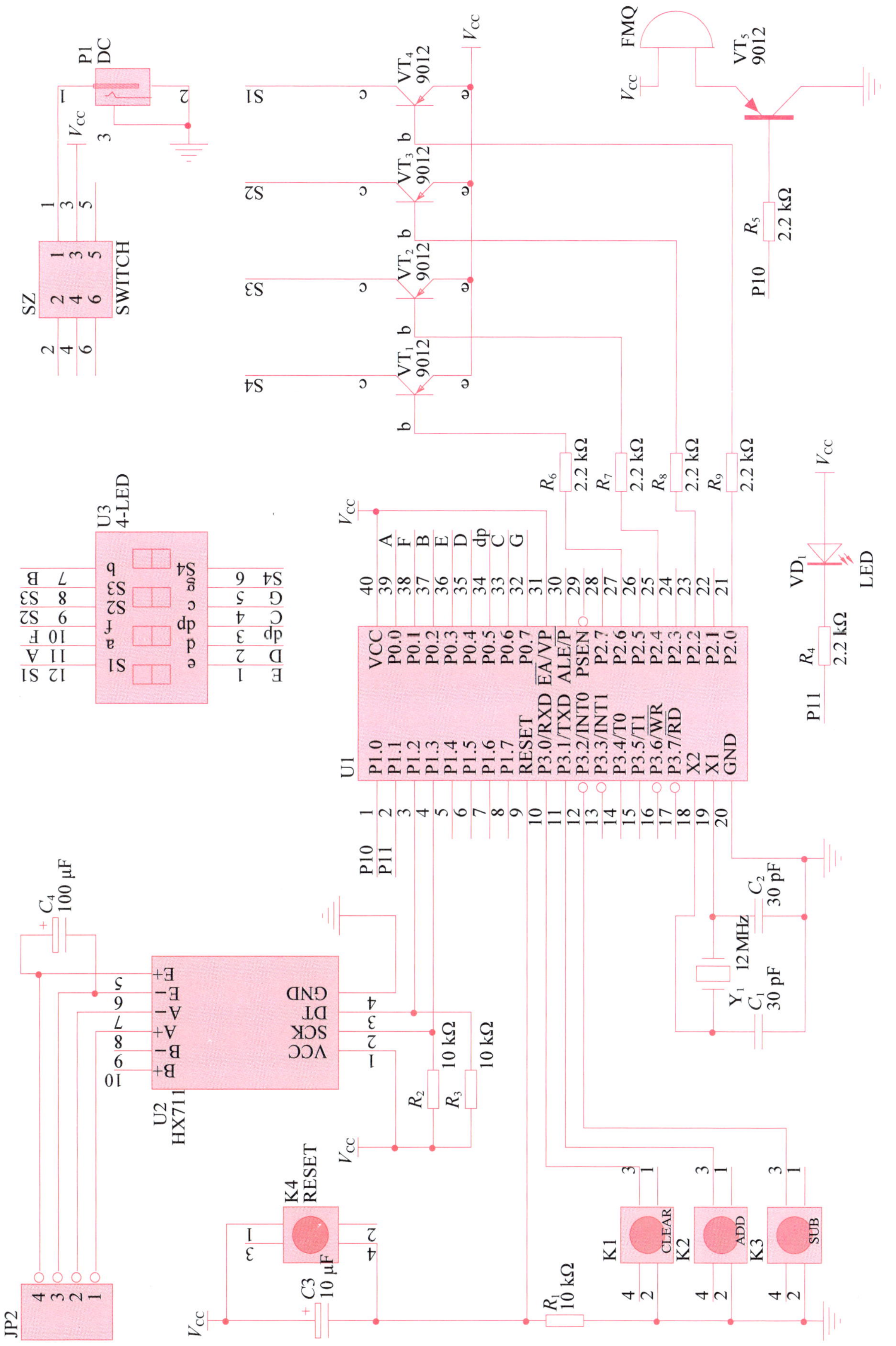

图3.5.1　HX711电子秤电路原理图

任务实施

一、安装焊接操作

1. 清点元器件、检查仪器仪表

实训 15 min 内，根据表 3.5.1 所列元器件材料清单，从元器件袋中选择合适的元器件。清点元器件数量，目测元器件有无缺陷，并按要求做好标记。通电检查工作台直流稳压电源、示波器是否完好，检查电源连接线是否完好。如有问题应及时举手示意教师处理，如不声明则视为元器件齐全、仪器仪表完好。检查完毕后，断开工作台直流稳压电源开关。

表 3.5.1　元器件材料清单

序号	名称	型号规格（标称值）	数量	元件标号	清点结果	检测结果
1	单片机	STC89C52	1	U1		
2	晶振	12 MHz	1	Y_1		
3	电解电容	10 μF	1	C_3		
4	电解电容	100 μF	1	C_4		
5	单排母座	6 脚	1			
6	单排母座	4 脚	1			
7	共阳数码管	四位一体	1	U3		
8	三极管	9012	5	$VT_1 \sim VT_5$		
9	电阻	10 kΩ	3	$R_1 \sim R_3$		
10	电阻	2.2 kΩ	6	$R_4 \sim R_9$		
11	HX711 模块		1	U2		
12	按键		4	$K_1 \sim K_4$		
13	压力传感器	（含支架）	1			
14	电源插座	DC	1	P1		
15	导线		若干			
16	IC 座	40 脚	1			
17	瓷片电容	30 pF	2	C_1/C_2		
18	蜂鸣器	5 V 有源	1	FMQ		
19	红 LED	5 mm	1	VD_1		
20	自锁开关		1	SZ		
21	电源线		1			
22	PCB 板		1			

2. 检测元器件

用万用表测量等方法检测元器件的性能，目测 PCB 板有无缺陷，并按要求做出标记，如有问题则举手示意教师处理。

3. 焊前预处理

根据需要，使用辅助工具，对元器件引脚进行焊接前的镀锡、成形等预处理。

4. 识读技术文件

正确识读整机电路原理图、PCB 板图，明确各元器件的安装位置及极性。

5. 电路装配焊接

按照图 3.5.1 所示电路原理图，在电路板上装配、焊接元器件，装配焊接要符合工艺要求。该电路采用万能板，插装有元器件引脚的焊盘都需要焊接。如有集成电路，集成电路不允许直接焊接在电路板上，需要在相应位置先焊接集成电路插座后，再将集成电路安装在插座上。压力传感器如图 3.5.2 所示，电子秤电路焊接如图 3.5.3 所示。

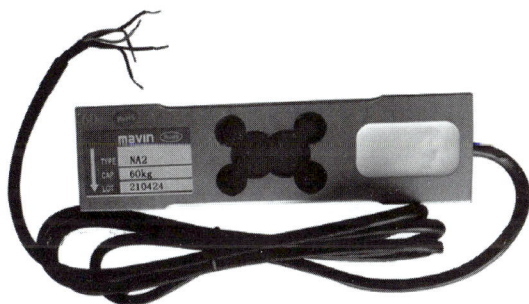

图 3.5.2 压力传感器

图 3.5.3 电子秤电路焊接

二、电路调试

工作台上方设有提示牌，若提示牌为绿色的"允许通电测试"状态，学生可以进行电路通电测试；若提示牌为红色的"禁止通电测试"状态，学生进行电路通电测试前必须举手示意实训指导教师，在实训指导教师检查同意后方可进行。

电路供电电源要求使用工作台上的可调直流稳压电源模块，如果学生因个人原因放弃使用工作台上的可调直流稳压电源模块，则电路供电电源可以使用工作台上直流电源输出模块的+5 V 电源，但是此操作会影响最终成绩。

1. 可调直流稳压电源的调整与测量(学生在本操作前不需要举手示意教师)

工作台上可调直流稳压电源的输出端子先不接两根电源线，闭合可调直流稳压电源的电源开关，使可调直流稳压电源工作于稳压状态，调整可调直流稳压电源的输出电压，使可调直流稳压电源显示屏上显示的输出电压符合试题中的要求，用万用表测量可调直流稳压电源的输出电压，将测量结果记录在表 3.5.2 的答题纸上。操作完毕后，断开可调直流稳压电源的电源开关。选择工作台上直流电源输出模块+5 V 电源的学生，除了不需要调整电源输出电压，其他操作参考以上要求。

表 3.5.2 可调直流稳压电源电压记录表

可调直流稳压电源显示屏显示的电压值	万用表实际测量的电压值

2. 电子秤电路调试

电路通电调试前，举手示意教师检查试验前的准备工作。电路装配焊接完毕后，工作台各直流电源处于断电状态。两根电源线在工作台侧接相应直流电源的接线端子，在电路板侧接 PCB 板接线端子 P1。接通电源校准完毕后，根据表 3.5.3 所示放置砝码，分别记录数码管显示的数值。

表 3.5.3 电子秤调试记录表

放置砝码/g	50	100	150	200
显示值				

三、教师记录电路工作情况

保持校准好后的状态，上面放置 100 g 砝码，学生举手向教师示意，教师示意"记录完毕"后，学生按要求做好工作台整理工作后离开实训室。

注意：学生举手向教师示意应慎重，对电路最后的工作情况，教师只记录一次，在教师发出"记录完毕"指令后，学生须立即按要求做好工作台整理工作后离开实训室。

四、安全文明生产

实训过程中，学生要严格遵守安全用电操作规范和仪器设备的操作规程，若提示牌为红色的"禁止通电测试"状态，学生进行电路通电测试前必须举手示意教师。学生应着装整齐，规范操作，工位整洁，不损坏工具、设备，不浪费耗材。实训结束后按顺序关断电源，整理工位，将工具放回原位。

■ 任务评价与反馈 ✎

完成任务后，请将评价记录到表 3.5.4 中。

表 3.5.4　任务评价表

项目	配分	评分标准	自评	互评	师评	平均
安装焊接操作	40	①能按要求清点、检测元器件(5分) ②能正确进行焊前预处理(5分) ③能正确插装元件，不出现错装、漏装、倒装情况(10分) ④焊点无虚焊、漏焊、连焊、不光滑、不干净、毛刺、孔洞、气泡等现象，大小适中(10分) ⑤元件安装高度符合工艺要求，引线修剪一致、合适，电路板清洁、美观，不破坏铜箔(10分)				
电路调试	45	①电源电压测量、记录正确(5分) ②能正确连接电路(5分) ③按要求获得电路通电许可后通电(5分) ④电位测量、记录正确，各点电压变化的原因分析正确(15分) ⑤测量数据记录正确(10分) ⑥电路原理分析正确(5分)				
教师记录电路工作情况	5	测量仪表正确显示测量结果				
安全文明生产	10	①严格遵守安全用电操作规范和仪器设备的操作规程(5分) ②着装整齐，工位整洁，不损坏工具、设备，不浪费耗材(2分) ③任务实施完成后按顺序关断电源，整理工位，将工具放回原位(3分)				
合计						

任务知识讲解

一、电子秤调试方法

图 3.5.1 所示电子秤电路中采用 4 个按键输入，对应名称如下。

K4 键为复位按键，单片机的复位，按下后单片机重新开机。

K1 键为校准加按键。

K2 键为校准减按键。

K3 键键为去皮按键。

校准方法：连接好传感器和电源线，打开自锁开关，待开机正常显示数值后(开机时保证传感器上不能有物体，且保持稳定)，将一已知重量物体放上传感器。例如，将 100 g 砝码放到传感器上，看重量显示的数值，如果比 100 g 大，就按校准值减键(长按可快速减)，直到数值显示 100；如果数值比 100 小，就按校准值加键(长按可快速加)，直到数值显示 100，此时拿下砝码，如果什么都不放，示数不为 0，就按一下复位按键，重新开机一次，然后再放上 100 g 砝码，再按照上面的步骤按 2 键和 3 键校准一次就好了，校准后会保存进单片机的 E^2PROM，下次开机就不需要校准了。

二、相关技能

(一) 元器件的布局

布局就是将元器件放置在通用 PCB 板布线区域内，布局是否合理不仅影响后面的布线工作，而且对整个电路的性能也很重要。

1. 布局要求

(1)要保证电路功能和电气性能。

(2)满足检测、维修方面的要求。

(3)适当兼顾美观性，即元器件排列整齐、疏密得当。

2. 布局方法

(1)就近放置。相关电路部分应就近安放，避免走远路、绕弯路，尤其忌讳交叉穿插。

(2)元器件一般应布置在 PCB 板的同一面，在 PCB 板上的分布应尽量均匀、疏密一致，排列整齐、美观，不允许斜排、立体交叉和重叠排列。

(3)发热元器件尽可能布放在 PCB 板的边缘，不允许贴板安装，以便于元器件散热。

(4)将元器件样品在 1：1 的草图上排列，寻找最优布局。元器件外壳或引线不得相碰，要保证 0.5~1 mm 的安全间隙。无法避免接触时，应套绝缘套管。

(二) 元器件的安装

安装顺序一般为先低后高、先轻后重、先易后难、先一般元器件后特殊元器件。有安装高度的元器件要符合规定要求，统一规格的元器件尽量安装在同一高度上。

(三) 元器件的焊接

元器件的引脚与焊盘往往采用插焊通孔技术直接焊接。焊接质量离不开一个好的焊接工艺流程，一般手工焊接的步骤根据被焊件的热容量采用五步或三步焊接操作法，通常采用五步焊接操作法：准备→加热→供给焊锡→移开焊锡→移开电烙铁。

知识拓展
HX711 芯片简介

附录一　铂热电阻 Pt100 温度-电阻分度表

温度/℃	0	1	2	3	4	5	6	7	8	9
	电阻值/Ω									
−200	18.52									
−190	22.83	22.4	21.97	21.54	21.11	20.68	20.25	19.82	19.38	18.95
−180	27.1	26.67	26.24	25.82	25.39	24.97	24.54	24.11	23.68	23.25
−170	31.34	30.91	30.49	30.07	29.64	29.22	28.8	28.37	27.95	27.52
−160	35.54	35.12	34.7	34.28	33.86	33.44	33.02	32.6	32.18	31.76
−150	39.72	39.31	38.89	38.47	38.05	37.64	37.22	36.8	36.38	35.96
−140	43.88	43.46	43.05	42.63	42.22	41.8	41.39	40.97	40.56	40.14
−130	48	47.59	47.18	46.77	46.36	45.94	45.53	45.12	44.7	44.29
−120	52.11	51.7	51.29	50.88	50.47	50.06	49.65	49.24	48.83	48.42
−110	56.19	55.79	55.38	54.97	54.56	54.15	53.75	53.34	52.93	52.52
−100	60.26	59.85	59.44	59.04	58.63	58.23	57.82	57.41	57.01	56.6
−90	64.3	63.9	63.49	63.09	62.68	62.28	61.88	61.47	61.07	60.66
−80	68.33	67.92	67.52	67.12	66.72	66.31	65.91	65.51	65.11	64.7
−70	72.33	71.93	71.53	71.13	70.73	70.33	69.93	69.53	69.13	68.73
−60	76.33	75.93	75.53	75.13	74.73	74.33	73.93	73.53	73.13	72.73
−50	80.31	79.91	79.51	79.11	78.72	78.32	77.92	77.52	77.12	76.73
−40	84.27	83.87	83.48	83.08	82.69	82.29	81.89	81.5	81.1	80.7

续表

温度/℃	0	1	2	3	4	5	6	7	8	9
	电阻值/Ω									
−30	88.22	87.83	87.43	87.04	86.64	86.25	85.85	85.46	85.06	84.67
−20	92.16	91.77	91.37	90.98	90.59	90.19	89.8	89.4	89.01	88.62
−10	96.09	95.69	95.3	94.91	94.52	94.12	93.73	93.34	92.95	92.55
0	100	99.61	99.22	98.83	98.44	98.04	97.65	97.26	96.87	96.48
0	100	100.4	100.8	101.2	101.6	102	102.3	102.7	103.12	103.5
10	103.9	104.3	104.7	105.1	105.5	105.9	106.2	106.6	107.02	107.4
20	107.79	108.2	108.6	109	109.4	109.7	110.1	110.5	110.9	111.3
30	111.67	112.1	112.5	112.8	113.2	113.6	114	114.4	114.77	115.2
40	115.54	115.9	116.3	116.7	117.1	117.5	117.9	118.2	118.63	119
50	119.4	119.8	120.2	120.6	120.9	121.3	121.7	122.1	122.47	122.9
60	123.24	123.6	124	124.4	124.8	125.2	125.5	125.9	126.31	126.7
70	127.08	127.5	127.8	128.2	128.6	129	129.4	129.8	130.13	130.5
80	130.9	131.3	131.7	132	132.4	132.8	133.2	133.6	133.95	134.3
90	134.71	135.1	135.5	135.9	136.2	136.6	137	137.4	137.75	138.1
100	138.51	138.9	139.3	139.6	140	140.4	140.8	141.2	141.54	141.9
110	142.29	142.7	143.1	143.4	143.8	144.2	144.6	144.9	145.31	145.7
120	146.07	146.4	146.8	147.2	147.6	148	148.3	148.7	149.08	149.5
130	149.83	150.2	150.6	151	151.3	151.7	152.1	152.5	152.83	153.2
140	153.58	154	154.3	154.7	155.1	155.5	155.8	156.2	156.58	157
150	157.33	157.7	158.1	158.5	158.8	159.2	159.6	159.9	160.31	160.7
160	161.05	161.4	161.8	162.2	162.5	162.9	163.3	163.7	164.03	164.4
170	164.77	165.1	165.5	165.9	166.3	166.6	167	167.4	167.74	168.1
180	168.48	168.9	169.2	169.6	170	170.3	170.7	171.1	171.43	171.8
190	172.17	172.5	172.9	173.3	173.7	174	174.4	174.8	175.12	175.5
200	175.86	176.2	176.6	177	177.3	177.7	178.1	178.4	178.79	179.2
210	179.53	179.9	180.3	180.6	181	181.4	181.7	182.1	182.46	182.8
220	183.19	183.6	183.9	184.3	184.7	185	185.4	185.7	186.11	186.5
230	186.84	187.2	187.6	187.9	188.3	188.7	189	189.4	189.75	190.1
240	190.47	190.8	191.2	191.6	191.9	192.3	192.7	193	193.37	193.7

续表

温度/℃	0	1	2	3	4	5	6	7	8	9
	电阻值/Ω									
250	194.1	194.5	194.8	195.2	195.6	195.9	196.3	196.6	196.99	197.4
260	197.71	198.1	198.4	198.8	199.2	199.5	199.9	200.2	200.59	201
270	201.31	201.7	202	202.4	202.8	203.1	203.5	203.8	204.19	204.6
280	204.9	205.3	205.6	206	206.3	206.7	207.1	207.4	207.77	208.1
290	208.48	208.8	209.2	209.6	209.9	210.3	210.6	211	211.34	211.7
300	212.05	212.4	212.8	213.1	213.5	213.8	214.2	214.5	214.9	215.3
310	215.61	216	216.3	216.7	217	217.4	217.7	218.1	218.44	218.8
320	219.15	219.5	219.9	220.2	220.6	220.9	221.3	221.6	221.98	222.3
330	222.68	223	223.4	223.7	224.1	224.5	224.8	225.2	225.5	225.9
340	226.21	226.6	226.9	227.3	227.6	228	228.3	228.7	229.02	229.4
350	229.72	230.1	230.4	230.8	231.1	231.5	231.8	232.2	232.52	232.9
360	233.21	233.6	233.9	234.3	234.6	235	235.3	235.7	236	236.4
370	236.7	237.1	237.4	237.7	238.1	238.4	238.8	239.1	239.48	239.8
380	240.18	240.5	240.9	241.2	241.6	241.9	242.3	242.6	242.95	243.3
390	243.64	244	244.3	244.7	245	245.4	245.7	246.1	246.4	246.8
400	247.09	247.4	247.8	248.1	248.5	248.8	249.2	249.5	245.85	250.2
410	250.53	250.9	251.2	251.6	251.9	252.3	252.6	252.9	253.28	253.6
420	253.96	254.3	254.7	255	255.3	255.7	256	256.4	256.7	257
430	257.38	257.7	258.1	258.4	258.7	259.1	259.4	259.8	260.1	260.4
440	260.78	261.1	261.5	261.8	262.1	262.5	262.8	263.2	263.5	263.8
450	264.18	264.5	264.9	265.2	265.5	265.9	266.2	266.6	266.89	267.2
460	267.56	267.9	268.2	268.6	268.9	269.3	269.6	269.9	270.26	270.6
470	270.93	271.3	271.6	271.9	272.3	272.6	273	273.3	273.62	274
480	274.29	274.6	275	275.3	275.6	276	276.3	276.6	276.97	277.3
490	277.64	278	278.3	278.6	279	279.3	279.6	280	280.31	280.6
500	280.98	281.3	281.6	282	282.3	282.6	283	283.3	283.64	284
510	284.3	284.6	285	285.3	285.6	286	286.3	286.6	286.85	287.3
520	287.62	288	288.3	288.6	288.9	289.3	289.6	289.9	290.26	290.6
530	290.92	291.3	291.6	291.9	292.2	292.6	292.9	293.2	293.55	293.9

温度/℃	0	1	2	3	4	5	6	7	8	9
	电阻值/Ω									
540	294.21	294.5	294.9	295.2	295.5	295.9	296.2	296.5	296.83	297.2
550	297.49	297.8	298.1	298.5	298.8	299.1	299.5	299.8	300.1	300.4
560	300.75	301.1	301.4	301.7	302.1	302.4	302.7	303	303.36	303.7
570	304.01	304.3	304.7	305	305.3	305.6	306	306.3	306.61	306.9
580	307.25	307.6	307.9	308.2	308.6	308.9	309.2	309.5	309.84	310.2
590	310.49	310.8	311.1	311.5	311.8	312.1	312.4	312.7	313.06	313.4

附录二 ZW68 型号的 PTC 温度–电阻特性及其对照表

温度–电阻特性报告书

产品规格：109.7 Ω/3900×10⁻⁶ （可替换 Pt100） 编制日期：2009.10.20

电阻阻值/Ω

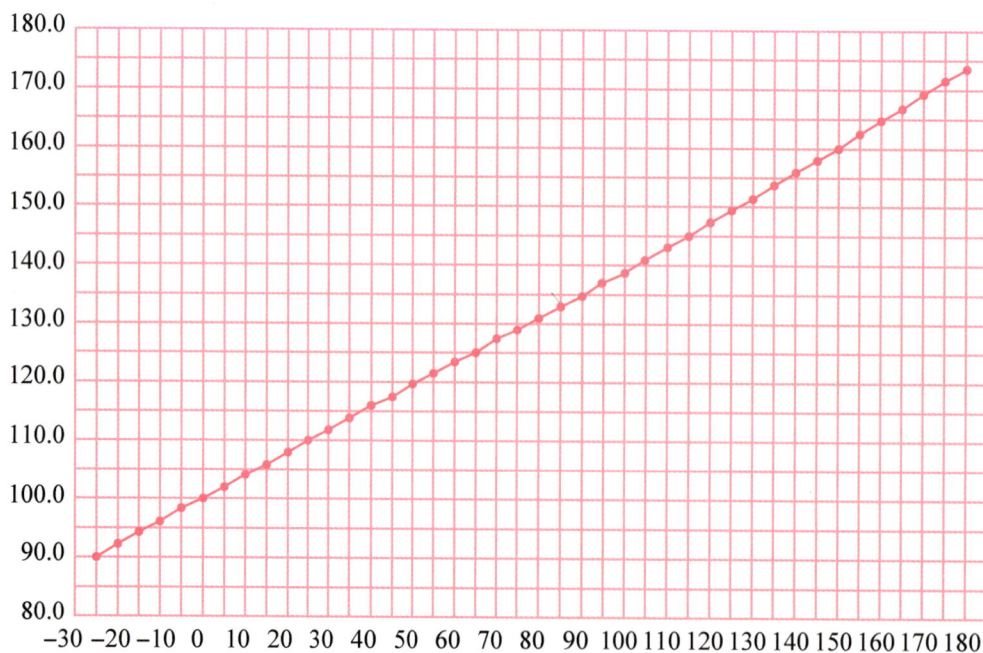

温度–阻值曲线

温度-电阻对应表

温度/℃	阻值/Ω	温度/℃	阻值/Ω	温度/℃	阻值/Ω
−25	90.19	45	117.47	115	144.9
−20	92.16	50	119.4	120	147.03
−15	94.12	55	121.32	125	149.16
−10	96.09	60	123.24	130	151.29
−5	98.04	65	125.16	135	153.42
0	100	70	127.08	140	155.55
5	101.95	75	128.99	145	157.68
10	103.9	80	130.9	150	159.92
15	105.85	85	132.8	155	162.16
20	107.79	90	134.71	160	164.4
25	109.73	95	136.61	165	166.64
30	111.67	100	138.51	170	168.88
35	113.61	105	140.64	175	171.12
40	115.54	110	142.77	180	173.36

附录三　8种国际通用热电偶特性表

名　称	分度号	测温范围/℃	100 ℃时的热电动势/mV	1 000 ℃时的热电动势/mV	特　点
铂铑$_{30}$①-铂铑$_6$	B	50~1 820	0.033	4.834	熔点高，测温上限高，性能稳定，准确度高，100 ℃以下时热电动势极小，所以可不必考虑冷端温度补偿；价昂，热电动势小，线性差，只适用于高温域的测量
铂铑$_{13}$-铂	R	−50~1 768	0.647	10.506	使用上限较高，准确度高，性能稳定，复现性好；但热电动势较小，不能在金属蒸气和还原性气氛中使用，在高温下连续使用时特性会逐渐变坏，价昂；多用于精密测量

续表

名　称	分度号	测温范围/℃	100 ℃时的热电动势/mV	1 000 ℃时的热电动势/mV	特　点
铂铑$_{10}$-铂	S	−50~1 768	0.646	9.587	优点同 R 型热电偶；但性能不如 R 型热电偶；长期以来曾经作为国际温标的法定标准热电偶
镍铬-镍硅	K	−270~1 370	4.096	41.276	热电动势大，线性好，稳定性好，价廉；但材质较硬，在 1 000 ℃以上长期使用会引起热电动势漂移；多用于工业测量
镍铬硅-镍硅	N	−270~1 300	2.744	36.256	是一种新型热电偶，各项性能均比 K 型热电偶好，多用于工业测量
镍铬-铜镍（锰白铜）	E	−270~800	6.319	—	热电动势比 K 型热电偶大 50% 左右，线性好，耐高湿度，价廉；但不能用于还原性气氛；多用于工业测量
铁-铜镍（锰白铜）	J	−210~760	5.269	—	价廉，在还原性气体中较稳定；但纯铁易被腐蚀和氧化；多用于工业测量
铜-铜镍（锰白铜）	T	−270~400	4.279	—	价廉，加工性能好，离散性小，性能稳定，线性好，准确度高；铜在高温时易被氧化，测温上限低；多用于低温域测量。可作−200~0 ℃温域的计量标准

注：铂铑$_{30}$表示该合金含 70% 的铂及 30% 的铑，依次类推。

附录四　2023 年山东省职教高考电子技术类专业知识考试标准

传感器应用电路的安装与调试考试范围和要求

1. 技术要求

1）温湿度传感器应用电路安装与调试

（1）会选用与检测热敏电阻、湿敏传感器、热释电红外传感器、集成运放等元器件。

（2）会识读传感器应用电路的电路原理图和装配图。

（3）能根据电路原理图、装配图按照工艺要求在 PCB 板上组装电路。

（4）会使用常用电工电子工具。

（5）能安装与调试温湿度传感器应用电路。

2）光敏传感器应用电路安装与调试

（1）会选用与检测光敏电阻、人体脉搏传感器、集成运算放大器等元器件。

（2）能安装与调试光敏传感器应用电路。

3）力敏传感器应用电路安装与调试

（1）会选用与检测电阻应变式传感器、驻极体话筒、光敏电阻、集成运算放大器、数字集成电路、数字显示表等元器件。

（2）能安装与调试力敏传感器应用电路。

4）磁敏传感器应用电路安装与调试

（1）会选用与检测金属探测传感器、干簧管、霍尔传感器、MOS 管、数字集成电路、模拟开关芯片、光电耦合器、双向晶闸管、蜂鸣器等元器件。

（2）能安装与调试磁敏传感器应用电路。

2. 设备及原材料

（1）设备：直流稳压电源、双踪示波器等。

（2）原材料：热敏电阻、湿敏传感器、光敏电阻、人体脉搏传感器、热释电红外传感器、电阻应变式传感器、驻极体话筒、金属探测传感器、干簧管、霍尔传感器及其配套电子元器件，与传感器电路套件对应的 PCB 板、连接导线、焊锡、助焊剂等。

3. 工具量具的使用

（1）工具：螺丝刀、斜嘴钳、尖嘴钳、剥线钳、吸锡器、电烙铁、镊子、剪刀、细砂纸等。

（2）量具：测电笔、万用表等。

4. 操作规范要求

（1）穿着工作服和电工胶鞋，安全规范操作，防止出现电子元器件损坏。

（2）工作场地整洁，工件、工具、量具摆放整齐。

（3）遵守电工电子安全操作规程，并正确完成电气设备的安全检查。

（4）服从监考人员安排，遵守考场秩序。

参考文献

[1]芦锦波.传感器技术应用[M].北京：机械工业出版，2014.

[2]沙占友.集成化智能传感器原理与应用[M].北京：电子工业出版社，2004.

[3]王戈静，杨玲.传感器应用技术[M].北京：高等教育出版社，2020.

[4]张振海，张振山，李科杰.信息获取技术[M].北京：北京理工大学出版社，2020.

[5]毕满清.电子技术实验与课程设计[M].北京：机械工业出版社，2019.

[6]高国富.智能传感器及其应用[M].北京：化学工业出版社，2005.

[7]王宪保，王辛刚.传感器原理及应用[M].北京：科学出版社，2023.

[8]贾立新.电子系统设计[M].北京：机械工业出版社，2021.

[9]常健生.检测与转换技术[M].北京：机械工业出版社，2020.

[10]芮延年.机器人技术及应用[M].北京：化学工业出版社，2008.

[11]王煜东.传感器应用电路400例[M].北京：中国电力出版社，2008.

[12]郁有文，常健.传感器原理及工程应用[M].西安：西安电子科技大学出版社，2008.

[13]张明，龙立钦.电子产品结构工艺[M].北京：电子工业出版社，2016.

[14]吴旗.传感器与自动检测技术[M].北京：高等教育出版社，2019.